STATISTIQUE AGRICOLE

DE

L'ARRONDISSEMENT DE CASTELSARRASIN.

STATISTIQUE AGRICOLE

DE L'ARRONDISSEMENT

DE CASTELSARRASIN

(TARN-ET-GARONNE),

PAR LOUIS TAUPIAC,

Avocat,

Président du Comice agricole de Castelsarrasin,
Rapporteur de la Commission de statistique de cet arrondissement,
Membre de plusieurs Sociétés savantes.

PARIS,
LIBRAIRIE AGRICOLE DE LA MAISON RUSTIQUE,
26, rue Jacob, 26.

MONTAUBAN,

| IMPRIMERIE FORESTIÉ NEVEU, | LIBRAIRIE D'EMILE LAFORGUE, |
| Rue du Vieux-Palais. | Rue du Vieux-Palais. |

1868.

A LA MÉMOIRE

DE MA FEMME,

JEANNE-MARIE-JOSEPH-ALEXIS-OLYMPIE-GABRIELLE

DU PUY DE GOYNE,

Morte à Castelsarrasin, le 17 août 1868,

à l'âge de quarante-cinq ans.

INTRODUCTION.

L'arrondissement de Castelsarrasin n'est qu'une bien faible partie d'une des grandes divisions de l'Empire. Mais il occupe un point assez central dans le Sud-Ouest et représente suffisamment, sous divers rapports, la moyenne des produits, des ressources et des aptitudes de la région. Les documents officiels publiés par l'Administration étant trop incomplets pour faire connaître d'une manière exacte sa situation, nous avons cru qu'à l'aide de quelques appréciations inspirées par notre expérience personnelle et par la connaissance que nous avons pu acquérir de nos pratiques locales, la statistique agricole de ces cantons pourrait offrir quelque intérèt aux amis de notre agriculture. C'est ce qui nous décide à publier cet Essai.

On sait que la France agricole est généralement divisée en plusieurs zônes.

La division la plus ordinaire comprend six régions, ainsi classées (1) :

Région du Nord-Ouest.

Nord, Pas-de-Calais, Somme, Aisne, Oise, Seine, Seine-et-

---

(1) Nous avons préféré cette division, adoptée par M. L. de Lavergne, dans son *Economie rurale en France*, à celle que l'on trouve dans la statistique officielle de 1852, divisée en neuf régions et où le département de Tarn-et-Garonne, figurant dans la huitième région, se trouve en compagnie de la Corrèze, de la Lozère, de l'Hérault, des Pyrénées-Orientales et autres départements éloignés, avec lesquels il est impossible de le confondre.

Oise, Seine-et-Marne, Seine-Inférieure, Calvados, Eure, Orne, Manche, Eure-et-Loir, Loiret.

Région du Nord-Est.

Ardennes, Aube, Marne, Haute-Marne, Yonne, Côte-d'Or, Doubs, Jura, Haute-Saône, Meuse, Moselle, Meurthe, Vosges, Haut-Rhin, Bas-Rhin.

Région de l'Ouest.

Indre-et-Loire, Mayenne, Sarthe, Maine-et-Loire, Ile-et-Vilaine, Côtes-du-Nord, Finistère, Morbihan, Loire-Inférieure, Vendée, Deux-Sèvres, Vienne, Charente, Charente-Inférieure.

Région du Sud-Est.

Saône-et-Loire, Ain, Rhône, Loire, Isère, Ardèche, Drôme, Hautes-Alpes, Vaucluse, Gard, Hérault, Basses-Alpes, Bouches-du-Rhône, Var, Corse.

Région du Sud-Ouest.

Gironde, Lot-et-Garonne, Lot, Tarn-et-Garonne, Landes, Gers, Haute-Garonne, Tarn, Aveyron, Basses-Pyrénées, Hautes-Pyrénées, Ariége, Aude, Pyrénées-Orientales.

Région du Centre.

Loir-et-Cher, Cher, Indre, Nièvre, Allier, Creuse, Haute-Vienne, Corrèze, Dordogne, Puy-de-Dôme, Cantal, Lozère, Haute-Loire (1).

---

(1) Dans cet état ne figure aucun des trois départements annexés : de la Savoie, de la Haute-Savoie et des Alpes Maritimes, encore nouveaux pour nous, mais devant naturellement se rattacher aux départements du Sud-Est qui leur sont limitrophes.

Voici quels étaient, après la publication de la dernière statistique officielle, la population, l'impôt, la division du sol et le produit général des diverses régions. Nous n'indiquerons que les chiffres ronds (1).

	POPULATION.		IMPÔTS.
Nord-Ouest.............	9,300,000 habitants.		690,000,000 francs.
Nord-Est...............	5,500,000	—	200.000,000
Ouest................ ..	6,400,000	—	200,000,000
Sud-Est...............	5,800,000	—	250,000,000
Sud-Ouest.............	4,700,000	—	155,000.000
Centre................	4,200,000	—	105,000,000
TOTAL..........	55,900,000 habitants.		1,600,000,000 francs.

Division du Sol.

	TERRES EN CULTURE.	BOIS.	LANDES.	TERRAINS non imposés.
Nord-Ouest.....	7,000,000 h	1,000,000 h	» h	500,000 h
Nord-Est.......	6,000,000	2,000,000	500,000	500,000
Ouest.........	6,500,000	1,000,000	1,000.000	500,000
Sud-Est.......	4,500 000	1,500,000	2,500,000	500,000
Sud-Ouest.....	5.000,000	1.500.000	2,000,000	500,000
Centre........	5,000,000	1,000,000	2,000,000	500,000
TOTAUX....	34,000,000	8,000,000	8,000,000	3,000,000

Subdivision des Terres en culture.

	TERRES ARABLES.	PRÉS.	VIGNES.	JARDINS et Vergers.
Nord-Ouest.....	6,000,000 h	700,000 h	» h	300,000 h
Nord-Est.......	4.700,000	800,000	500,000	200,000
Ouest.........	5,000,000	1,000,000	500,000	200,000
Sud-Est.......	3,500,000	200,000	500,000	300,000
Sud-Ouest......	3,300,000	500,000	700,000	300,000
Centre........	3,300,800	800,000	200,000	700,000
TOTAUX....	26,000,000	4,000,000	2,000,000	2,000,000

(1) La statistique de 1862 n'a pas encore paru. Elle nous était du moins inconnue lors de la composition de ce travail, qui n'a pu se baser sur la statistique de 1862 qu'en ce qui concerne l'arrondissement.

Produits.

	Produit général.	Produit brut par hect.	Rente.	Profit.	Impôt.	Frais.	Salaires.
Nord-Ouest ...	1,600,000,000	180 f	60 f	20 f	10 f	10 f	80 f
Nord-Est......	800,000,000	90	30	10	5	5	40
Ouest	800,000,000	90	30	10	5	5	40
Sud-Est.......	700,000,000	80	25	10	5	5	35
Sud-Ouest	600,000,000	70	25	5	3	2	35
Centre	500,000,000	60	20	5	3	2	30
Totaux...	5,000.000,000	»	»	»	»	»	»
Moyenne...........		95	30	10	5	5	50

La région du Sud-Ouest se subdivise ainsi pour l'étendue en hectares, la population et les recettes publiques :

Départements.	Étendue.	Population en 1856.	Habitants par 100 hectares.
Gironde.............	974,032 hect.	640,757 hab.	65,78
Lot-et-Garonne........	535,396	340,041	63.51
Lot	521,174	293,733	56,36
Tarn-et-Garonne.......	372,016	251,782	63,11
Landes	932,131	309,832	33,24
Gers...............	628,031	304,497	48,48
Haute-Garonne	628,988	481,247	76,51
Tarn...............	574,216	354,832	61,79
Aveyron	874,333	393,890	45,05
Basses-Pyrénées.......	762,266	436,442	57,26
Hautes-Pyrénées	452,945	245,856	54,28
Ariège.............	489,387	251,318	51,35
Aude..............	631,324	282,833	44,80
Pyrénées-Orientales....	412,211	183,056	44,41
Totaux........	8,788,450	4,755,116	»
Moyenne.........................			54

Recettes publiques en 1857.

	TOTAL.	Par Hectare.	Par Habitant.
Gironde................	51,292,796 f	52 f 66 c	80 f 03 c
Lot-et-Garonne..........	10,952,468	20 42	52 15
Lot...................	6,291,302	10 13	21 41
Tarn-et-Garonne.........	7,115,902	19 12	50 50
Landes................	5.836,141	6 26	18 83
Gers..................	7,512,225	11 96	24 67
Haute-Garonne..........	16,159,958	25 66	33 53
Tarn..................	8,445,567	14 71	25 80
Aveyron...............	8,669,102	9 92	22 »
Basses-Pyrénées.........	11,916,019	15 65	27 30
Hautes-Pyrénées........	4,597,748	10 15	18 70
Ariège................	4,255,391	8 65	16 84
Aude..................	9,760,817	15 46	34 51
Pyrénées-Orientales	4,715,471	11 44	25 75
TOTAUX..........	157,456,905	» »	» »
Moyenne...................		17 f 90	51 f 25 c

Tel est l'aspect général de notre agriculture nationale et régionale.

On voit par ces tableaux, qui seraient peu modifiés, même avec une plus grande exactitude, par l'état actuel des choses, combien, sous tous les rapports, est évidente notre infériorité. La population, l'impôt, la culture et le produit fournissent une preuve marquée des inégalités qui nous distancent de la plupart des provinces de l'Empire, notamment des fertiles et industrieuses campagnes de la Flandre ou de la Normandie. Le Sud-Ouest possède cependant un théâtre d'agriculture incomparable pour la variété et la richesse naturelle, et il nourrit une population presque exclusivement agricole, composée de propriétaires éclairés et de sobres travailleurs. Dans cette région, le Tarn-et-Garonne occupe un des premiers rangs sans doute, car il n'est dépassé que par la Gironde, la Haute-

Garonne et le Lot-et-Garonne, départements limitrophes ou voisins qui, malgré leurs avantages dus à quelques circonstances indépendantes de l'industrie agricole et purement locales, ont avec lui beaucoup d'analogie. Mais pour qui connaît bien son beau ciel, la fécondité de son sol, ses plaines et ses coteaux, luttant de fertilité et d'agréments, l'infériorité qu'il partage avec tout le Sud-Ouest, n'en serait pas moins inexplicable, si l'on n'entrait dans l'examen détaillé de sa situation.

Ce contraste même des grandes ressources et des faibles revenus de notre agriculture a constamment frappé nos visiteurs et nos administrateurs, depuis Arthur Young, qui, des hauteurs de Montauban, contemplant nos horizons, proclamait, il y a un siècle (1), que nous possédions le plus beau pays de culture qu'il y ait au monde, jusqu'à l'administrateur de nos jours qui, s'adressant à son Conseil général, appréciait ainsi nos moyens : « Le département de Tarn-et-Garonne est essentiellement un pays de production, non pas industrielle, non pas commerciale, mais agricole, et, sous ce dernier rapport, ses produits peuvent être d'une richesse, d'une variété et d'une puissance tout-à-fait merveilleuses. L'élevage des animaux de toute espèce est déjà considérable, mais il peut prendre un bien autre développement. C'est, en outre, la terre par excellence des céréales, le climat et le sol le plus propres à la culture de la vigne et à la fabrication des vins excellents. Les vers à soie y donnent des produits estimés. Trois beaux cours d'eau le traversent sur un long parcours. Il n'y a pas jusqu'aux fleurs et aux fruits qui ne soient une branche importante de commerce. La nature a donc accordé à ce pays,

---

(1) Mon Dieu, disait encore de la France Arthur Young, donne-moi patience pour voir un pays si beau, si favorisé du ciel, traité si mal par les hommes. — *Économie rurale en Angleterre*, par Léonce de Lavergne, 1858, page 84.

avec prodigalité, tous ses dons : le sol fertile, des eaux abondantes et le soleil. Mais, jusqu'à ce jour, les générations se sont succédé sans en tirer parti (1). »

Parmi les causes de cette infériorité, dont nous n'acceptons pas le reproche, beaucoup sont communes à tout le Sud-Ouest, quelques-unes seulement sont particulières à l'arrondissement que nous allons décrire. Nous aurons occasion de signaler les unes et les autres dans cette statistique. Mais, dans ces recherches, les évènements qui ont traversé l'existence agitée de nos campagnes ne sauraient paraître indifférents. Car l'histoire, en expliquant le présent par le passé, peut encore éclairer l'avenir. Nous commencerons donc ce travail en résumant succinctement les annales du pays.

(1) M. le préfet Soumain. — Voir son Rapport au Conseil général, session de 1866.

APERÇU HISTORIQUE.

ARRONDISSEMENT DE CASTELSARRASIN.

L'arrondissement de Castelsarrasin ne saurait, dans son ensemble, prétendre à une même origine, à une seule histoire. Un large fleuve divise son territoire en deux parts presque égales, et sur ses rives distinctes les populations ont conservé jusqu'à nos jours leur caractère hétérogène. La centralisation, malgré ses efforts, n'a pu encore entièrement confondre et assimiler le Languedoc et la Gascogne, qu'un antagonisme de race et des traditions particulières ont si longtemps tenus séparés.

En remontant aux premières données de l'histoire, dans cet angle même formé par la réunion des deux cours d'eau qui prêtent leur nom au département et que domine la ville de Castelsarrasin, on trouve sur la rive droite de la Garonne un peuple d'origine gallo-kimrique, désigné sous le nom de Volces-Tectosages (1). Fixés de l'embouchure de l'Hérault aux Cévennes et des Cévennes aux Pyrénées, les Tectosages, illustres entre les tribus de même sang, avaient pour limites, au nord, une ligne tracée par la rivière de Tore, depuis ses sources jusqu'à son embouchure dans l'Agout: puis, l'Agout lui-même

---

(1) Les Volces étaient divisés en Volces-Testosages et Volces-Arécomiques. Ces derniers s'étendaient des deux côtés du Rhône, dans ce qui constitue la Provence, le Dauphiné et le Bas-Languedoc. — *Histoire de Languedoc*, tome I, pages 72 et 73.

jusqu'à son confluent avec le Tarn. De là, déclinant vers l'ouest, le territoire de ce peuple longeait à peu près le Tarn jusqu'à son embouchure dans la Garonne. De ce point, les Tectosages remontaient la Garonne jusqu'à Toulouse et probablement jusqu'aux sources de cette rivière, sans que leur domination, du moins originairement, dépassât ces limites naturelles. *Gallos ab Aquitanis Garumna flumen dividit..... Aquitania à Garumnâ flumine ad Pyreneos montes et eam partem Oceani quæ ad Hispaniam pertinet, spectat, etc.* (1). » Tolosa (Toulouse) était la métropole de ces peuples qui devaient, malgré leur courage, être les premiers d'entre les Gaulois à subir le joug de Rome (633).

Sur la rive gauche de la Garonne vivaient des tribus ou *clans* aquitaniens entièrement distincts des Gaulois-Tectosages : leurs limites et leurs noms mêmes sont imparfaitement déterminés encore. Strabon prétend que les Aquitains ressemblaient plus aux Ibères qu'aux Gaulois (2). César, à propos d'eux et du reste des Gaules, écrit qu'ils n'avaient ni les mêmes mœurs, ni les mêmes lois, ni le même langage : *Linguâ, institutis, legibus inter se differunt.* Les Euskes ou Basques, peuplade ibérienne, qui antérieurement avaient débordé du nord des Pyrénées jusqu'à la Garonne, occupaient une partie de cette Aquitaine. Ils avaient pour principaux oppida : Eause (Elusa) et Auch (civitas Auskorum ou Euskorum). Ce nom, dit M. Alfred Jacobs, suffirait à faire connaître l'origine euske de cette peuplade.

Mélange de ces peuples d'origine gauloise ou ibérienne, l'Aquitaine de César était donc resserrée entre les Pyrénées, l'Océan et la Garonne. Neuf tribus principales y constituaient

---

(1) CÉSAR. — *Commentaires sur la guerre des Gaules*, livre III, § 1er.
(2) STRABON. — *Géographie*, liv. IV.

une nation particulière avec forme fédérative, qui reçut à cause de ce nombre, de ses nouveaux conquérants, le nom de Novempopulanie. Crassus, lieutenant de César, soumit à l'Empire ces peuplades auparavant indépendantes: les Tarbelli, les Bigerrones, les Preciani, les Vocates, les Sotiates, les Tarusates, les Elusates, les Garites, les Auski, les Garumni (1).

Mais, parmi ces petits peuples, quels étaient ceux qui s'étaient fixés dans la partie de ces rives qui nous occupent? L'érudition moderne n'a pu encore résoudre péremptoirement ce point historique. Trois tribus ont pu se confondre dans nos cantons de la rive gauche de la Garonne : les Garumni, les Garites, les Lactorates.

Les Garumni formaient une de ces peuplades qui se soumirent à Crassus après la défaite des Sotiates (an de Rome, 705). De Valois les a placés dans le pays appelé Rivière, et, en effet, Ripparii, riverains du fleuve, est d'une certaine façon synonyme de Garumni. Nous appelons indifféremment, dans nos campagnes, Garonnais ou Riverains les habitants de la vallée de la Garonne proprement dite. On est assez généralement d'accord que ce petit peuple longeait cette rivière en descendant des Pyrénées: mais aucun géographe n'a encore avancé que les Garumni fussent descendus jusqu'aux limites actuelles de l'arrondissement de Castelsarrasin.

Les Lactorates, dont la position est acquise d'une manière bien plus certaine, avaient Lactora (Lectoure) pour ville capitale, et s'étendaient dans le ressort de l'ancien diocèse de ce nom. Le canton de Lavit, une partie de celui de Saint-Nicolas et quelques lieux pris dans le canton de Beaumont dépendaient de la domination des Lactorates.

---

(1) *Commentaires*, livre III, § 27. César, en énumérant ces peuples, dépasse de beaucoup le nombre neuf.

Mais entre les Garumni et les Lactorates, ou tout au moins à côté de ceux-ci en gagnant vers le Toulousain, convient-il de placer les Garites et de leur attribuer la partie de l'arrondissement qui se trouve sur la rive gauche de la Garonne, c'est-à-dire le plus grand nombre des communes des cantons de Verdun, Beaumont et Saint-Nicolas?

Les Garites, ainsi qu'on l'a vu, sont nommés dans le IIIe livre des *Commentaires de César*. Le géographe Sanson leur attribue cette portion du département du Gers qui portait autrefois le nom de comté de Gaure et dont Fleurance était le chef-lieu. De Valois paraît partager cette opinion. Sartali était sur une voie qui, allant de Tolosa à Lactora et passant par Maubec, canton de Beaumont, traversait leur territoire. D'Anville indique cette position à Sarrant.

Un érudit moderne, qui s'est chargé d'éclairer l'époque obscure de nos origines, a cru retrouver les Garites dans le territoire des cantons de Verdun, Beaumont et Saint-Nicolas, et leur assigne pour chef-lieu Gariès, canton de Beaumont. C'était déjà l'avis de Walkenaër. Cette opinion, peut-être un peu absolue, n'est point, d'une manière positive, contredite par les données précédentes. Gariès n'est qu'à une très-faible distance de Sartali et toucherait presque à la voie romaine de Tolosa à Lactora, traversant le territoire de cette peuplade. Mais peut-être encore ne faudrait-il voir dans les Lactorates qu'une subdivision fédérative des Garites, dont l'importance est attestée par les *Commentaires* (1).

Quoi qu'il en soit de la situation respective de ces divers peuples pendant l'ère gauloise, l'influence de Toulouse, après la conquête, s'agrandit bientôt sur l'une et l'autre rive de la

______

(1) Voir la Notice de M. Jouglar sur les limites de la Novempopulanie. — Toulouse, Chauvin, 1859 ; ainsi que le Mémoire de M. Devals : Congrès. archéologique, 32e session, page 54.

Garonne. Après César, d'après dom Vaisette, le Toulousain s'étendit dans une partie de l'Aquitaine, et la Narbonnaise fut alors bornée de ce côté par une ligne qui, partant de la petite rivière de la Sère et remontant jusqu'à sa source, contournait les communes de Cumont et de Marignac, canton de Beaumont. De Marignac le Toulousain se prolongeait perpendiculairement au cours de la Gimonne jusqu'aux limites de Maubec, et, à partir de ce point, c'était la limite de ce qui devint plus tard le diocèse de Lombez, démembré de celui de Toulouse, qui bornait ce peuple (dom Vaissette, *Histoire de Languedoc,* t. I, p. 492).

Les monuments qui nous restent des temps gaulois sont peu nombreux. On signale deux oppida, dont l'un à Montbartier, canton de Montech, et l'autre à Gandalou, commune de Castelsarrasin (1). Des excavations circulaires, ayant pu servir d'habitation, ont aussi été remarquées à Gariès et à Nayroles, commune du Mas-Grenier, canton de Verdun. Plusieurs tombeaux galliques, en forme de puits, et des tumuli en mottes ont été retrouvés dans la forêt de Montech et dans les environs d'Escatalens, même canton. Quant aux sources si honorées des Gaulois, c'est peut-être une témérité que de faire remonter à eux le culte des eaux et fontaines de Saint-Jean du Mas-Grenier et de Saint-Gervais de Sérignac. les unes et les autres jouissant encore de la réputation de guérir miraculeusement les fièvres.

On sait la manière dont commencèrent à vivre nos premiers ancêtres. La chasse, la pêche, quelques fruits sauvages, pris dans leurs forêts, leur suffirent d'abord. Ils pratiquèrent ensuite la culture pastorale, avec de nombreux troupeaux, et

(1) Voir Congrès archéologique, 32e session, à Montauban : Mémoire de M. Devals, pages 56 et suiv.

n'ouvrirent enfin le sol que pressés par de nouveaux et impérieux besoins. Le seigle, l'avoine, l'orge, plantes peu exigeantes, furent leurs premières cultures. Le froment fut essayé plus tard, et alors, sans doute, que ces peuples eurent rapporté de leurs expéditions lointaines des idées de civilisation et des notions plus exactes sur les sociétés. Mais on peut affirmer qu'ils reçurent seulement des Romains les premiers éléments de l'art raisonné de bien cultiver la terre (1).

Les provinces du Midi, et en particulier la Narbonnaise, profitèrent immédiatement de ces heureux fruits de la conquête, et recueillirent fidèlement les leçons et les pratiques de leurs nouveaux maîtres. Le pays s'identifia avec Rome jusqu'à adopter complètement ses mœurs, ses lois et sa langue. Les Romains avaient, par-dessus tout, honoré l'agriculture. Ils avaient poussé la connaissance et le perfectionnement de cet art jusqu'à des limites qui n'ont peut-être pas encore, du moins sous quelques rapports, été dépassées. Ils possédaient les principes fécondants de la culture alterne et pratiquaient habilement les moyens d'améliorer les terres par le drainage ou fossé souterrain et par l'irrigation. La plupart des outils employés dans nos travaux agricoles nous viennent d'eux, et n'ont presque pas été modifiés. Il n'est pas douteux que tout le Midi participa alors à tous les progrès de la civilisation romaine. Pline en rend ce témoignage flatteur : « Il n'est pas de province qui surpasse la Narbonnaise, si l'on considère la culture et la fertilité de ses terres, le mérite et les mœurs de ses habitants, ses richesses et son abondance. En un mot, c'est plutôt l'Italie même qu'une province (2). »

(1) Voir le Mémoire de M. Rey-Lescure, sur l'agriculture gallo-romaine dans ces contrées, Congrès archéologique, 32ᵉ session, pages 108 et suiv.

(2) Livre III, chapitre IV, page 308, *Histoire de Languedoc*, tome I, page 227.

Au centre du large plateau qui s'étend entre le Tarn et la Garonne, sur la lisière de la forêt de Saint-Porquier, et non loin des voies castraise et toulousaine qui sillonnaient la plaine, les maîtres du pays avaient établi un camp dont les traces sont encore visibles : d'autres camps, offrant le même caractère, sont indiqués sur divers points de l'arrondissement (1). Des ruines précieuses, des fragments de sculpture, des poteries, des mosaïques, attestent, par leurs précieux vestiges, la splendeur des riches villa qui embellirent alors nos campagnes (2).

L'excès du matérialisme, l'amour du luxe et la dépravation des mœurs amenèrent le mépris de l'art agricole, en même temps que la chute de l'Empire. A partir d'alors, l'agriculture ne put reprendre ni sa grandeur ni sa considération. Elle fut abandonnée aux esclaves, puis aux serfs attachés à la glèbe, et devint une œuvre tout à fait servile.

Mais de cette corruption universelle, où s'effondra la civilisation romaine, allaient naître des temps nouveaux.

Évangélisé dans les IIIe et IVe siècles par les prédications des Alpinien, des Saturnin, des Clair et des Firmin, le pays avait à peine renoncé aux traditions du paganisme, qu'il fut douloureusement soumis au joug des Barbares. Les Vandales en passant (409) (3), les Visigoths pendant le Ve siècle (4), les

---

(1) Le camp de Lamothe du Castera-Bouzet, canton de Lavit, existait sur une voie qui allait d'Auch à Moissac par Gaudonville, le Casteron, Lavit, Asques et Saint-Nicolas.

(2) Saint-Porquier, Saint-Rustice, Cordes, Escatalens, Castel-Ferrus, Saint-Aignan offrent de ces ruines. A Saint-Aignan a été retrouvée la belle statue antonine dont M. Sabatté a fait hommage au Musée départemental.

(3) Gandalou, Castrum Wandalorum, fut un camp des Wandales.

(4) Les traditions placent près d'Escatalens, en 438, une sanglante rencontre entre les Visigoths et les Romains.

Francs au VIe, l'opprimèrent tour à tour, sans cependant parvenir à le dompter (1).

Les Francs ne purent longtemps le gouverner que par des ducs indépendants. La Gaule septentionale fut seule réputée terre franke. Là seulement, dit M. Henri Martin, les Francs s'étaient colonisés. Leurs princes, errants de ville en ville, de métairie en métairie, au nord de la Loire, ne considéraient les provinces enlevées aux Visigoths que comme possessions en terre étrangère.

Dans le VIIe siècle, les Wascons, descendus des Pyrénées, se fixèrent définitivement dans la Novempopulanie, déjà envahie par leurs ancêtres. Cette province reçut d'eux alors ce nom de Wasconie, par corruption Gascogne, sous lequel elle fut depuis et est encore connue.

Les Sarrasins, dans le siècle suivant, envahirent, à plusieurs reprises, les riches plaines de la Garonne et du Tarn, et laissèrent, de leurs invasions successives, des traces ineffaçables. Leur fanatisme renchérit même sur les vengeances des Barbares qui les avaient précédés. Les monastères, naissant à peine et sous la protection desquels s'abritait la civilisation chrétienne, furent par eux anéantis. Les possessions de l'abbaye de Moissac qui, par la donation d'un riche seigneur appelé Nizezius (673), englobaient le territoire de Castelsarrasin et s'étendaient depuis la Pointe du Tarn, près Moissac, jusqu'à l'embouchure du Lers dans la Garonne, aux environs de Castelnau, furent alors complètement rasées. Les bâtiments de l'abbaye furent mis au pillage, renversés et détruits; l'église fut ruinée, le trésor pillé, les cloîtres incendies : *Et fuit tunc in ecclesiâ pejor gemitus quam tempore*

(1) D'après la *Chronique de l'abbaye de Moissac*, Clovis Ier aurait posé les fondements de ce monastère.

*persecutionis ferorum Diocletiani et Maximiani imperatorum
et multa perdit Moyssiacum cœnobium*, dit Aimery de
Peyrac, abbé et chroniqueur de ce monastère. Il fut rétabli
plus tard par nos rois de la seconde race (1).

Charlemagne confondit nos populations dans son royaume
d'Aquitaine, substitué au gouvernement des ducs indépendants qui avaient agité le pays pendant plusieurs siècles.
Malgré le souvenir de Roncevaux, dont la solidarité eût pu
atteindre toute la Gascogne, la sollicitude du grand empereur
s'étendit jusqu'à nos rives. Ses tentatives en faveur de l'agriculture ont laissé trace sur les bords mêmes de la Garonne.
On sait que les nombreuses résidences qu'il créa sur tous les
points de son vaste empire, étaient des établissements agricoles en même temps que des maisons d'agrément. Ferrus,
à deux mille pas et en face de Castelsarrasin, sur la rive
gauche de notre beau fleuve, était une de ces villas. Les successeurs de Charlemagne, Pepin et Charles, visitèrent plus
tard et habitèrent même Villa Ferrucius (Castel-Ferrus),
d'où sont datés quelques actes importants de leur règne.

Les Normands, les Hongrois, puis les Normands encore,
en remontant la Garonne dans le IXe siècle, enlevèrent jusqu'aux moindres traces de cette civilisation renaissante.

Vint ensuite le régime féodal, tyrannie cruelle et organisée
sous certains rapports, mais dont la brutalité et l'anarchie
réelle furent ici moins sensibles que dans le Nord. L'influence
du droit romain lutta victorieusement, au moins dans nos

---

(1) Aimery de Peyrac. — *Chronique*, f⁰ 155, v⁰. — Voyez Jules Marion,
Paris, Dumoulin, libr. 1847. — Voyez aussi *Etudes archéologiques*, par
l'abbé Pardiac, t. 1, pag. 51. — Les Frères de Sainte-Marthe, dans le *Gallia
christiana*, constatent aussi des ravages sous l'abbatiat de Petroaldus, de
Clodorinus, d'Edaramus, de Romedius, de Deodatus, dont les noms seuls sont
parvenus jusqu'à nous.

villes, contre les prétentions du droit féodal. C'est sous l'autorité relativement douce des comtes de Toulouse, que se maintinrent constamment les deux rives de la Garonne. La rive droite releva toujours directement de ces puissants seigneurs. Sur la rive gauche la maison de Toulouse eut pour vassaux les princes de Verdun, les vicomtes de Gimoës ou de Terride, les seigneurs de Lille-Jourdain, auxquels appartenait la domination directe de ces cantons.

C'est sous le gouvernement paternel des comtes de Toulouse que le Midi atteignit plus tard un degré de prospérité et de civilisation que les contrées voisines lui envièrent. L'amour de la poésie et des jeux, l'entraînement des conquêtes et des aventures guerrières, le culte chevaleresque de l'honneur et des dames, ont rendu célèbre dans l'histoire cette époque, qui fut bien plus grande par sa foi religieuse, par ses aspirations libérales et par les merveilles de l'art qu'elle produisit.

Sous l'influence des monastères renaquit l'agriculture dans nos campagnes transformées. Les landes, les pâtis, les marais furent utilement défrichés et mis en culture. Toutes les bonnes traditions se retrouvèrent. Ce fut l'œuvre des XIIe et XIIIe siècles, et c'est aux Bénédictins de Moissac, de Saint-Théodard et du Mas-Grenier, c'est aux Bernardins de Grand-Selve et de Belleperche, que nos cantons des deux rives durent une prospérité agricole jusque-là sans exemple. Ces moines fondèrent des villes importantes (1), octroyèrent des coutumes et des franchises, et rétablirent, par leur influence, la liberté civile que la bourgeoisie méridionale tenait des Romains. La plupart des coutumes alors concédées, attestent l'état florissant du pays. Celles de Beaumont, celles de Gri-

____

(1) Montauban fut fondé par les moines de Saint-Théodard, Beaumont et Grenade par ceux de Grand-Selve.

solles font mention de règlements intéressants sur la police rurale, sur les marchés, sur la circulation des denrées. On y trouve la trace de pratiques agricoles et de cultures qui passeraient, de nos jours, presque pour un progrès (1). Celles de Castelsarrasin font surtout honneur à sa viticulture, par les sages prescriptions qu'elles renferment, en ce qui touche les soins à donner à la vigne et la production des vins.

La guerre des Albigeois, qui fut plus qu'une croisade religieuse, avait interrompu malheureusement cette ère de progrès envié à notre Midi. La plupart de nos villes et de nos bourgs, indignement saccagés, furent noyés dans le sang ou disparurent sous des ruines. On sait que cette guerre eut pour résultat définitif la conquête et la soumission des provinces méridionales. Jeanne, fille de Raymond VII, comme condition du traité de Paris (1226), fut mariée à Alphonse, comte de Poitou, frère de saint Louis, et le comte de Toulouse et sa fille étant décédés sans enfants, Philippe III put bientôt prendre possession définitive de nos villes et de nos châteaux démantelés comme en pays conquis (1272).

C'est à saint Louis ou plutôt au comte Alphonse, son frère, que l'on doit attribuer l'origine de ces divisions administratives et judiciaires qui régirent si longtemps cette partie de la province. Il y avait divers baillis ou juges subordonnés aux sénéchaux. On réunit plusieurs de ces bailliages, dans la sénéchaussée de Toulouse, sous l'autorité d'un seul juge général, et on partagea cette sénéchaussée en différentes juridictions ou judicatures, qui comprenaient une certaine étendue de pays. Il y eut six judicatures, savoir : celles d'Albigeois, de Laura-

----

(1) On cultivait alors le pastel, on labourait avec des chevaux. Nos fleuves étaient peuplés de nombreux poissons qui ont disparu : le saumon, l'esturgeon (créac), etc.

guais et de Villelongue sur la rive droite de la Garonne, celles
de Rieux, de Verdun et de Rivière sur la rive gauche. La judicature de Villelongue embrassa les trois cantons de Grisolles,
Montech et Castelsarrasin, et s'étendit bien au-delà des limites
actuelles de cet arrondissement, vers l'est, dans une grande
partie de ce qui fut compris plus tard dans le diocèse de
Lavaur. La judicature de Verdun réunit, sur la rive gauche,
tout ce qui constitue de nos jours les cantons de Verdun, de
Beaumont et de Saint-Nicolas, moins quelques communautés
de ce dernier canton. Beaumont et Verdun appartenaient
ainsi alors au Languedoc. On voit les consuls de ces villes
figurer à plusieurs reprises, dans la suite, dans les assemblées
des États de cette province. Le canton de Lavit dépendit d'a-
bord de la sénéchaussée d'Agen, puis de la sénéchaussée de
Lectoure. Le parlement de Toulouse, établi par Philippe-le-
Bel, en 1302, réunit plus tard sous son autorité ces diverses
judicatures (1).

L'annexion de nos campagnes désolées au royaume de
France ne leur valut pas une paix durable. La guerre contre
les Anglais, les fureurs des Armagnacs et des Bourguignons,
et les ravages des compagnies franches continuèrent et aug-
mentèrent même, dans les siècles suivants, l'état désastreux
du pays. La peste et la famine s'ajoutèrent souvent aux plus
cruelles de ces crises, et la province fut presque entièrement
dépeuplée.

En 1317 Jean XXII avait érigé en évêché l'abbaye de
Saint-Théodard de Montauban. Le plus grand nombre des

____

(1) Voici ce que dit don Vaissette : Le Parlement établi par Philippe-le-Bel,
puis par lui réuni à celui de la langue d'ouy, fut enfin rétabli sous Charles VII,
et demeura depuis fixe et permanent. — Préface de l'*Histoire de Languedoc*,
tome i, page xiij.

communautés de l'une et de l'autre rive de la Garonne, furent distraites du diocèse de Toulouse pour faire partie du
nouvel évêché. Lavit resta à Lectoure. Verdun et plusieurs
paroisses du canton de Grisolles furent maintenues dans le
diocèse de Toulouse. La portion du diocèse de Montauban,
entre le Tarn et la Garonne, dépendante du Languedoc, devint
une circonscription administrative et diocésaine, connue depuis sous le nom de Bas-Montauban. Castelsarrasin en fut une
des villes maîtresses, avec Montech et Villemur.

On voit, en 1360, les judicatures de Villelongue et de
Verdun contribuer à la rançon du roi (traité de Brétigny, 8
mars) : la première, pour X. M. moutons d'or: la seconde,
pour V. M. V. C. La sénéchaussée de Toulouse tout entière y
contribua pour CC. LX. M. moutons d'or. Le Languedoc paya
à lui seul près de la moitié de la rançon. Pendant plus d'un
siècle, c'est le Midi, si mal traité par nos rois, qui soutient
presque exclusivement tous les efforts de la nationalité française. Avec ces comtes d'Armagnac, si calomniés par les historiens du Nord, combattait toute la noblesse de Gascogne et
de Languedoc. Parmi ceux même que l'histoire et la légende
ont mis en relief, nous retrouvons des noms que les liens les
plus étroits rattachent à nos cantons : Barbazan, un des restaurateurs du royaume, qui s'éteignit dans les Faudoas (1),
Poton de Xaintrailles, qui fut baron de Gimat, les comtes de
Lille-Jourdain, les vicomtes de Gimoës ou de Terride, les
vicomtes de Lomagne, entraînant sous leur bannière tous nos
châtelains et tout ce qui mania l'épée dans ces temps d'héroïsme.

Ce fut Louis XI qui, par la donation qu'il fit du duché de

____

(1) Charles VII proclama Barbazan comme le plus ferme soutien de son
règne. — Voir plus bas notre Notice sur le canton de Beaumont.

Guienne à Charles, son frère (Amboise, 29 avril 1469), détacha du Languedoc la judicature de Verdun; il unit cette dernière à la judicature de Rivière et forma des deux une petite province. A compter d'alors, le pays de Rivière-Verdun, rattaché au gouvernement général de Guienne, eut une administration à part et comme une existence politique distincte, ce qui lui permit, en 1614 et en 1789, d'envoyer aux États-Généraux du royaume ses députés particuliers.

Louis XI avait aussi disposé, en 1472, de la judicature de Villelongue en faveur de Philippe de Savoie. Mais il paraît que les protestations du parlement, des États et des villes intéressées neutralisèrent les effets de cette donation.

A la suite de ce règne, l'épuisement complet de la province explique le mutisme prolongé de ses annales. Les désordres des XVe et XVIe siècles avaient étouffé dans ce malheureux pays, dépeuplé et accablé sous ses ruines, de charges et de subsides, jusqu'aux plus simples éléments de l'agriculture. L'incurie de nos rois ne fit rien pour relever de leur marasme nos campagnes et pour remettre en honneur l'art agricole. Le haut clergé, les évêques, les abbés ne vivaient plus dans leur province. La noblesse se déchirait ainsi qu'aux plus mauvais jours de la féodalité. Les guerres de religion répandirent des flots de sang et couvrirent de nouvelles et irréparables ruines nos malheureuses vallées (1), que la trève du labourage était impuissante à défendre. Charles IX couronna logiquement son mauvais règne, en donnant l'ordre de faire arracher les vignes de la Guienne, qui cependant avaient été comme un dédommagement de nos guerres, par les relations commerciales qu'elles avaient créées avec l'Angleterre.

(1) Consulter, sur l'état de la province en 1573, le curieux rapport de Fourquevaux, gouverneur de Narbonne. — *Histoire de Languedoc*, t. IX, page 542.

Henri IV fut le premier de sa race qui, aidé des conseils de Sully, tenta quelque chose en faveur de notre agriculture. Il fit des règlements pour la liberté du commerce, ouvrit quelques débouchés et introduisit dans le royaume la culture du mûrier. Toutes nos plaines furent bientôt couvertes et embellies de ces plantations, que nos villes utilisèrent pour l'industrie naissante de la soie. Il n'était pas de domaine, noble ou bourgeois, qui ne possédât naguère encore quelques vieux troncs de mûriers remontant à cette époque et attestant un progrès qui ne s'est ni maintenu ni renouvelé. Le règne de Henri IV fut une époque de régénération agricole, principalement pour nos provinces de Languedoc et de Guienne. Le mouvement général plaçait alors le Midi tout au moins au niveau du Nord. Tandis que Olivier de Serres, un Languedocien, publiait son immortel Traité, qui témoigne de la situation florissante de nos cultures, Du Barthas et Pibrac, courtisans du roi gascon et gascons eux-mêmes, faisaient, en prose et en vers, l'éloge de notre vie rurale.

Marguerite de Valois, dont ces poètes furent les admirateurs et les chantres, contribua, sous d'autres rapports, à jeter quelque éclat sur nos cantons. Henri IV avait déclaré, par ses lettres du 27 décembre 1599, que le titre de reine demeurerait à sa première femme, dont il venait de faire annuler le mariage et lui avait, entre autres domaines, assuré la jouissance, pour elle et ses successeurs, des quatre jugeries de Verdun, Rivière, Rieux et Albigeois (1). Cette reine aimable habita alors quelques-unes de nos villes et parcourut la plupart de nos châteaux (2).

---

(1) Don Vaissette. — *Histoire de Languedoc,* t. IX, pag. 306.

(2) Maubec, Verdun, furent des châteaux où la tradition veut que cette reine ait séjourné.

Mais après Henri IV, le despotisme unitaire de Richelieu et les folies luxueuses de la monarchie commencèrent à faire refluer vers la capitale les ressources de ·nos provinces. La noblesse abandonna ses champs emportant avec elle ses capitaux, réalisés par la vente de ses domaines, ses revenus, ses meubles et jusqu'à sa vaisselle. Les abbayes, depuis longtemps en commende, avaient cessé d'être des écoles et des fermes-modèle. Les moindres de nos municipalités perdirent alors leurs dernières franchises. Elles furent opprimées par un pouvoir que sa grandeur n'excuse pas d'avoir été implacable pour tout ce qui semblait lui faire obstacle, et qui ne vit plus dans nos populations rurales qu'une matière imposable.

Vainement luttèrent, pour la défense des libertés de la province, ces États de Languedoc, dont la constitution, alors digne d'envie, devint plus tard le modèle, en plus d'un point, des réformes qui ont ouvert l'ère des gouvernements modernes.

Cependant, en 1635, Richelieu provoqua la création de l'intendance de Montauban, comme pour dédommager cette ville des vexations cruelles que l'indépendance de ses citoyens lui avait attirées. Boulevard du protestantisme, le futur chef-lieu de Tarn-et-Garonne s'était, par sa patriotique énergie, rendu digne de cette faveur, qui ne fut cependant qu'une œuvre politique. L'intendance de Montauban eut le même ressort que la Cour des Aides, que des motifs analogues venaient de faire attribuer à cette ville. Cette administration comprit d'abord les élections de Montauban, Cahors et Figeac, dans le Quercy; de Villefranche, Rodez et Millau, dans le Rouergue; de Rivière-Verdun, Armagnac, Comminges, Lomagne et Astarac, dans la Gascogne. On y joignit le Nébouzan, les quatre vallées et le pays de Foix. Cela subsista ainsi jusqu'en 1716, époque à laquelle Louis XV démembra une partie de cette généralité pour former celle d'Auch, composée des cinq élections de la

Gascogne. Le Bas-Montauban , comprenant Castelsarrasin , Montech et Grisolles, continua de faire partie de la province et des États de Languedoc, ainsi que cela était auparavant.

Le XVIIIe siècle fut, comme le précédent, une époque de revers pour l'agriculture de plus en plus dédaignée. De la centralisation on n'éprouvait encore que les inconvénients. Nos villes sans liberté et sans protection, nos campagnes abandonnées et affamées, n'offrirent plus que le spectacle d'une population s'endormant dans l'accablement de la défaite ou languissant dans un état misérable (1).

Si la mémoire de Louis XIV et de Louis XV ne mérite qu'un jugement sévère de la part des agriculteurs, il n'en est pas de même de Louis XVI. Les édits inspirés par Turgot sur la liberté du commerce des grains et des vins, l'abolition des corvées, les réformes financières de Necker, de nombreuses voies de communication ouvertes par nos intendants, Parmentier popularisant la pomme de terre, Daubenton introduisant le mérinos, et d'autres conceptions tout aussi utiles, promettaient à notre agriculture le plus brillant essor. Malheureusement l'exagération et l'impatience, en voulant précipiter les réformes, empêchèrent pour longtemps la réalisation des meilleures et des plus naturelles aspirations.

En 1789 le Parlement de Toulouse continuait d'étendre son autorité sur les deux rives de la Garonne. Castelsarrasin et Montech députaient, alternativement avec Villemur, aux États de Languedoc. Le Bas-Montauban, dont ces villes étaient réputées les villes maîtresses, avait une subdélégation militaire et une subdélégation administrative. Les jugeries royales de Castelsarrasin, de Saint-Porquier et de Montech, sur la rive droite de la Garonne; celles de Verdun, du Mas-Grenier et de Beaumont,

____

(1) L. de Lavergne. — *Economie rurale en France*, pag. 307.

sur la rive gauche, ressortissaient à la sénéchaussée de Toulouse (1). La jugerie royale de Lavit était du ressort du sénéchal de Lectoure, dépendant aussi du Parlement de Toulouse.

La rive droite ou Bas-Montauban prit part aux élections de 1789 avec les électeurs de la sénéchaussée de Toulouse (2). La rive gauche, c'est-à-dire le pays de Rivière-Verdun fit ses élections particulières comme cela avait eu lieu en 1614 (3). Mais les vœux de ces différentes populations se confondirent dans les mêmes aspirations vers l'égalité de l'impôt, la liberté civile, l'admission de tous les citoyens à tous les emplois, la suppression des justices exceptionnelles et de la vénalité des places, le gouvernement représentatif de la nation, combiné avec la constitution provinciale, etc.

L'Assemblée Nationale comprit dans le département de la Haute-Garonne les divers cantons, objet de cette Étude, à l'exception du canton de Lavit qui appartint au département du Gers. Deux districts maintinrent d'abord divisées les deux rives de la Garonne. Le district de Castelsarrasin réunit les cantons de Castelsarrasin, de Saint-Porquier, de Montech, de Grisolles et de *Villebrumier;* celui de Beaumont-Grenade (4), comprit les cantons de *Grenade*, de Beaumont, de Verdun, de Saint-Nicolas-de-Lagrave, de *Cadours*.

Une nouvelle organisation judiciaire et administrative réduisit bientôt après le nombre des districts. Le district de

(1) Ces jugeries avaient remplacé les anciens juges généraux et avaient presque repris leur ancien ressort comme avant saint Louis.

(2) Un citoyen de la ville de Castelsarrasin, Arnaud Raby de Saint-Médard, eut l'insigne honneur de faire partie de la députation du Tiers-État à l'Assemblée Constituante.

(3) Les députés de Rivière-Verdun furent : pour le clergé, l'évêque de Montauban; pour la noblesse, le célèbre Cazalès; pour le Tiers-État, Pierre Long, de Beaumont, et Pérès de la Gesse.

(4) Le tribunal fut à Beaumont, l'administration à Grenade.

Beaumont-Grenade fut supprimé, et les cantons de Beaumont, Verdun et Saint-Nicolas furent annexés au district de Castelsarrasin.

Un sénatus-consulte, du 2 novembre 1808, constitua enfin le département de Tarn-et-Garonne, dont Montauban devint le chef-lieu. Pour composer le nouveau département, l'arrondissement de Castelsarrasin fut distrait en entier de la Haute-Garonne. En compensation du canton de Villebrumier, qu'il dut céder à l'arrondissement chef-lieu, il reçut le canton de Lavit pris dans l'arrondissement de Lectoure (Gers).

Ainsi l'arrondissement de Castelsarrasin se trouve aujourd'hui divisé en sept cantons, qui sont : Castelsarrasin, Beaumont, Grisolles, Lavit, Montech (1), Saint-Nicolas et Verdun.

Ce résumé historique suffirait pour faire comprendre par combien de bouleversements furent traversées notre agriculture et notre société tout entière, depuis la conquête des Gaules par les Romains jusqu'à l'absorption définitive et péniblement réalisée du pays par un pouvoir qui n'a été exempt, à notre égard, ni d'injustes oublis ni de partiales préférences.

Quelques courtes notices sur les villes chefs-lieux de canton vont compléter l'histoire de cet arrondissement.

(1) Saint-Porquier cessa d'être chef-lieu de canton et fut compris dans le canton de Montech.

CASTELSARRASIN.

—❋—

Les traditions historiques donnent à Castelsarrasin la plus haute antiquité, sans qu'il soit possible néanmoins d'indiquer exactement son origine. L'historien des comtes de Toulouse, Catel, qui avait vécu dans cette ville, dit que le patriotisme de ses habitants attribuait sa fondation aux Romains : de Castrum Cœsaris on aurait fait plus tard Castel Sarrasis (1). Les coutumes libérales dont cette communauté jouissait dans le moyen-âge, rappelleraient encore, dit-on, les municipes du peuple conquérant, et quelques souvenirs, quelques vieux monuments barbarement détruits par l'édilité moderne, pourraient corroborer cette opinion, que Castelsarrasin a été un retranchement, un poste permanent occupé par ces premiers maîtres du pays. Il n'y a pas un siècle, en effet, qu'un vaste terrain communal, parsemé de tertres ou mottes, aurait attesté la domination romaine, non-seulement par son aspect figuratif, mais encore par son nom même tout empreint de latinisme. Castelsarrasin a possédé jusqu'à la fin du dernier siècle, entre son enceinte murée et l'ancien Castrum Vandalorum (Gandalou), ce domaine sans culture, désigné dans les plus anciens titres par le nom expressif de bois menu ou ramier d'Agre. C'était l'*ager*

(1) Catel était conseiller au Parlement et faisait partie de cette compagnie que nous verrons se réfugier à Castelsarrasin à la fin du XVI⁰ siècle. D'après un travail inédit de M. Devals sur la charte de Nizezius et la géographie du pays au VII⁰ siècle, Castelsarrasin, pendant l'ère romaine, aurait existé sous la dénomination de *Mutationes.*

publicus de la conquête, alors concédé au municipe. Pour y
aboutir, on passait par une porte appelée aussi la porte d'Agre.
C'est tout ce qu'on peut conjecturer sur la plus ancienne origine attribuée à cette ville.

Dans le IIIe siècle Castelsarrasin devint le centre des prédications évangéliques de saint Alpinien, disciple de saint
Martial. Les reliques de saint Alpinien, devenu le patron de la
ville, sont encore de nos jours précieusement conservées dans
la vieille église Saint-Sauveur.

Néanmoins, plusieurs siècles de barbarie ensevelirent dans la
solitude et l'oubli l'existence de cette ville. Ses monuments furent détruits et ses ruines elles-mêmes durent disparaître sous
les efforts de vengeance et de cruauté des Vandales, des Visigoths et des Francs. Les Sarrasins peut-être y laissèrent une
empreinte plus particulière encore de leur passage et de leurs
dévastations (1).

Charlemagne tâche de faire renaître la civilisation expirante.
Ses descendants visitent les bords de la Garonne et séjournent
en face de Castelsarrasin, dans une de ces résidences dont
le grand Empereur avait parsemé l'Empire. Mais c'est à tort
qu'on a cru retrouver dans Castrum Cerrucium, mentionné
dans une charte de 847, la ville dont nous retraçons les annales (2).

(1) C'est au souvenir ou aux traces de cette invasion que Castelsarrasin
doit, suivant toute probabilité, son nom. Voir pour l'étymologie de ce nom
notre *Mémoire sur Castelsarrasin*, Montauban, 1867, et le *Moniteur de
l'Archéologue*. 2e serie, t. 1er, p. 304.

(2) *Castrum Cerrucium* ou *Serrucium* serait plus probablement *Castrum
Ferrucium* (Castelferrus). Le titre auquel on fait allusion serait, du reste,
infirmé par la découverte toute récente d'un acte, titre nouveau ou copie altérée du précédent qui, sans amener une grande clarté, pourra donner lieu
à de nouvelles conjectures sur les noms portés à diverses époques par Castelsarrasin et sur les origines de cette ville.

Ce n'est qu'en 961, dans le testament de Raymond Ier, comte de Rouergue, que se révèle l'existence positive de l'église de Castelsarrasin sous le vocable de Saint-Sauveur. On lit dans cet ancien titre : *Illó alode sancti Salvatoris cum ipsâ ecclesiâ Jeremias præsbyter retineat dummodò vivit; post suum discessum sancti Petri Mussiaco remaneat.* A cet acte remonte donc la soumission, à l'abbaye de Moissac, de l'église, plus tard prieuré de Saint-Sauveur.

Dans les premiers temps de la féodalité, les comtes de Toulouse firent de leur château de Castelsarrasin la clef et le rempart de leurs possessions vers l'ouest de leur comté. La châtellenie comprit l'angle entre le Tarn et la Garonne, depuis Saint-Porquier jusqu'à Moissac. Située au centre de forêts impénétrables, cette place de guerre passa dans le moyen-âge pour la plus forte du pays toulousain : elle devint à ce titre l'objet des préférences de ses seigneurs qui la visitaient souvent, soit pour de joyeux passe-temps, soit pour des affaires politiques d'une haute importance.

C'est à Castelsarrasin que furent arrêtés, en 1162, entre le comte de Toulouse et les envoyés de Henri II, roi d'Angleterre, les préliminaires de la trève qui suspendit un instant la guerre entre ces deux princes.

On trouve vers la même époque une bulle du Pape Alexandre III (juillet 1162) attribuant l'église de Castelsarrasin au chapitre Saint-Étienne de Toulouse (1).

(1) Moissac étant aux Anglais, les comtes de Toulouse provoquèrent sans doute cette attribution qui, plus tard, donna lieu à une transaction entre le chapitre Saint-Étienne et l'abbaye et à une espèce de paréage sur les droits du prieuré de Saint-Sauveur. Il existe un accord entre Raymond, évêque de Toulouse, et Arnaud d'Aragon, prieur de Castelsarrasin, sur leur différend touchant les *décimaires* de Saint-Sauveur, par lequel les trois quarts sont adjugés au prieur et le quart à l'évêque (IIe des ides de mai 1238), Fonds Doat, vol. Castelsarrasin.

C'est aussi vers le milieu du XII⁰ siècle que l'ordre de Saint-
Jean-de-Jérusalem dut s'établir à Castelsarrasin, où ses possessions s'étendirent bientôt dans ce qui représente de nos
jours la paroisse Saint-Jean de cette ville. Cette commanderie
devint dans la suite une des plus importantes de la province.

Pendant la guerre des Albigeois, Castelsarrasin résista longtemps aux chevaliers de Simon de Montfort. Nulle part les
comtes de Toulouse ne reçurent de plus sincères preuves d'attachement. L'histoire mentionne les assurances de dévouement
de cette ville à ses seigneurs en 1211. Cependant, un an après,
le chef des croisés ayant assiégé et pris Moissac (août 1212),
Castelsarrasin, effrayé par les rigueurs de ce siége, non moins
que par le déploiement de toutes les forces ennemies mena-
çant ses portes, fit sa soumission et reçut garnison française.

Ce fut un des principaux capitaines de l'armée de Montfort,
appelé Verles d'Encontre, qui devint gouverneur de Castelsarrasin. Verles, qui avait pris dans la ville ses quartiers d'hiver,
y fut inquiété à plusieurs reprises par les tentatives du fils du
comte de Foix. Ce dernier, qui tenait Montauban pour le
comte de Toulouse, vint braver les Français jusque sous les
murs de leur garnison.

Le principal évènement militaire qui signala les derniers efforts de Raymond VII contre les croisés, fut le siége et la prise
de Castelsarrasin au pouvoir des Français depuis 1212. Ce
seigneur n'éprouva aucune résistance de la part des habitants,
dont les sympathies n'avaient jamais cessé d'être à lui. Mais il
ne put avoir raison des Français réfugiés dans le château que
par famine (1228). C'est après la prise de cette place, que le
comte de Toulouse, d'après l'auteur contemporain, Matthieu
Paris, aurait remporté une victoire signalée sur les Français,
qu'il aurait surpris en se mettant en embuscade dans une
forêt voisine. Les Français eurent le malheur, outre les morts,

de laisser prisonniers quinze cents chevaliers et deux mille sergents armés que ne purent entièrement contenir les prisons de Castelsarrasin (1).

Le traité de Meaux (12 avril 1229) obligea Raymond, un an après, à détruire les murailles et à combler les fossés de Castelsarrasin. Le vieux comte visita cependant, dans les dernières années de sa domination, ce château, naguère un des plus beaux fleurons de sa couronne. Le 2 mai 1235 les habitants lui confirmèrent le droit de faire et de destituer leurs consuls. Le 21 juin 1239 il y reçut l'hommage de Raymond-Bernard de Durfort, et le 12 février 1241 Guillaume de Gourdon, son vassal et son ami, lui rendit le même devoir pour la dernière fois. Raymond, le dernier des comtes de Toulouse de cette illustre maison, mourut bientôt après.

Castelsarrasin avait déjà, depuis plusieurs années, de nouveaux seigneurs, lorsque (mai 1251), la comtesse Jeanne de Toulouse et le comte Alphonse de Poitiers, son mari, crurent devoir le visiter, ainsi que la plupart des villes de cette partie de leur domaine.

C'est vers cette époque que furent créées, dans la province, de nombreuses maisons hospitalières. Saint Louis fut, avant tout, un roi juste et chrétien. C'est à son gouvernement qu'est due la fondation de l'hôpital de Castelsarrasin, connu sous la dénomination d'hôpital Saint-Louis. Quelques années plus tard (1295), les consuls de la ville devaient disputer au roi de France l'administration de cet établissement ainsi que le droit d'y instituer un recteur. L'évêque de Carcassonne, chargé de vider le différend, choisit lui-même quatre arbitres auxquels il délégua ses pouvoirs. L'un de ces juges, qui était le juge de Termenois, fut favorable aux con-

(1) *Histoire de Languedoc* annotée, t. V, p. 356.

suls, mais les trois autres, dont par une vengeance bien permise la communauté n'a pas voulu retenir les noms, adjugèrent à Sa Majesté le droit d'administrer l'hôpital : *Regimen hospitalis collationem et ordinationem rectoris.*

Deux évènements importants marquent la fin de ce siècle dans les annales de Castelsarrasin. C'est d'abord le premier acte d'une hostilité qui allait durer cinq siècles entre cette ville et Moissac à propos de leurs limites. Des lettres de Philippe-le-Hardi (1274) avaient statué inutilement sur ce différend.

Le second de ces évènements est l'établissement des Grands Carmes, qui depuis 1281 jusqu'en 1790 devaient occuper un des principaux quartiers de la ville. Il est à remarquer que l'acte d'établissement constate que le monastère se placera hors l'enceinte de la cité. D'où il faut conclure que Castelsarrasin s'est considérablement agrandi depuis, puisque ce qui était hors l'enceinte est devenu aujourd'hui son point le plus central.

Le concile de Vienne déposséda l'ordre des Templiers (octobre 1314) en faveur de l'ordre de Saint-Jean-de-Jérusalem. La commanderie de Saint-Jean de Castelsarrasin s'enrichit alors des biens considérables de la commanderie du Temple de Lavilledieu.

Le 5 mai 1314, la ville elle-même augmenta de beaucoup son importance par l'union de la communauté de Gandalou à son consulat, à ses franchises, voisinage, bourgeoisie et unité, parce que les habitants de Gandalou avaient ouï dire que ce lieu avait dépendu de la châtellenie de Castelsarrasin et de son consulat.

La guerre de Cent Ans mit à de dures mais honorables épreuves le patriotisme de Castelsarrasin. En 1324 Charles IV, par les soins de Charles de Valois, son oncle, concentre dans cette ville ses préparatifs et ses approvisionnements contre les Anglais, et c'est de là que part ce prince pour aller reconquérir Agen, Condom, Bazas, Fleurance, après avoir fortifié suffisamment la place et y avoir installé *l'artillerie* qu'il venait de recevoir du sénéchal de Carcassonne.

Le 10 septembre 1344, Jean, duc de Normandie, passe à Castelsarrasin se rendant à Agen. Ce prince se substitue, quelque temps après, dans ses pouvoirs de lieutenant du roi et commandant dans les provinces de Guienne et Languedoc, Jean, comte d'Armagnac, qui vient exercer une partie de son commandement (novembre 1346) à Castelsarrasin même, d'où il date les principaux actes de son autorité. Ce seigneur se retrouve dans cette ville en 1352 pour y faire de nouveaux préparatifs contre les Anglais.

Le traité de Brétigny humilia bientôt profondément nos provinces si remplies d'héroïsme. Les villes du Midi, épuisées par des subsides sans cesse renouvelés, et ravagées par la peste, presque toujours inséparable de la guerre, avaient encore à supporter le favoritisme et l'arbitraire des frères et oncles du roi. Rien ne saurait mieux peindre à cet égard les souffrances de nos populations, que ce qui advint à Castelsarrasin dans l'année même du traité qui consommait notre ruine.

Olivier de Mauny, capitaine breton, favori et chambellan du duc d'Anjou, avait été nommé, par ce prince, gouverneur de cette place. Il commandait 300 hommes d'armes, logés dans la ville ou les environs, et s'y comportait comme en pays conquis. Ses vexations poussèrent au désespoir. Profitant de l'absence d'Olivier de Mauny, le jour de la fête de la Conversion de saint Paul, de l'année 1366, après un conseil secret, présidé par Arnaud de Scot, Arnaud Picard et Pierre-Jacques de Promes, trois de leurs consuls, les habitants en masse descendent dans les rues et se répandent en criant : Aux armes! mort aux Bretons et aux Allemands! Une affreuse rixe eut lieu, le sang coula, des maisons furent pillées. La garnison, fort maltraitée, fut obligée de se retirer dans le château, où les habitants entreprirent de l'affamer.

Olivier de Mauny n'ayant pas tardé à connaître ce soulèvement, vint immédiatement pour en tirer vengeance. Une forte imposition put seule racheter cette rébellion. Le duc d'Anjou accorda plus tard à la ville des lettres d'abolition pour ses prétendus crimes. Mais Castelsarrasin ne put jamais obtenir le remboursement d'une somme de 4,000 francs d'or qu'il avait été contraint de prêter aux soldats bretons de Mauny, lesquels s'en allèrent sans payer.

Le soulèvement de 1366 ne nuisit en rien à la bonne renommée de cette ville, car, le 9 juin 1369, le duc d'Anjou se rendant aux Anglais, crut devoir s'y arrêter et lui fit remise du quart du subside de 4 liv. par feu qui lui avait été octroyé pour la guerre.

Quelques années après, le duc de Berry fit grâce aussi à Castelsarrasin (28 avril 1384), à cause de sa fidélité à la cause nationale, de sa contribution dans l'amende de 800,000 liv. à laquelle la province avait été condamnée pour prétendue désobéissance, et, en 1386, le comte d'Armagnac rend le même témoignage en faveur de cette place, restée libre au milieu des ennemis qui occupaient quatorze forteresses dans les environs.

C'est vers ces temps que l'on peut fixer le combat livré aux Anglais sous les murs de la ville, au lieu d'Alem, par Louis de Sancerre, maréchal, commandant pour le roi en Languedoc. La tradition a rendu célèbre le vœu de ce capitaine en reconnaissance de la victoire qu'il obtint par l'intercession divine de la Vierge honorée à Alem, et c'est en exécution de cet acte de foi qu'en 1789 encore les descendants du connétable de Sancerre paraient généreusement aux frais du culte dans cette intéressante chapelle, connue et vénérée, même avant ce fait mémorable, sous le vocable de Notre-Dame d'Alem (1).

Les éléments de ruine s'amoncelaient alors de toute part sur le pays. En 1424 Castelsarrasin, presque entièrement détruit par les vicissitudes de la guerre et par les maladies contagieuses, se trouve réduit à 16 feux imposables. Il n'en existait déjà, en 1393, que 52.

Cependant, de cette époque malheureuse date, pour cette ville, l'établissement de ses principaux marchés. Ses foires actuelles, les seules qui se soient maintenues parmi les nombreuses concessions du même genre, que les besoins financiers multipliaient en tous lieux, furent instituées en 1409, par Charles VII, alors simple dauphin. Ces trois foires durent se tenir : la première, variable, le jour de l'Ascension : elle est devenue la foire de Saint-Alpinien ; la deuxième le 29 août, jour de la décollation de saint Jean, et la troisième le 4 novembre, dates encore conservées.

En 1424 le prieuré des Bénédictins de Castelsarrasin, qui depuis longtemps déjà prenait sa part des malheurs communs et de la décadence inévitable des ordres religieux, fut uni à la mense abbatiale de Moissac, fort appauvrie elle aussi. Ce prieuré, qui avait dans l'origine reçu jusqu'à quatre-vingts religieux, ne renfermait alors que trois moines. Le titre fut conservé. Les biens qui en dépendaient s'affermaient encore avec la dîme, en 1789, au prix annuel de 14,000 liv.

Des désordres du XVe siècle sortirent la perception régulière de l'impôt et les pouvoirs centralisés de l'administration, éléments des gouvernements modernes. Louis XI fut le grand organisateur de ces puissants rouages. Il détruisit tout obstacle

______

(1) On trouve dans quelques vieux titres cette église désignée sous le vocable de : Sancta Maria de Heremo, Sainte-Marie-du-Désert. De *Heremo,* par corruption *Helemo, Elemo,* viendrait Alem, son nom actuel.

qui pouvait s'opposer à ses vues unitaires, supprima les priviléges des villes, et après avoir découpé les grands fiefs, fit
sentir son autorité jusque dans les plus petites seigneuries. C'est
ainsi que ce roi réformateur introduisit dans les provinces,
comme autour de lui, de nouveaux nobles, anoblit une infinité
de bourgeois et dota les uns et les autres à sa fantaisie, sans
tenir plus de compte des traditions de la monarchie, que des
réserves exprimées dans le traité de Meaux. Jean de Bourilhon
reçut ainsi, vers 1475, des lettres royales qui lui concédaient
la seigneurie de la ville et du château de Castelsarrasin. Cette
cession fut loin d'être agréable aux habitants, qui réclamèrent
en faveur de leurs priviléges, n'admettant d'autre seigneur que
le roi de France comme successeur des comtes de Toulouse.
Un arrêt du parlement intervint le 8 janvier 1477 et autorisa
une transaction entre le nouveau seigneur et ses vassaux mécontents. La ville racheta ensuite la directité et la baillie de
son territoire, et l'on voit même plus tard ses consuls prendre
la qualité de justiciers, hauts, moyens et bas, de la communauté.

C'est sous François II que les administrations hospitalières
furent règlementées. Les besoins et les excès des temps précédents avaient multiplié ces établissements. Castelsarrasin avait
possédé jusqu'à huit hôpitaux, beaucoup plus utiles, il est vrai,
à leurs régisseurs qu'aux malades. Il existait encore quatre de
ces maisons en 1560, lorsqu'une ordonnance du roi en pro-
nonça la réunion. C'est l'hôpital de Notre-Dame d'Alem qui
reçut alors, dans ses vastes locaux, l'hôpital Saint-Louis de la
porte Toulousaine, l'hôpital Saint-Jacques de la place Saint-
Sauveur et la Maladrerie.

Les querelles religieuses du XVIe siècle attirèrent sur les
bords du Tarn et de la Garonne de nouveaux malheurs. Castelsarrasin fut une des villes qui se signalèrent par leur atta-

chement au catholicisme. Les religionnaires s'essayèrent inutilement, plusieurs fois, contre ses fortifications. Le 15 novembre
1568, après un assaut infructueux, ils furent obligés de se
retirer à Montauban fort maltraités. Quelque temps après, une
nouvelle tentative ne leur réussit pas mieux, malgré les efforts
courageux des chefs du parti : Bernard Roger de Comminges,
vicomte de Bruniquel, et vingt-deux capitaines de ses troupes
périrent dans les fossés de la place ou bien sous la poursuite
des habitants réunis aux soldats qui y tenaient garnison.

Le voisinage de la ville de Montauban, place de sûreté du
parti protestant, continua d'être funeste pendant longtemps à
nos bourgs et à nos châteaux, tantôt occupés par les religionnaires exaltés, tantôt repris violemment par les catholiques.

Le 22 janvier 1592 le duc de Joyeuse, chef des ligueurs de
la province, et qui venait de défaire les royalistes devant
Lautrec, arrive aux environs de Montbartier et fait le dégât
dans le pays, qu'il met à feu et à sang et où il exerce des
cruautés horribles. Il prend d'abord les châteaux de Montbéqui, Montbartier, Montbeton et Saint-Maurice. Ayant ensuite
assiégé le château des Barthes, où les assiégés lui tuèrent quatre-
vingts hommes, il les reçut enfin à composition; mais, malgré
la foi promise, il fit massacrer la plupart de ceux qui s'étaient
rendus. Le château de Meauzac, qu'il attaqua, se rendit aussi
par capitulation, après quelques jours de siége.

La France entière était déchirée par des factions, dont la
religion couvrait les plans ambitieux. La ville de Toulouse
était une des plus agitées du royaume. Son parlement, divisé
lui-même, fut obligé de se retirer devant les excès d'une population ligueuse exaltée. La plus grande partie de ce corps
judiciaire vint prendre asile à Castelsarrasin. Le parlement
tint dans cette ville sa première séance dans le consistoire de
l'hôtel-de-ville, le 6 mai 1595. Il continua de siéger ensuite

dans la salle capitulaire du couvent des Carmes, jusqu'au 31 mars 1596, époque de sa rentrée à Toulouse. Pendant le séjour du parlement à Castelsarrasin le duc de Joyeuse, chef des ligueurs toulousains, vint menacer la ville et braver la place sans oser l'attaquer.

Des luttes plus vives encore allaient éprouver le pays. Pendant près d'un siècle il n'est question que de réparations de tours et murailles, d'achats d'armes et munitions. Le 16 août 1621, Louis XIII investit Montauban, où tous les efforts du parti protestant s'étaient concentrés. Déjà, dès le 20 juillet précédent, Castelsarrasin avait député à Agen son premier consul, Du Puy (1), pour offrir au roi les clefs de la ville. Le roi s'était établi à Piquecos : mais Castelsarrasin devint le centre de ses approvisionnements. Le 23 septembre Louis XIII lui demande des secours, que la ville charge deux de ses principaux citoyens, Malgasc et le capitaine Villotte, de lui emmener. Les consuls doivent en même temps présenter une requête tendant à être débarrassés de nouveaux malades, la ville en étant pleine, et, d'ailleurs, se devant à ses visiteurs et à ses hôtes. L'ambassade d'Angleterre, qui allait arriver, devait occuper une grande partie des maisons principales.

Les consuls de Castelsarrasin s'étaient encore chargés d'une mission plus délicate. Il s'agissait d'obtenir la démolition du château, sollicitée inutilement depuis plus de cent ans. On avait tout essayé. On redoubla de zèle dans les démarches. On implora les hommes et le ciel. Pendant toute la durée du siége on ne cessa de célébrer, chaque jour, dans toutes les

(1) Pierre Du Puy, fils de Jérôme Du Puy, seigneur de Choisy, qui, par son mariage avec Anne de Rochefort, en 1581, devint la tige des Du Puy de Goyne à Castelsarrasin, et des Du Puy, marquis de Gerville, en Normandie.

églises, des messes pour le roi. Il paraît qu'un honnête présent valut aux habitants les faveurs d'un haut personnage,
puissant dans les conseils de Louis XIII, et quelque temps
après la permission si ardemment désirée fut accordée.

Mais, le château démoli, restaient les droits du roi, que l'on
appelait la baillie. Pendant encore un siècle au moins la
ville plaide pour cette baillie, tour-à-tour aliénée et rachetée.
Tous les dix ans on vendait ou on menaçait de vendre la
baillie à des tiers, et ce n'était qu'en rachetant à chers
deniers ou en empêchant les ventes par d'honnêtes présents,
que l'on évitait d'avoir un possesseur étranger de la baillie,
c'est-à-dire un seigneur autre que le roi ; cette comédie
financière, qui toujours avait du succès, se pratiquait et
continua de se pratiquer sous les règnes suivants presque
en tous lieux (1).

L'accumulation des troupes avait ramené dans nos villes des
maladies pestilentielles passées à l'état endémique. La plus
affreuse des contagions, appelée alors le tac (2), sévit
pendant toute la durée de ces guerres sur la population de
Castelsarrasin ; une procession commémorative perpétue
encore de nos jours le souvenir de ces temps d'épreuve.

Le règne de Louis XIV continua l'oppression de la province,
et Castelsarrasin eut constamment à se défendre contre les
exigences du pouvoir central. En perdant leur indépendance,
les municipalités perdaient leur ancien caractère, leur autorité
et leur dignité. Le consul Prades se plaint, dans une assemblée générale des habitants (15 octobre 1662), de ce que les
fonctions consulaires étaient si avilies, que personne ne pré-

(1) On peut voir à cet égard la curieuse notice sur Portet, par E. Roschach,
dans son intéressant itinéraire, intitulé : *Foix et Comminges,* pag. 24. —
Paris, Hachette, 1862.

(2) Le tac est aujourd'hui une maladie contagieuse de l'espèce ovine.

tait plus main-forte aux consuls: Badens, son deuxième consul, faisant la levée des tailles dans son quartier, venait d'être injurié, outragé et battu.

C'est vers cette date que les Capucins vinrent s'établir à Castelsarrasin. Les Dominicaines de la règle de Sainte-Catherine y étaient déjà installées depuis longues années, à la place de l'hôpital Saint-Louis, supprimé. Les Ursulines y vinrent à leur tour de Montauban, et construisirent leur couvent au nord, mais dans l'enceinte de la ville (1642) (1).

Sous Louis XV, la création de nouvelles charges, en fournissant le moyen d'augmenter les revenus du trésor, consomma le sacrifice de nos libertés municipales : un édit du mois d'août 1692 avait créé l'institution des maires (2). En octobre, même année, furent institués des auditeurs des comptes. Puis vinrent les charges à nomination royale, comme les précédentes, de lieutenant de maire, de deuxième et de troisième consuls. Les États de Languedoc, qui n'avaient cessé de protester contre ces créations, rachetèrent seulement en 1754 tous ces offices.

Un des derniers actes tentés contre les priviléges de Castelsarrasin, vers la fin du règne de Louis XV, fut aussi un des plus humiliants. Le 29 avril 1772 les consuls reçurent la signification d'un arrêt qui aliénait le domaine du roi de la ville (c'était encore la baillie qui reparaissait après des siècles) en faveur de Marc-René d'Allegrais, chevalier de Saint-Louis, porte-manteaux de madame Louise de France, et dame Catherine Martin, son épouse. La communauté protesta unanimement, et les nouveaux seigneurs ne purent être mis en pos-

(1) Les Capucins ont été démolis après 1790; les bâtiments des Dominicaines sont devenus le collége ; ceux des Ursulines se retrouvent aujourd'hui à la sous-préfecture.

(2) Les maires étaient nommés à vie. Le premier maire de Castelsarrasin fut Jean d'Espagne.

session que par un juge assez éloigné, le juge de Grenade, lequel procéda à cette installation, à huis-clos, dans l'église Saint-Sauveur.

Castelsarrasin avait son entrée aux États-Généraux une fois tous les trois ans, alternativement avec Montech et Villemur. Ses armoiries étaient d'*azur, au château antique à trois tours ou donjons d'or ouvert et maçonné de sable, au chef cousu de gueules chargé d'une croix vuidée, cléchée, pommetée et alesée d'or;* on la nomme aussi croix de Toulouse.

La Révolution vint confondre dans notre belle unité nationale les prétentions féodales de nos villes, et Castelsarrasin dut renoncer à ses anciennes traditions pour devenir un chef-lieu d'arrondissement. Là doit s'arrêter son histoire.

Il ne reste à Castelsarrasin presque aucun de ses anciens monuments. Les derniers vestiges de son château disparurent en 1621. Ses portes et ses tours historiques ont successivement cédé leur place aux exigences de l'édilité et de la voirie. Une modeste église, sous le vocable de Saint-Jean, s'élève encore près des anciens remparts et de l'ancienne porte Moissaguaise. C'est une construction du XVIᵉ siècle, due à la commanderie de l'ordre de Malte, à laquelle elle appartenait encore lors de la Révolution. L'ancien couvent des Carmes est devenu une prison : son clocher du XIVᵉ siècle, surmontant sa chapelle, a seul été respecté. L'église Saint-Sauveur, monument précieux du XIIᵉ siècle, dont la ville était fière, est en partie démolie et livrée à la merci des architectes officiels. Sa tour crénelée n'existe plus ; elle sera, dit-on, reconstruite telle qu'elle était ; mais ce ne sera plus la vieille tour qui porta si fidèlement la bannière des Raymond.

Castelsarrasin a vu naître quelques hommes diversement remarquables : François de Prades, curé de Saint-Sauveur et mainteneur des Jeux-Floraux dans la première moitié du

XVIIIe siècle : Martin de Prades, neveu du précédent, le célèbre hérésiarque condamné par la Sorbonne, le protégé de Voltaire et l'hôte du grand Frédéric : Raby de Saint-Médard, député du tiers-état à l'Assemblée constituante de 1789 : Port-de-Guy, littérateur de ce siècle, plus connu par son existence tourmentée et aventureuse que par ses œuvres, aujourd'hui oubliées.

Dans le canton on trouve, échelonnés sur les terrasses verdoyantes que baigne le Tarn :

La Bastide, appartenant aux Templiers de Lavilledieu:

Les Barthes et Meauzac (1), qui furent deux de nos plus anciens châteaux:

Albefeuille, l'antique *Albafolia*, donnée par le testament de Raymond Ier. en 961, à l'abbaye de Saint-Théodard, et d'où fut distrait, au XIIe siècle, l'alleu qui devint le siège de la commanderie de Lavilledieu :

Le Barry-d'Islemade, faubourg d'une ville importante, que les mystères de la tradition couvrent d'un voile impénétrable et que la légende a baptisée de ce nom poétique de *Villa Amata* (ville ou isle aimée), Villemade, Islemade.

---

(1) Meauzac existait déjà en 673, époque où il fut donné avec son église de Saint-Martin par Agarnus, évêque de Cahors, à l'abbaye de Moissac. Les Anglais s'emparèrent de ce château, au témoignage de Froissard, **en** mai 1369. Ils l'occupèrent encore 20 ans après, et de là faisaient des courses fréquentes dans le Toulousain et l'Albigeois. — Devals, *Courrier de Tarn-et-Garonne*, du 27 septembre 1862.

BEAUMONT.

Sur les coteaux accidentés qui dominent le riche bassin de la Gimonne, à une petite lieue au nord-ouest de la ville de Beaumont, on aperçoit une insignifiante construction moderne, qui paraît abandonnée, entre des terres arables presque nues et de maigres touffes de genêts ou d'ajoncs annonçant le voisinage de bois chétifs. C'est le château d'Arcombald. Sous ses murs blancs et badigeonnés que dédaignerait l'antiquaire, dorment les plus vieux souvenirs de cette partie de nos provinces.

En descendant vers Beaumont, à cinq cents pas au-dessous de ce manoir, on retrouve facilement la trace d'une motte antique, sur laquelle s'asseyait autrefois une modeste église isolée, connue sous le vocable de Sainte-Radegonde, douce reine ou princesse des temps mérovingiens. Vers l'est et tout aussi près, le tumulus d'Engayrin (tumulus warini) recouvre des vestiges plus anciens encore.

Arcombald fut la résidence et peut-être le berceau d'une maison seigneuriale puissante, que ses bienfaits ont rendue recommandable à nos annales. L'entier vallon de la Sère, depuis Castelmayran jusqu'à Cumont, ainsi qu'une partie considérable de la vallée de la Gimonne, reconnaissaient son autorité pendant presque tout le moyen-âge, et plusieurs de nos villes et de nos monastères durent leur établissement ou leur prospérité à la générosité de ces seigneurs. Leur nom franc d'Arcombald annonce à lui seul et leur illustration et leur antique origine.

C'est la famille d'Arcombald qui, dans la première moitié du XIIe siècle, fonda l'abbaye de Belleperche, placée d'abord près de Larrazet, dans un lieu malsain appelé Belleperchette, et transférée peu d'années après, par les soins de Bernard, le célèbre et saint abbé de Clairvaux, sur les bords de la Garonne, au lieu de Laroque, où l'on admire encore ses ruines.

En 1178, Raymond-Bernard d'Arcombald fit aussi des dons considérables à l'abbaye de Grandselve. Ce seigneur céda notamment le droit de pacage dans son honneur (honor, seigneurie), entre Arcombald et la Gimonne et entre Haumont et la Gimonne.

En 1181, Bernard d'Astaffort, qu'on a lieu de croire issu de la même souche, donne aux moines de Grandselve ce qu'il possédait dans le chemin de Bellimons (Beaumont), à Calcaso-Castro Sancti-Johannis (Saint-Jean-de-Coquessac, près de Beaumont).

Enfin, en 1249, Odon, vicomte de Lomagne, approuve l'accord fait entre Bernard-Gautier et Montarsin, son frère, et autres fils de Bernard de Cumont, d'une part : et Ricard, abbé de Grandselve, d'autre part, touchant l'honneur d'Arcombald.

Ces actes, confirmés par d'autres probabilités, établiraient que c'est des seigneurs d'Arcombald que l'abbaye de Grandselve reçut, à titre de don ou de concession, cette partie de la vallée de la Gimonne qui s'étendait depuis l'ancienne église de Sainte-Radegonde jusqu'à Saint-Jean-de-Coquessac, c'est-à-dire ces terrains fertiles au centre desquels s'éleva bientôt la ville ou bastide de Beaumont.

La fondation authentique de ce chef-lieu de canton ne remonte qu'à la fin du XIIIe siècle. Mais il paraît assuré, par l'acte de fondation même et par l'acte de 1181 que nous venons de mentionner, qu'antérieurement à cette fondation il y avait, à la place où allait s'élever la ville nouvelle, une église ou chapelle, ou tout autre établissement, déjà connus sous le nom de Beaumont (Bellimons).

L'acte de fondation ou de paréage déterminant les droits sur cette seigneurie entre le roi de France, comme comte de Toulouse et l'abbé de Grandselve, est du mois de juillet 1279. Cet acte constate que la bastide ou ville de Beaumont est construite sur les terres de l'abbaye dépendantes du comté de Toulouse. Pour faciliter cet établissement, l'abbé de Grandselve concède aux habitants 1000 arpents de terre pour l'œuvre des vignes, 1000 casaux pour les jardins et 1000 emplacements pour les maisons. Ces dernières devaient être établies avec 5 brasses de largeur sur 15 de profondeur.

On voit par là quelle dut être l'importance de la fondation. On retrouve de nos jours, à Beaumont, les traces parfaitement visibles de ces divisions ; les maisons y ont conservé en général l'uniformité, l'étendue et les dispositions contemporaines de la charte de concession, et les terrains consacrés aux vignes sont toujours appelés vignobles, quoique la vigne y ait été remplacée par d'autres cultures; ces terrains, depuis l'enceinte de la ville jusqu'à l'ancien château d'Arcombald, sont coupés par de nombreux sentiers de service, formant des bandes régulières et parallèles, où l'œil le moins exercé peut sans effort rétablir les arpents mêmes abandonnés dans le paréage de 1279.

Des coutumes furent octroyées aux habitants par l'abbé de Grandselve et par le roi de France. Elles renferment les priviléges et les libertés qui caractérisaient le mouvement de l'époque et les concessions du même genre.

Beaumont fut donc construit dans le territoire de l'abbaye de Grandselve, dépendant de la judicature de Verdun et du comté de Toulouse, et c'est à tort qu'on appelle aujourd'hui cette ville Beaumont-de-Lomagne. Cela ferait supposer que Beaumont a pu dépendre de la vicomté de Lomagne, erreur qu'il ne serait pas permis d'accréditer. La Lomagne constituait presque entièrement le diocèse de Lectoure, et était un démembrement de l'ancien duché de Gascogne hors la mouvance des comtes de Toulouse. Jamais Beaumont n'a figuré dans cette vicomté. Même en 1789 l'élection de Lomagne, qui avait cependant beaucoup emprunté au Toulousain, n'embrassait pas cette ville, figurant alors dans l'élection de Verdun, et n'ayant, depuis sa fondation, jamais cessé d'appartenir à la judicature de ce nom. On disait autrefois Beaumont-sur-Gimonne, et ensuite on dit Beaumont-lez-Lomagne, c'est-à-dire proche, à côté de la Lomagne, et non de Lomagne. C'est ainsi qu'on doit dire encore sous peine de controuver l'histoire.

La ville de Beaumont se développa rapidement. Sa bourgeoisie ne tarda pas à devenir importante, grâce à ses coutumes libérales et à son heureuse situation, grâce encore à la protection toute puissante des abbés de Grandselve, qui entretinrent constamment avec elle les plus affectueuses relations.

Les évènements historiques qui se rattachent à cette localité sont cependant peu nombreux.

Vers 1339, Beaumont passa dans la possession des comtes de Lille-Jourdain par donation de nos rois. Cela lui valut d'être attaqué de préférence par les Anglais, auxquels tenait tête le comte de Lille. Henri de Lancastre, comte de Derby, s'en empara, après quelques jours de siége, en 1345.

On peut compter dans les évènements mémorables qui ont eu lieu dans cette ville, la mort de Jean Ier d'Armagnac, surnommé le Bon, marié en 1324 à Régine de Goth, vicomtesse de Lomagne, de laquelle il hérita, et remarié en 1327 à Béatrix de Clermont, descendante de saint Louis. Ce comte d'Armagnac, après un règne qui n'avait pas duré moins de 60 ans, mourut à Beaumont en 1373 (1).

En 1405, Jean de Bourbon, comte de Clermont, ayant acheté du dernier comte de Lille, pour.30,000 écus d'or, le comté de ce nom et la partie du Gimoës en dépendant, Beaumont, érigé à cette occasion en titre de vicomté, passa à la maison de ce nouveau seigneur.

Ravagée par la peste dans la fin du XIVᵉ siècle et le commencement du XVᵉ, cette ville fut alors presque entièrement dépeuplée. Des légendes pieuses attestent encore cet état de désolation miraculeusement interrompu par l'intercession des saints Sébastien et Fabien, honorés depuis par les habitants d'une dévotion touchante. C'est de la peste que mourut à Beaumont, en 1435, le dernier représentant de la maison d'Arcombald. Bertrand d'Arcombald, par son testament verbal, fait en présence de simples témoins à défaut des notaires et des prêtres que la contagion avait enlevés, légua ses biens à ses filles, et, en prévision de leur mort, qui survint en effet presque immédiatement, leur substitua l'abbaye de Belleperche, fondée par ses ancêtres.

Cette ville prit part aux guerres de religion qui affligèrent le pays pendant si longtemps. Dans les derniers mois de 1562, 50 prêtres, suivant les historiens de la Réforme, fondirent l'épée à la main sur les religionnaires qui s'y trouvaient et les forcèrent à prendre les armes. Montluc, qui commandait de la Garonne aux Pyrénées, y ramena l'ordre en chargeant Fontenilles, son gendre, d'occuper la place. Montluc s'était établi à Faudoas, chez le seigneur de ce nom, son parent, pour mieux surveiller le pays, et tant qu'il fut présent sur les lieux on ne pensa guère à remuer. Mais le commandant des forces

(1) *Histoire de Languedoc*, Notes, pag. 26, t. IV.

catholiques ayant été obligé de se transporter ailleurs avec ses
garnisons pour la répression de nouveaux troubles, Beaumont
se révolta contre l'autorité royale, à l'instigation du prince de
Condé. Toutefois, quoiqu'elle se fût fortifiée avec beaucoup
d'activité et toute l'apparence de projets sérieux de résistance,
cette place, qui au fond n'avait pas cessé d'être catholique,
n'attendit pas le retour de Montluc pour faire sa soumission (1).

Beaumont fut quelques années plus tard menacé sans succès
par le roi de Navarre, depuis Henri IV, obligé de se retirer
après une attaque infructueuse. Voici comment Sully rapporte,
dans ses Mémoires, cet épisode intéressant de l'histoire locale :
« Quelque temps après (1576), le roi de Navarre, allant de
Lectoure à Montauban, ordonna au comte de Meilles et à moi,
seigneur de Rosny, de donner avec 25 chevaux sur un gros
d'arquebusiers que les habitants de Beaumont avaient posté
dans les vignes et les chemins creux sur notre passage. Nous
les menâmes battant jusqu'aux portes de la ville d'où il sortit
environ 100 soldats à leur secours, dont une partie demeura
sur la place et l'autre se noya dans les fossés. Le roi, qui vit
que le rempart commençait à se couvrir de soldats, ne jugea
pas à propos d'aller plus avant et continua sa route (2). »

Le prince de Condé acquit, en 1639, le domaine de cette
ville, entré déjà depuis longtemps dans sa famille, et prit le
titre de vicomte de Beaumont. Il visita sa nouvelle seigneurie
dans les premiers jours de janvier 1640. Le 2 de ce mois il
avait reçu à Grandselve, où il se trouvait, une députation de
la ville, à laquelle il avait accordé quatre foires et la confir-
mation de la dispense de loger des gens de guerre. Beaumont fêta ensuite magnifiquement ce grand seigneur. C'est à

(1) Jouglar, *Monographie du Mas-Grenier*, pag. 126.
(2) *Mémoires de Sully*, t. I, pag. 117.

l'instigation de ce prince que les habitants avaient pris les armes contre le service du roi et qu'ils dressèrent, quelques années plus tard (1651), des bastions et des travaux avancés capables de soutenir, au besoin, les efforts du chef de la Fronde, dont les sentiments heurtaient cependant leur vieille fidélité au roi et au catholicisme.

La bourgeoisie de cette ville était riche et florissante. Elle comptait dans ses rangs des hommes que leur mérite et leur haute position dans le parlement devaient rendre diversement célèbres. Les de Long, les Tourreil, les Cassaigneau lui appartenaient à plus d'un titre, et Fermat répandait déjà sur son modeste bourg natal l'éclat impérissable de son nom et de sa renommée (1). Le séjour qu'y firent pendant longtemps des familles parlementaires, la protection et le bon voisinage de l'abbaye de Grandselve y entretinrent un mouvement aussi agréable aux habitants qu'utile à leurs intérêts. Beaumont eut autrefois quelques fabriques de serge et de cadis, et ses belles campagnes se couvrirent de nombreux mûriers favorisant l'élève du ver à soie (2).

C'est à Beaumont qu'était le principal siége des justices royales du pays de Rivière-Verdun. Le procureur du roi près ce siége, Pierre Long, fut député par le tiers-état aux États-généraux de 1789. Le député de la noblesse fut alors le célèbre Cazalès, né dans les environs. C'est à Pierre Long que Beau-

---

(1) Il est inutile de dire ce qu'était Pierre Fermat. Clément de Long, beau-père de ce dernier, et comme lui conseiller au parlement, fut le rapporteur du procès fait au duc de Montmorency. La famille de Long avait une branche dans Beaumont. Tourreil, procureur général au parlement, séjourna aussi dans cette ville, ainsi que les Cassaigneau et beaucoup d'autres parlementaires.

(2) L'abbaye de Grandselve avait dans Beaumont même une vaste maison, où l'abbé, le prieur et les autres dignitaires faisaient des séjours fréquents.

mont dut d'être pendant quelques années le siège du tribunal du district de Grenade. Hugueny fut le premier et l'unique président de ce tribunal.

En l'an vii, les insurgés royalistes s'emparèrent de cette ville et y proclamèrent Louis XVIII. Ce triomphe éphémère n'entraîna pour eux que des malheurs inutiles. Ces bandes, cernées quelques jours après dans le château de Terride, y furent impitoyablement dispersées.

Il y avait avant 1789, dans Beaumont, un couvent de pères Cordeliers et un couvent de religieuses de Sainte-Claire. La cure-archiprêtré de Beaumont était une des plus riches et des plus enviées du diocèse de Montauban, qui la prit au diocèse de Toulouse en 1325; son revenu en dîmes ou foncier était de 4,000 livres. Des prêtres consorcistes étaient attachés à cette cure.

Beaumont porte pour armoiries *d'or à un monde d'azur cerclé d'or, sommé d'un saule de sinople dont le pied perçant ce monde sort de rechef et le partage, accompagné en fasce de deux fleurs de lys de gueules.* On voit ces armoiries sur la plus belle cloche du diocèse, placée au haut du clocher de l'église. Cette église est un beau monument gothique du commencement du XIVe siècle. Elle est cependant moins remarquable que son clocher octogone à ogives lozangées, alternant avec l'ogive ordinaire, nouvellement et habilement restauré, et qui a mérité d'être classé parmi les rares monuments du pays qui intéressent l'histoire.

Beaumont a donné naissance au célèbre géomètre Pierre Fermat, qui précéda Newton et Leibnitz dans l'invention du calcul différentiel, et qui fut l'ami de Pascal, de Descartes, etc. D'autres célébrités respectables appartiennent à cette ville. Nous citerons François et Philippe Loume, poètes du XVIIe siècle: Bernard de Saint-Salvy, poète du XVIIIe: Pierre

Long, député à l'Assemblée constituante de 1789; le baron Darquié, colonel des tirailleurs de la garde impériale sous Napoléon Ier; Dabrin qui, de simple ouvrier, devint un savant architecte et un habile constructeur (1).

Le canton de Beaumont renferme plusieurs localités dont l'histoire intéresserait, si elle ne devait dépasser notre cadre.

Gariès, la cité gauloise des Garites, a été l'objet d'une étude particulière, où sont rappelés ses vestiges et ses souvenirs (2).

Maubec offre aussi aux observations de l'antiquaire ses restes de fortifications et sa voie romaine. Son château fut visité par la reine de Navarre, à laquelle il appartint.

Larrazet eut pour seigneurs les abbés de Belleperche et servit d'asile aux premiers religieux de ce monastère. On peut visiter encore les débris imposants de son château abbatial et son église gothique due à la munificence de ces moines.

Arcombald, Haumont, Cumont, Lamothe-Cumont, Glatens, Le Cause, Escazeaux, Belbèze, offrent des mottes féodales ou romaines, sur lesquelles se retrouvent les fondations et les ruines d'anciens châteaux.

Goas, à la maison de Biran, avait titre de comté. Louis de Biran, comte de Goas, filleul de Louis XIII, fut lieutenant-général des armées de ce roi. Blaise de Biran, comte de Goas, fils du précédent, servit sous Louis XIV avec le titre de maréchal-de-camp. Le dernier comte de Goas périt au combat du col d'Exiles, à la tête de son régiment, sous Louis XV. Sa fille, Jacqueline de Biran, comtesse de Goas, vicomtesse de Gimoës, fut mariée au comte de Beaumont-Périgord. Elle est morte

---

(1) Un des fils de Dabrin était naguère maire de l'un des principaux arrondissements de Paris, colonel d'état-major de la garde nationale de la Seine, agent de change.

(2) *Limites de la Novempopulanie*, par A. Jouglar.

de nos jours sans postérité, laissant sa terre de Goas au mar-
.quis de Gontaut-Biron Saint-Blancard. Le marquis de Gontaut-Biron actuel, fils du précédent et de dame de Rohan-
Chabot, possède encore la terre de Goas.

Sérignac fut une baronnie du Gimoës et l'apanage ordinaire des fils puinés de la maison de Terride. C'est le baron
de Sérignac qui, à la tête des calvinistes, détruisit et rasa de
fond en comble l'ancienne abbaye de Belleperche (1572).
Sérignac est la patrie de Raymond, général français au
service des princes de l'Inde. Un neveu du général Raymond,
portant son nom, commanda la garde mobile à Paris (1848).

Gimat fut le chef-lieu d'un petit pays, connu dans le moyen-
âge sous le nom de Jumadais ou Gimadais, et ayant titre de
baronnie. Esparsac, Gensac, Cumont, Lamothe, le Sahuguet,
Marmont en dépendaient. Les vicomtes de Lomagne étaient
barons de Jumadais et faisaient porter ce titre par leurs fils
puinés. La baronnie et la vicomté passèrent, en 1311, aux
comtes d'Armagnac par le mariage de Régine de Goth, vicomtesse de Lomagne, avec Jean d'Armagnac : Jean IV, comte
d'Armagnac, céda, vers 1440, la baronnie de Gimat à Jean,
dit Poton, seigneur de Xaintrailles, qui fut le célèbre compagnon de Jeanne d'Arc et le plus illustre des barons de Gimat.

Faudoas était aussi une des plus anciennes et des plus importantes baronnies du Gimoës et de la Lomagne. Ses premiers
seigneurs connus, Raymond-Arnaud, Raymond-Aner, Arsin,
Aynard, se signalèrent, dans les XIe et XIIe siècles, par leurs
largesses en faveur des abbayes de Grandselve, de Belleperche
et d'Uzerche.

Déjà, en 1269, Bertrand Ier de Faudoas s'intitulait seigneur
de Faudoas, d'Auterive, d'Avensac, de Sarrant, de Cadours.
de Drudas, du Causé, d'Ardisas, etc. Les descendants de
Bertrand Ier fournirent deux abbés successifs à l'abbaye du

Mas-Grenier, Bertrand et Aynard (1313), et une prieure au monastère de Saint-Aignan, Condore (1326) (1).

Vers cette époque, Aïssin de Faudoas ajouta à sa domination les seigneuries de Lille-Bouzon, de Plieux, etc., par son mariage avec Obrie de Lomagne, sœur de Gaston de Lomagne, baron de Gimadais.

Beraud II de Faudoas se signala dans nos luttes avec l'Angleterre. En 1352, sous Philippe de Valois, sa bannière était suivie par 57 écuyers et 160 sergents.

Beraudon, fils de Beraud II, devint le favori du duc d'Anjou dans son gouvernement de Languedoc. C'est à son titre bien connu d'ami et de confident de ce prince qu'il dut d'échapper au fameux massacre de Montpellier (1359).

Louis de Faudoas, fils de Beraudon, fut marié à Ondine de Barbazan, fille du sénéchal du Quercy et sœur du célèbre Arnaud-Guilhem de Barbazan, avec lequel il servait en 1396.

Beraud III, fils de Louis et d'Ondine de Barbazan, hérita des nom et armes des Barbazan, fut sénéchal d'Agenais et d'Armagnac et chambellan de Charles VII (1435).

Jean II, qui lui succéda, devint aussi chambellan de Louis XI (1464). Il fut fait prisonnier à la bataille de Montléry.

C'est dans Catherine, petite-fille de Jean II, que s'éteignit la branche aînée des Faudoas, fondue dans la maison de Rochechouart-Limoges par le mariage de cette héritière avec Antoine de Rochechouart. Cette union fut célébrée dans le château de Faudoas, le 25 octobre 1517.

La maison de Rochechouart continua ainsi l'illustration de la baronnie de Faudoas.

Jacques de Rochechouart, petit-fils d'Antoine, baron de Faudoas, se maria, en août 1564, avec Marie Izalguier, fille et

(1) *Généalogie de la maison de Faudoas*, pag. 10.

héritière de Bertrand Izalguier, baron de Clermont, seigneur d'Aureville. Par la baronnie d'Aureville, les Rochechouart-Faudoas eurent, depuis cet évènement, leur entrée aux États de Languedoc.

Henri de Rochechouart-Faudoas, fils du précédent, s'allia à Suzanne de Montluc, fille du fameux Blaise de Montluc. En 1589, le baron de Faudoas fut tué à la tête de sa compagnie, en combattant les religionnaires, près Montauban.

La terre de Faudoas fut érigée en marquisat par Louis XIV, au profit de Jean-Phœbus de Rochechouart-Faudoas, premier marquis de Faudoas.

Le dernier marquis de Faudoas est mort en émigration, et la terre de Faudoas, vendue nationalement, appartient à divers propriétaires.

Les branches latérales de la maison de Faudoas ont obtenu leur contingent d'illustration. En 1326 s'était formée celle de Faudoas-Avensac par Beraud Ier, fils de Bertrand Ier. De ce rameau sortit plus tard la branche de Faudoas-Sérilhac, qui s'établit dans le Maine au commencement du XVIe siècle. Louis XIV érigea en comté, sous le nom de Sérilhac, au profit de Jean III de Faudoas, les possessions de ce seigneur dans le Maine. Les comtes de Belin étaient aussi de cette maison. Les Faudoas du Maine ont produit des gouverneurs de Paris et des maréchaux de camp, en 1580, et des évèques et des généraux dans les temps modernes.

Les seigneurs de Faudoas s'intitulaient premiers barons chrétiens de Guienne. Ils avaient, à ce titre, la première place aux assemblées de la province. Leurs armoiries étaient *d'azur à la croix d'or avec deux anges revêtus pour tenants.* On voyait ces armoiries sur les vitraux de l'église des Cordeliers de Toulouse, dont la construction était due à la libéralité des seigneurs de Faudoas.

Nous avons vu que la maison de Barbazan s'était fondue dans celle de Faudoas par le mariage d'Ondine de Barbazan avec Louis de Faudoas. Arnaud-Guilhem de Barbazan, honoré par Charles VII du double titre de restaurateur du royaume et de chevalier sans reproche, avait reçu de ce roi un sabre sur la lame duquel était gravée cette devise : *Ut casu graviore ruant*. Cette arme légendaire, à laquelle la tradition prêtait des proportions de géant, était encore précieusement conservée, en 1789, dans un vieux meuble du château de Faudoas (1). Le château de Faudoas a été pillé, puis vendu nationalement, et le sabre de Barbazan a disparu, après avoir servi peut-être à démolir la vieille forteresse féodale, qui n'est plus, elle aussi, qu'un souvenir.

(1) Nous tenons de notre père, ancien maire de Faudoas, ces détails sur cette glorieuse relique, qu'il lui avait été permis d'admirer dans son enfance. Peut-être la Société archéologique de Tarn-et-Garonne enrichira-t-elle un jour son Musée du sabre de Barbazan.

GRISOLLES.

Grisolles, agréablement placé sur le canal latéral à la
Garonne et sur le chemin de fer du Midi, est d'origine très-
ancienne. Son nom figure dans quelques titres du moyen-
âge, sous la désignation d'*Ecclesiola*. Il faut croire que cette
petite église fut bientôt protégée par un château, et nous
voyons, en effet, le seigneur de Grisolles figurer dans l'état
des nobles de la judicature de Villelongue, dans le XVe siècle,
à côté des seigneurs de Corbarieu, de Villebrumier, de Saint-
Jean de Toulouse, de Montbeton, de Meauzac, des Barthes,
d'Escatalens, de Castelnau-d'Estretefonds, de Saint-Jory,
d'Aigrefeuille, de Pompignan et d'autres seigneurs.

Grisolles était situé vers le centre de cette langue de terre
qui forma, pendant le moyen-âge, la bizarre circonscription
de Villelongue, s'étendant depuis la pointe du Tarn et de la
Garonne jusqu'aux dépendances de l'abbaye de Sorèze,
embrassant une partie du diocèse de Lavaur jusqu'aux
seigneuries de Dourgne et d'Hautpoul, qui en dépendaient.

Le château de Grisolles dut garder et défendre, vers le sud,
cette immense forêt d'Agre qui, d'après les titres les plus
authentiques, couvrait toute la plaine et les hauts plateaux
compris entre Saint-Jory et Moissac. Ce vaste *latifundium*
romain était englobé dans les donations faites par Nizezius à
l'abbaye de Moissac, au VIIe siècle. L'antique *Sylva Agra*,
devenue plus tard Saint-Rustice, où les ruines abondent
encore, avait emprunté son nom à cette célèbre forêt.

Cependant, Grisolles paraît être sorti de la possession de Moissac et avoir dépendu, au moins depuis le XVIIe siècle, de l'abbaye de Saint-Sernin de Toulouse. Une reconnaissance de ses consuls, en date du 23 octobre 1619, constate que le château de Grisolles appartenait alors à l'abbaye de Saint-Sernin, dont allait être pourvu Monseigneur Louis de Lavalette, premier aumônier du roi, archevêque de Toulouse.

L'abbé de Saint-Sernin était seul seigneur haut et moyen de Grisolles, et avait, en outre, les trois parties sur quatre de la justice basse. La quatrième partie de la justice basse appartenait à cette époque à noble Giles-Bertrand Dussol.

Les coutumes ramenées dans la reconnaissance de 1619 datent d'une époque beaucoup plus ancienne, et remontent probablement au XIIIe siècle. Elles établissent que les abbés de Saint-Sernin, seigneurs de Grisolles, avaient droit de créer, eux seuls, un juge et lieutenant de juge pour l'exercice de la justice et de nommer annuellement, à la fête de Saint-Martin d'hiver, quatre consuls prêtant serment entre les mains du seigneur ou de son juge. Les consuls pouvaient connaître de la police de la ville jusqu'à 60 sols et de toutes causes criminelles avec l'assistance d'un assesseur. Pour la quatrième partie de la justice basse lui appartenant, le sieur Dussol ou ses prédécesseurs avait faculté d'établir un bayle et procureur juridictionnel, à la charge de s'en entendre avec l'abbé pour n'avoir avec lui qu'un même juge. Les censives, la directe des maisons, les droits de four et de forge se divisaient, comme la justice basse, en quatre parties, dont l'abbé avait les trois quarts et le sieur Dussol le quart seulement.

Les habitants devaient, d'après ces coutumes, faire cuire leur pain au four banal, dont le droit était de vingt pains un. A la forge on percevait pour chaque paire de bœufs, vaches, chevaux ou juments, un sac blé, mesure de Grenade, net et purgé, et pour chaque paire d'ânes ou d'ânesses labourant *deux* *pugnères* blé, en outre tout ce dessus, un sol pour chaque nouveau aiguisage et autant pour chaque chaussement des harnais et charrues, à la charge par le forgeron d'aiguiser en sus un *foussou* (houe) ou trinque avec un sarcloir.

Les coutumes de Grisolles renferment la nomenclature des droits de péage et l'état tarifé des marchandises pouvant circuler dans la juridiction. On peut y puiser des renseignements précieux sur la situation de notre agriculture, sur nos usages et nos mœurs dans ces temps reculés.

Une charge de saumons salés payait quatre deniers toulousains, faisant dix deniers tournois.

Un saumon frais acquittait un denier toulousain.

Une charge de lamproies payait quatre deniers, et s'il n'y en avait que douze le leudier en percevait une.

Le pastel était alors cultivé dans la région, et une charge de ce produit acquittait quatre deniers.

Les chevreuils et les cerfs nombreux, chassés dans l'antique forêt d'Agre, donnaient lieu à un commerce régulier. Le cuir de ces animaux était taxé à un denier toulousain.

Une pipe de vin payait deux deniers.

Une charge de sel devait une jointée ou bien quatre deniers.

Le trafic de toutes ces marchandises se faisait généralement en balles transportées à dos de cheval et pendantes des deux côtés de l'animal. Les droits étaient modérés, même relativement à la valeur du numéraire de l'époque, et bien loin des exigences du fisc et de l'octroi modernes.

Un évènement mémorable signale à l'attention de nôs chroniqueurs le château de Grisolles.

. Le duc de Joyeuse, voulant braver le parlement, qui s'était retiré à Castelsarrasin (1595), se mit en campagne avec deux compagnies de gens d'armes et un corps de Toulousains, et attaqua, en passant, Grisolles, qui lui refusait ses portes. Ce chef des ligueurs s'empara facilement de cette place et fit pendre Fénélon, son gouverneur, qui avait refusé de se rendre. On fait voir encore, au château de Grisolles, la croisée où fut pendu ce capitaine, dont le nom devait un jour retentir d'une si pure illustration.

Le portail de l'église de Grisolles, seul reste des bâtiments primitifs de cet édifice, est un beau fragment de notre architecture gothique.

Grisolles portait pour armoiries *d'azur à une bande d'argent.*

On peut indiquer dans ce canton :

BESSENS, l'antique *Besingus,* villa romaine comprise dans la donation de Nizezius à l'abbaye de Moissac (680) (1);

ORGUEIL, qui est peut-être le mystérieux *Orfolio* figurant dans la même donation :

POMPIGNAN, qui donna son nom à Lefranc, et qui fut le séjour de cette gloire poétique du pays ;

DIEUPENTALE et CANALS, où l'on a retrouvé des vestiges et des *tumuli* d'un autre âge ;

NOHIC (*Noviga*), qui fut, dit-on, au Xe siècle, le chef-lieu d'un de ces *ministeria* établis par Charlemagne, qui, détruit ensuite, fut rebâti en 1241, par Raymond VII, devint, vers le commencement du XIVe sièle, la propriété de l'ordre des Hospitaliers, et eut pour seigneur le commandeur de Fronton. Les ruines romaines abondent dans ses environs ;

Enfin, CAMPSAS, dont les vignobles modernes ont de la renommée, et LABASTIDE-SAINT-PIERRE qu'édifient par la prière et le travail des moines Chartreux.

(1) C'est par erreur que la charte de Nizezius a été attribuée à l'année 673, page 20.

LAVIT-DE-LOMAGNE.

Le canton de Lavit, aujourd'hui dans l'arrondissement de
Castelsarrasin, fut distrait de l'arrondissement de Lectoure
(Gers), en 1808, lors de la formation du département de
Tarn-et-Garonne.

La ville de Lavit a constamment fait partie de la Gascogne
proprement dite et du gouvernement de Guienne. Elle était,
avant 1789, le siége d'une justice royale ressortissant au sénéchal de Lectoure et faisait partie de l'élection de Lomagne,
subdivision d'Auvillar.

Lavit était l'une des principales places des vicomtes de
Lomagne.

La Lomagne fut distraite de l'ancien duché de Gascogne,
vers 904, par Garcie-Sanche-le-Courbé, en faveur de Gui-
lhaume-Garcie, qui la donna à Gombaud en 960. A Gombaud,
vicomte de Lomagne, succéda Hugues, son fils: à Hugues,
Raymond-Arnaud, son cousin. A Raymond-Arnaud, succéda
à son tour Arnaud. Puis vinrent Odon Ier, en 1090; Vésian Ier,
en 1103; Vésian II, en 1137 ; ensuite Odon II, puis Arnaud-
Otton; puis encore Vivien, mort sans postérité. Tous ces premiers vicomtes de Lomagne étaient du sang des anciens ducs
de Gascogne. Philippe, sœur de Vivien, apporta la Lomagne
à la maison de Talleyrand-Périgord, par son mariage avec
Elle, en 1301. Elle Talleyrand ne garda pas cette vicomté;
il la vendit à Philippe-le-Bel, qui la donna, en 1305, à Arnaud
de Goth ou de Gout, frère de Clément V. Bertrand de Goth,

neveu et filleul de ce pape, et fils d'Arnaud, fut ensuite vicomte de Lomagne. En 1311 la Lomagne se confondit de nouveau avec l'Armagnac, par le mariage de Régine de Goth avec Jean d'Armagnac. C'est à partir d'alors que les fils aînés du comte d'Armagnac prirent, du vivant de leur père, le titre de vicomte de Lomagne.

Les vicomtes de Lomagne furent très-batailleurs dans les XIe, XIIe et XIIIe siècles.

On trouve dans le cartulaire de l'abbaye de Moissac, sous l'année 1055, un acte duquel il appert qu'après les meurtres d'un grand nombre de personnes et les embrasements de plusieurs villes dans la vicomté de Lomagne, et même de l'église réputée pour la première des églises, savoir du monastère de Saint-Geniez de Lectoure, causés par le secret jugement de Dieu, pour la vengeance du meurtre commis en la personne de Galterius, chevalier, surnommé de Tudet, les moines qui s'étaient sauvés à demi-brûlés donnèrent, de l'avis et consentement des principaux du pays, à Saint-Pierre de Moissac, les murailles dudit monastère qui avaient resté de l'incendie, avec les droits ecclésiastiques et une partie de son alleu.

Cet acte fut confirmé, en 1084, par Odon et Vivien, son neveu, vicomtes de Lomagne, qui réitérèrent à l'abbaye de Moissac, avec le consentement de l'évêque de Lectoure et de l'archevêque d'Auch, la donation des lieux de Saint-Geniez et de Saint-Clair.

Ces vicomtes encoururent plusieurs excommunications de la part des papes, et reçurent maintes injonctions des rois de France et d'Angleterre, à cause de leurs usurpations et profanations de biens d'église.

La ville de Toulouse elle-même eut à se plaindre des entreprises peu scrupuleuses de ces seigneurs qui, par le château d'Auvillar leur appartenant, étaient maîtres du passage de la

Garonne et ne facilitaient pas, comme ils l'auraient pu, la navigation de ce fleuve. Les habitants de Toulouse descendirent jusqu'à Auvillar, dans le printemps de l'année 1204, pour avoir raison des violences exercées par le vicomte de Lomagne à l'encontre de quelques commerçants toulousains, et l'histoire nous apprend que, le 14 juin de ladite année, par acte daté du siége d'Auvillar, les vingt-cinq capitouls, chefs des nobles, transigèrent avec Vésian, vicomte de Lomagne, sur leurs entreprises réciproques. Il paraît que les Toulousains continuèrent néanmoins de payer péage ou leude pour le port et passage d'Auvillar.

Les principaux vassaux des vicomtes de Lomagne, dans les environs de Lavit, étaient : les seigneurs de Montgaillard, de Poupas, de Marsac, de Puygaillard, du Bouzet, de Gramont, de Lachapelle, de Lamothe-Bardigues. La noblesse gasconne fut toujours brillamment représentée dans ces châteaux. Là s'étalait la bravoure, un peu fanfaronne, mais toujours chevaleresque : là s'exerçait l'hospitalité la plus joyeuse : là s'improvisaient, dans les fêtes, les bons mots et les contes passés en proverbes. Ces mœurs sont loin d'être entièrement effacées, et les campagnes de la vraie Lomagne sont encore, de nos jours, aussi aimables et aussi hospitalières qu'autrefois, et en tout dignes des souvenirs honorables qu'elles rappellent.

Le château de Lamothe-Bardigues appartient encore aux descendants du maréchal d'Aubeterre. Celui de Gramont était naguère le séjour de la famille de Montbel, illustrée surtout par un noble et récent dévouement. Le Castera-Bouzet fut aux Beaumont : Puygaillard, aux Léaumont : Montgaillard, aux Grossolles. Les plus grands noms du Midi résonnent à chaque pas que l'on fait dans les gorges pittoresques de cet intéressant canton.

Lavit prit part aux troubles qui agitèrent la Guienne vers

le milieu du XVIIe siècle. En 1651 le comte de Marsin, qui soulevait le pays pour le prince de Condé, jeta un détachement de ses troupes dans Lavit avant d'occuper Moissac (1).

Lors de l'insurrection royaliste de 1799, Lavit, ainsi que la plupart des villes voisines, arbora le drapeau blanc (2).

Lavit portait pour armoiries d'*or à trois lions de gueules léopardés* 2 et 1.

Cette ville est la patrie du brave général de cavalerie Baget.

C'est à Bardigues qu'est enseveli Jules d'Esparbès de Lussan, mort en 1863, conseiller à la cour de cassation, ancien président du conseil général de Tarn-et-Garonne, et l'un des plus nobles, des plus aimables et des plus regrettables enfants du pays.

La Chapelle réclame l'honneur d'avoir vu naître La Claverie, député du tiers-état de la sénéchaussée de Lectoure à l'Assemblée constituante de 1789.

(1) *Histoire de Languedoc*, annotations de Du Mège, t. X, pag. 70.
(2) *Histoire de Languedoc*, annotations de Du Mège, t. X, pag. 290.

MONTECH.

Il existe dans le canton de Montech, à deux lieues sud-est
de Castelsarrasin, le bourg d'Escatalens, dont quelques ruines
romaines et peut-être celtiques attesteraient la très-haute
antiquité. La vaste plaine que dominaient les retranchements
de cette place fut, à diverses époques, le théâtre de luttes
sanglantes dont l'histoire et la tradition nous ont transmis la
mémoire.

En 438 Aëtius, général romain sous Valentinien III, com-
battit à Escatalens pour la défense de l'Empire, contre Théodoric, roi des Visigoths. Avant et pendant la bataille, le commandant des troupes gallo-romaines aurait pris position sur
une élévation voisine, qui aurait depuis emprunté le nom de
ce capitaine : *Mons Ælii* aurait fait Montech.

Malheureusement, dit un érudit moderne en s'adressant aux
partisans de cette opinion, une telle étymologie qui consacre-
rait un fait historique assez douteux, ne paraît guère en rapport
avec les noms que les plus anciens documents donnent à
Montech, appelé *Montogium*, *Castrum* de *Montegio*, et en
roman Montuch, Montech (1).

(1) Cependant, M. Devals regarde ailleurs comme très-probable cette rencontre. « Escatalens, dit-il, pourrait être le *Scoternani villa* de la donation
de Nizezius (680). La tradition et des débris antiques attestent que deux
armées ennemies se sont rencontrees sur ce point. Le plateau est couvert de
sépultures amoncelées et offre des traces encore visibles de tranchées, de re-
doutes, où se recueillent de temps à autres de vieilles armes brisées. D'un

Nous ferons remarquer que cette ville porte dans ses vieilles armoiries une branche de fougère ou plutôt d'ajonc épineux, désigné en roman et en patois du pays sous les noms de *tuch, tucho, tujaco*. La forêt domaniale de Montech, sur la lisière de laquelle se trouve cette ville, est abondante en plantes de cette espèce. Ne serait-ce pas de sa forêt et de la partie maigre semée d'ajoncs ou de fougères (*tuchos*) où dut s'asseoir Montech, qu'est venu ce nom?

Quoi qu'il en soit de l'étymologie du nom et de l'origine de cette ville, l'église de Montech figure dans le testament de Raymond Ier, comte de Rouergue, en 964. Ce seigneur la donna, avec l'alleu du même nom, à l'abbaye de Saint-Théodard, qui ne devait cependant jouir de l'église qu'après le décès de Ricaire, fils d'Izarn (1).

La charte communale de Montech date de 1134. Elle fut concédée par Alphonse Jourdain, comte de Toulouse, à Raymond Sarradis, seigneur paréager de ce lieu : il y est fait mention de ses capitouls.

Montech fut assiégé en 1228 par Humbert de Beaujeu. Ce général français, après quelques jours de siége, s'empara de la place et y fit prisonnier Odon de Terride, de la maison de Lille-Jourdain (2).

Le 17 avril 1295, Philippe-le-Hardi, étant à Toulouse, confirma le traité que le sénéchal Eustache de Beaumarchais

autre côté, le ruisseau qui serpente à travers ces vestiges d'une lútte acharnée, et que la tradition assure avoir été grossi de flots de sang pendant une bataille, porte encore le nom expressif de *Sanguineng*. Suivant toutes les probabilités, c'est là qu'eut lieu, en 438, la rencontre des armées d'Aëtius et de Théodoric, dont parle la Chronique d'Idace. — Devals, *Courrier de Tarn-et-Garonne*, 27 novembre 1862.

(1) *Histoire de Languedoc*, annotations de Du Mège, t. III, pag. 439.

(2) *Histoire de Languedoc*, annotations de Du Mège, t. V, pag. 356.

avait fait au mois de juin 1281 avec les consuls de Montech, touchant l'usage de la forêt de ce nom. Cette forêt, la seule que le domaine ait conservée dans nos cantons, servit dans le moyen-âge aux plaisirs de chasse auxquels venaient se livrer les comtes de Toulouse. Ces seigneurs possédaient à Montech un château important, où résidait d'habitude un châtelain, garde-forestier. Dans nos longues guerres, cette place dut à sa forte position et à sa forêt impénétrable d'être respectée et de servir plus d'une fois d'asile et de refuge.

C'est ainsi qu'en 1561 les chanoines de la collégiale de Montauban vinrent se réfugier à Montech, pour se soustraire à la fureur des calvinistes.

En mai 1569, Montech fut inutilement assiégé par ces religionnaires. Le vicomte d'Arpajon, un des chefs du parti, fut tué sous ses murs.

Montech était une des trois villes maîtresses de la judicature de Villelongue, et, plus tard, de la subdivision diocésaine, connue sous le nom de Bas-Montauban. Cette ville députait aux Etats de Languedoc alternativement avec Castelsarrasin et Villemur. Ses armoiries étaient de *gueules à une branche de fougère d'or au chef cousu d'azur chargé de trois fleurs de lys d'or*. On admire à Montech l'élégante tour à ogives losangées qui surmonte son église. Cette tour, du XIVe siècle, vient d'être très-habilement restaurée.

Arnaud Sorbin, évêque de Nevers et prédicateur de Charles IX, est né à Montech: c'est aussi dans cette ville qu'est né le poète Valès. Le maréchal Pérignon, une de nos illustrations les plus pures des armées de la Révolution et de l'Empire, avait été juge de paix à Montech. Il remplissait ces fonctions, lorsqu'il fut nommé député à l'Assemblée législative (1791).

On trouve dans ce canton Lavilledieu, que fondèrent

les Templiers ; cette ancienne commanderie devait son
établissement aux largesses des seigneurs d'Albefeuille et
Toulvieu. C'est vers le milieu du XIIe siècle qu'Adélaïde
de Toulvieu légua à la maison du Temple son château et son
église d'Albefeuille. Les Templiers préférèrent s'établir dans
cette paroisse, au point de jonction de la voie de Castres à
Moissac et de Montauriol à Castelsarrasin. Cet établissement
n'eut pas lieu sans protestations de la part de l'abbaye de
Saint-Théodard, de qui dépendait l'église d'Albefeuille. Une
transaction du 16 septembre 1154 entre Amiel, abbé de Saint-
Théodard, et Dieudonné, Hugues, Gautier et Bernard de Caux,
chevaliers du Temple, termina le différend, grâce à l'intervention des héritiers d'Adélaïde de Toulvieu.

C'est à Lavilledieu que fut transporté et inhumé le corps
de Beaudoin, frère de Raymond VI, comte de Toulouse,
après que ce seigneur eut été traitreusement égorgé au château de l'Olmie, par le célèbre Ratier de Castelnau (1).

Dans la nuit du 21 au 22 septembre 1628, le château et
le bourg de Lavilledieu furent saccagés et détruits, après un
sanglant assaut, par les calvinistes de Montauban, sous la
conduite de Saint-Michel, un de leurs chefs.

Lors de la suppression de l'ordre des Templiers, cette
commanderie avait été réunie à celle de Saint-Jean de Castelsarrasin. Celle-ci passa depuis lors pour l'une des plus
riches de la province. En 1789 elle était encore affermée au
prix annuel de 34,000 livres.

Elle avait fourni à l'ordre des Hospitaliers un grand-maître,
Raymond Béranger (1365).

Saint-Porquier, lors de la formation des départements, fut
un chef-lieu de canton du district de Castelsarrasin. Ses anti-

(1) Pierre de Vaulx-Cernay. — *Histoire de la Croisade des Albigeois,*
chap. XV, pag. 284.

quités recommandent ce bourg. Son camp romain, qui est dans la forêt voisine, des tuiles à rebord, des poteries, des fûts de colonne, des mosaïques, des monnaies et des armes retrouvés sur divers points, attestent que ses environs étaient habités dès les temps de l'occupation romaine.

Dans le moyen-âge Saint-Porquier dépendit de la châtellenie de Castelsarrasin. Les consuls de cette dernière ville y exerçaient une partie de la justice, ce qui donna lieu à de fréquents démêlés.

Saint-Porquier a pour armoiries une *laie suivie de deux marcassins passants sous un chêne garni de gland :* allusion à un fait historique honorable pour les habitants, d'après une opinion locale. Des érudits font dériver simplement le nom de la ville de son glorieux patron, saint Porcher, en latin *Porquerius*, et c'est le nom du saint qui aurait fourni la matière des armoiries.

On peut signaler encore, dans le canton de Montech :

Finhan, gros bourg d'origine romaine : c'est le *Fines* des itinéraires de *Tolosa* à *Aginnum*, la dernière étape probablement du Toulousain vers cet aspect :

Montbeton, dépendant autrefois de le châtellenie de Castelsarrasin. On retrouve le nom de ses seigneurs dans de nombreuses chartes intéressant le pays:

Montbartier, qui fut, d'après nos antiquaires, un *oppidum* gaulois, et qui figura dans la donation du seigneur Nizezius (680):

Bressols, dont les origines tout aussi anciennes se révèlent par des vestiges, et qui aurait été le *Fines* de l'itinéraire de *Tolosa* à *Divona* :

Lacour-Saint-Pierre, ancien prieuré de Saint-Théodard. Bertrand de Rochefort donna, vers 1120, à ce monastère la chapelle de son château de Lacour :

Enfin Verlhac-Saint-Jean ou Verlhaguet, l'antique *Variliagum* romain, devenu plus tard le siége d'une commanderie de l'ordre des Hospitaliers de Saint-Jean. On attribue à Verlhac des tiers de sol d'or, qui offrent d'un côté le buste d'un prince avec la légende : *Theodirico mi,* et au revers une croix entourée de ces mots : *Viriliaco vico fitu* (1). Ce *vicus,* avec son église dédiée à saint Saturnin, fut légué par Raymond Ier, en 961, à l'abbaye de Saint-Théodard, ce qui n'empêcha pas Ebrin et sa femme Ava de s'emparer de l'église et de la vendre, en août 965, à Bernard et à sa femme Gisla ; cette église fut une seconde fois donnée à l'abbaye de Saint-Théodard, par Arnaud (1er mai 1020). Mais sans cesse usurpée par ses puissants voisins, elle fut, un siècle après, encore revendue par Amelius, évêque de Toulouse, et par plusieurs chevaliers à Gérard, prieur de l'hôpital de Saint-Jean-de-Jérusalem. C'est l'origine de cette commanderie.

Le commmandeur de Verlhac, en souvenir des anciens droits de l'abbaye, déposait tous les ans, le 1er mai, sur l'autel de Saint-Théodard, une redevance de deux sols, à titre d'hommage.

(1) M. Devals. — *Études sur les limites des anciens peuples du Tarn-et-Garonne,* pag. 58.

SAINT-NICOLAS-DE-LA-GRAVE.

La ville de Saint-Nicolas, perdue dans les ramiers de la
Garonne et du Tarn, qui confondent leurs eaux sous ses vieux
murs, date des temps les plus reculés. L'auteur d'une intéressante monographie de cette ville (1) assure que les peuples
galliques, qui vécurent dans le pays aux premiers temps
historiques, y ont laissé des traces encore visibles de leur
habitation. Les Romains succédèrent à ces premiers habitants: mais les Normands, au IXe siècle, semblent avoir fait
disparaître toute trace de leur conquète et de leur civilisation.

Saint-Nicolas date positivement du XIIe siècle. Située sur
la rive gauche de la Garonne, dans l'ancien diocèse de Lectoure et dans la justice des vicomtes de Lomagne, cette ville
était trop heureusement placée pour n'être pas l'objet de
compétitions rivales. Aussi les abbés de Moissac, ses fondateurs, eurent-ils à défendre à son égard, plus d'une fois,
leurs droits et leurs prétentions.

C'est en 1135 que Guillaume (*Wielmus*), XXIIIe abbé de
Moissac, établit une communauté de prêtres et de moines à
Saint-Nicolas, auparavant simple villa de l'abbaye. Il imposa
à la nouvelle communauté des règles monastiques, d'accord
avec Vivian, évèque de Lectoure, et avec le concours de

______

(1) M. Mignot, membre de la Société d'Archéologie de Tarn-et-Garonne,
n'a pas encore publié ce travail, qu'il nous a cependant été permis de consulter et auquel nous empruntons plusieurs détails de notre notice.

Wielm, archevêque d'Auch. Guillaume accorda en même temps des coutumes aux habitants groupés autour de l'établissement qu'il venait de fonder.

A peine cette fondation avait-elle eu lieu, que l'on plaidait sur sa possession. En 1140 Odon, vicomte de Lomagne, transige avec Géraud, abbé de Moissac, pour la dominité de cette seigneurie.

Cette transaction, bientôt violée, fut suivie d'autres tout aussi inutiles. On voit, en 1183, l'abbé de Moissac, préoccupé de nouvelles attaques, s'accorder avec les habitants de Saint-Nicolas pour construire une tour ou château à environ mille pas de cette ville, sur le chemin qui amenait trop facilement à elle ces turbulents seigneurs.

On croit que Richard-Cœur-de-Lion, duc d'Aquitaine, en s'emparant de Moissac (1188), se rendit aussi maître de Saint-Nicolas.

En 1216, à la suite de dommages causés à l'abbaye (il s'agit toujours de Saint-Nicolas), Raymond, abbé de Moissac, s'accorde avec Vésian, vicomte de Lomagne et d'Auvillar, par l'entremise et l'arbitrage de cinq prud'hommes, dont trois bourgeois, ce qui, nous le ferons remarquer en passant, dénote l'importance de la bourgeoisie en ces temps de régénération libérale. Ces trois bourgeois moissaguais étaient (il vaut la peine de faire connaître leurs noms) : en B. de Jonquers, en Falquet et en E. G. Poitevin. Vésian consentit à payer 50 livres, en déduction des 150 qu'il devait à chaque mutation d'abbé, en faisant son hommage. C'était là un motif de querelle, qui se reproduisait souvent. Vésian fit remise, en outre, de 20 livres sur les 90 qu'il percevait, comme seigneur direct sans doute (1).

(1) Fonds Doat, volume sur Moissac.

Une bulle du pape Grégoire IX (1240) consacre l'existence du prieuré et de la ville de Saint-Nicolas, dans le diocèse de Lectoure, en attribuant ce fief, avec ses dîmes, à l'abbaye de Moissac. Ces titres et ces confirmations n'empêchèrent pas l'antagonisme qui devait continuer de diviser ce seigneur et les moines, également jaloux.

Après la guerre des Albigeois, les contestations recommencèrent entre les vicomtes de Lomagne et les abbés. En 1245, Guillaume de Bessens rachète, pour 1,500 livres tournois, les droits sur Saint-Nicolas, autrefois aliénés aux vicomtes.

En 1246 Odon II, vicomte de Lomagne et d'Auvillar, confirme à Guillaume, abbé de Moissac, l'engagement fait à Raymond de Montpezat, précédent abbé, de ce qu'il avait à l'honneur (honor) de Saint-Nicolas.

Mais Bertrand de Montagut, successeur de Guillaume, peu rassuré par tous ces accords, ordinairement fort mal observés, fait ajouter au château de nouvelles tours fortifiées.

Pendant le XIIIe siècle cette ville paraît avoir aussi reçu sa part des persécutions qui s'appesantirent sur le pays, sous prétexte de religion. Son église fut l'objet d'une excommunication, dont la relèvent des lettres de 1266 émanant de Guillaume de Vassa et de Garcie-Sanche, chanoines de Lectoure.

Des lettres de Guillaume, évêque de Lectoure, portent provision, en 1287, de la cure de Saint-Nicolas en faveur de Hugues de Lavaichera, présenté par l'abbé de Moissac.

L'abbaye continue, par la suite, de défendre vaillamment ses possessions. En 1291 le sénéchal de Toulouse enjoint au châtelain de Castelsarrasin, Durand Rebol, de protéger le monastère de Moissac et ses biens, particulièrement Saint-Nicolas, et de faire rendre à l'abbé ce que les sergents du vicomte de Lomagne lui avaient enlevé.

Quelque temps après, une sentence arbitrale d'Arnaud de

Saint-Geniez, chanoine de Lectoure, Ginifredus de Benaven et autres, statue sur les différends entre l'abbaye et l'évêque de Lectoure touchant la chapelle de Moutet (*de Moteto*), dans les limites de l'église de Saint-Nicolas, où venait d'être construite une bastide, et attribue les dîmes moitié à l'abbaye et moitié à l'évêque.

Enfin en 1368, des lettres de Jean Chandos, connétable d'Aquitaine pour le roi d'Angleterre, mettent sous sa protection et sauvegarde le château de Saint-Nicolas.

On voit, par tout ce qui précède, les efforts laborieux que firent les moines de Moissac pour s'assurer la possession paisible de ces domaines.

Cependant, tous les souvenirs que nous a laissés ce château ne sont pas également empreints d'hostilité et de violences. Une légende locale couvre encore ses vieux murs de ses ombres poétiques. Richard-Cœur-de-Lion l'aurait visité et momentanément habité, pendant l'occupation de Moissac par les Anglais. Une partie de ses constructions serait l'œuvre de ce héros des croisades implanté parmi nous. Ce qui est bien mieux démontré, c'est que les hauts dignitaires de la riche abbaye avaient fait de ce lieu leur résidence d'été. Ils allaient là se reposer des soins d'une administration qui ne fut pas toujours facile. Les flots limpides de la Garonne, la fraîcheur douce et calme de ses rives, semblaient apaiser pour eux les murmures des moines et des vassaux de Moissac, et leur faisaient oublier l'ennui et les embarras du gouvernement temporel de leurs vastes possessions (1). C'est au château de Saint-Nicolas qu'Aimery

---

(1) Il résulte de l'énumération contenue dans la bulle de Grégoire IX (1240), que l'abbaye de Moissac avait alors sous sa domination immédiate neuf abbayes ou monastères, trente prieurés et soixante-dix églises, sei-

de Peyrac, abbé, en 1377, consacra à des passe-temps littéraires les dernières années de son abbatiat. Il est, comme on sait, l'auteur de la *Chronique* de cette abbaye.

Sully raconte dans ses Mémoires, tome I, page 107, un fait historique se rattachant aux annales de Saint-Nicolas. Il s'agit du massacre de nombreux partisans catholiques, réfugiés dans une église qui était probablement celle de ce lieu, ou une église fort rapprochée (1576).

« Cette église, dit le narrateur, témoin oculaire, était solidement bâtie et pourvue de vivres, parce qu'elle était la retraite ordinaire des paysans, et il y en avait un grand nombre en ce moment. Le roi de Navarre, allant de Lectoure à Montauban, entreprit de les y forcer et envoya chercher des soldats et des travailleurs à Montauban, Lectoure et autres villes voisines, se doutant bien que Beaumont, Mirande et les autres villes du parti catholique enverraient de leur côté au plus tôt un puissant secours aux assiégés, si on leur en donnait le temps. Les assiégés manquaient d'eau et pétrissaient leur farine avec du vin, et ce qui les incommodait encore davantage, c'est qu'ils n'avaient ni chirurgiens, ni linges, ni remèdes pour les blessures que faisaient les grenades qu'on commençait à leur jeter de toutes parts. Ils capitulèrent donc, voyant un puissant renfort qui arrivait de Montauban au roi de Navarre. Ce prince s'était contenté d'ordonner qu'on pendît sept ou huit des plus mutins: mais il fut obligé de les abandonner tous à la fureur des habitants de Montauban, qui venaient les arracher d'entre nos bras et les poignardaient sans miséricorde. »

gneuries, chapelles ou hôpitaux. Parmi les prieurés du pays soumis à Moissac, on trouve Escatalens, Saint-Martin de Meauzac, Saint-Gervais de Sérignac, Saint-Sauveur de Castelsarrasin, Saint-Rustice de Finhan, Cordes, Bessens, Montbartier, Castelmayran, Mansonville, Saint-Nicolas, etc., etc.

La ville de Saint-Nicolas offre aux touristes et aux antiquaires les ruines de son château, reconstruit dans le XIIe siècle. On peut apercevoir quelques soubassements de murs datant de cette fondation. Une tour carrée, qui avait été le donjon, existait encore en 1849. Elle fut alors démolie pour approprier le château au logement de la gendarmerie. Deux chapiteaux, sauvés de ce naufrage, attestent sur place la très-haute antiquité de cette tour, contemporaine de l'établissement de cette commune. Richard-Cœur-de-Lion passe pour avoir construit l'aile du levant, où s'élève une tour dite la tour des Anglais. Deux autres tours découronnées et flanquées, comme la précédente, de constructions modernes, protestent en faveur de l'art et de l'histoire contre la gendarmerie et les préoccupations municipales qui ont fait disparaître pour jamais tout le reste.

« L'église de Saint-Nicolas est un beau vaisseau à une seule nef, affreusement mutilé et qui n'a conservé de sa construction primitive qu'une porte, quelques fenêtres et deux socles de piliers massifs remontant à l'époque romane. Son abside à pans coupés est une addition ; sa porte est ornementée dans le style de la Renaissance. Ses chapelles latérales de droite sont cependant plus anciennes ; elles sont voûtées en ogive avec nervures prismatiques ; leurs retombées reposent sur des consoles du XVe siècle. Quant au clocher, il mérite l'examen de l'archéologue, non pas à cause de son ornementation, car, comme toutes les constructions de Saint-Nicolas, il est bâti en briques, mais à cause de l'époque à laquelle il remonte. Il sert de porche à l'église et se compose d'une tour carrée contrebuttée par d'énormes contreforts ; elle passe à la forme octogone un peu plus haut et est percée de deux rangs de fenêtres que l'on croirait à plein cintre, mais qui cependant sont de forme

ogivale : le tout est surmonté par une flèche à huit pans.
La hauteur totale du clocher est de 45 mètres. »

Les armoiries de Saint-Nicolas étaient d'*azur à une colombe
d'argent*.

Le chirurgien Goulard, professeur à Montpellier, était né
à Saint-Nicolas.

C'est dans cette ville aussi que naquit de Guiringaud, conseiller aux requêtes du parlement de Toulouse, mort sur
l'échafaud révolutionnaire avec plusieurs de ses collègues,
innocentes victimes, comme lui, des excès de l'époque.

Le reste de ce canton est tout aussi riche en souvenirs, et
l'on peut dire que cette rive, depuis Cordes jusqu'au chef-
lieu, est en quelque sorte parsemée d'antiquités, de ruines
et de débris.

C'est d'abord Cordes-Tolosanes que nous venons de nommer,
perché sur son promontoire, sentinelle avancée du Toulousain
proprement dit, avec ses vestiges romains, ses *tumuli* et ses
grottes celtiques.

Puis Belleperche, célèbre abbaye de Bernardins, fondée
vers le commencement du XIIe siècle, par les seigneurs
d'Arcombald, près Lárrazet, et transférée quelques années
après (1143) sur les bords de la Garonne. C'est alors seulement
qu'elle fut affiliée à Clairvaux par saint Bernard lui-même,
qui parcourut à cette occasion nos campagnes. L'ancienne
église de ce monastère était un des plus beaux monuments
catholiques de la région. Construite dans la première moitié
du XIIIe siècle, avec toute la grâce et toute la magnificence du
style ogival secondaire, sa dédicace eut lieu en 1263, et il fut
accordé, à ceux qui y assisteraient, par Urbain IV, quarante
jours d'indulgences (1). Belleperche fut détruit presque de

<hr>

(1 *Basilica non impar erat cathedrali : quanta vero fuerint ædificia re-
gularia, tantæque supersunt, ruinæ docent.* — Gallia christ., ch. XIV, p. 259.

fond en comble par les calvinistes, qui avaient le baron de Sérignac à leur tête (1572). Tous les moines furent précipités dans la Garonne. Le prieur seul, Laurens Aubin, se sauva à la nage et put se réfugier à Castelsarrasin, emportant une riche croix d'argent, ornée de turquoises, de topazes et d'émeraudes (1). On admire encore une partie des belles reconstructions modernes de ce monastère, à peine épargnées de nos jours, et les fondations, les caves et quelques précieux restes de la salle capitulaire appartenant aux bâtiments primitifs. Le pape Jules II avait accordé, en 1507, aux abbés de Belleperche la mitre, la crosse, les ornements pontificaux et le droit de bénédiction (2).

A côté de Belleperche s'élevait BRAGAYRAC, monastère dépendant déjà, au XIᵉ siècle, de l'abbaye de Moissac. Ce monastère fut détruit une première fois, puis rétabli au XIIᵉ siècle par les soins de Robert d'Arbrissel. Aimery, qui en était prieur, en 1222, le donna alors à Pétronille, abbesse de Fontevrault, et le soumit à cette abbaye avec l'agrément d'Amélius, évêque de Toulouse, en présence de Guilhaume, évêque de Lectoure, et de Béatrix, vicomtesse de Lomagne. Bragayrac substitua à son nom primitif celui de SAINT-AIGNAN, et reçut des filles de l'ordre de Fontevrault. Ces religieuses en furent dépossédées, au XVᵉ siècle, pendant un grand nombre d'années, et y rentrèrent pour s'y maintenir ensuite jusqu'à l'extinction des ordres, en 1790. L'église de Saint-Aignan est tout ce qui reste de ces constructions monastiques. C'est un gracieux monument de style ogival de la fin du XVᵉ siècle.

(1) Le Bret. — *Histoire de Montauban.*

(2) En 1790, pour paralyser les effets des dispositions menaçantes de la Révolution, l'abbaye de Belleperche se donna à la communauté de Castelsarrasin, qui accepta la donation. On devine ce que devint ce don singulier.

Castelferrus, la villa Ferrucius carolingienne, où séjournèrent Charles-le-Chauve et Pepin, devint plus tard une baronnie. On trouve dans ses environs des tuiles à rebords, des fûts de colonne, des médailles et d'autres précieux restes de l'occupation romaine. Castelferrus est la patrie du savant Furgole. Les frères Caubet, naguère encore siégeant et rivalisant de mérite dans les rangs de la magistrature toulousaine, étaient nés aussi dans cet heureux bourg.

Castelmayran fut possédé, dans le moyen-âge, par la maison d'Arcombald qui, par la vallée de la Sère, remontait de la Garonne au château d'Arcombald, près Beaumont, dominant sur Angeville, Saint-Arroumex, Fajolles, Coutures, Haumont, et gardant ainsi les marches de la province substituée à l'ancienne Narbonnaise.

Enfin Terride, aujourd'hui dans la commune de Labourgade, offre à l'antiquaire les précieux vestiges de son passé. C'était la résidence et la plus forte place des vicomtes de ce nom qui, durant le moyen-âge, prirent aussi indifféremment le titre de vicomtes de Gimoës. Cette vicomté de Gimoës s'étendait dans toute la vallée de la Gimonne et les vallons secondaires qui l'avoisinent, depuis la Garonne jusqu'au delà de la seigneurie de Polastron, dans les environs de Saramont (Gers).

Forton-Guilhaume est le premier vicomte de Gimoës dont l'existence nous est révélée : il vécut en 993.

Puis vint Raymond-Arnaud, qui s'intitula prince de Verdun, vicomte de Gimoës.

Après Raymond-Arnaud on trouve Arnaud-Gausbert, prince de Verdun, vicomte de Gimoës, vers l'an 1089.

Gauthier, vicomte de Terride ou de Gimoës, vivait en 1138.

Ce dernier fut père d'Arnaud, seigneur de Verdun, vicomte de Terride ou de Gimoës, en 1164.

Arnaud partagea entre Bernard d'Astaffort et Arnaud de

Montagut, ses fils, la vicomté de Terride. Le dernier vendit, en 1195, la moitié de cette seigneurie au seigneur de Lille-Jourdain, son cousin.

Odon d'Astaffort fut vicomte de Gimoës ou de Terride, en 1229.

Bernard d'Astaffort, fils d'Odon, vicomte de Terride, épousa, en 1259, Alpays de Lille-Jourdain, dont il eut Odon de Terride, qui continua de transmettre cette vicomté par ses descendants jusqu'au mariage de Marie, fille de Bertrand, mort en 1361, avec Roger de Comminges, vicomte de Couserans.

De ce mariage vint Marthe, héritière de la vicomté de Terride, qui épousa, en 1427, Odon de Lomagne.

De cette union sont issus les Lomagne-Terride, qui se rendirent célèbres dans nos guerres religieuses du XVIe siècle. Antoine de Lomagne-Terride, petit-fils d'Odon, fut l'ami et le compagnon du célèbre Montluc. Il assiégea vainement Montauban, fut battu à Orthez et mourut tristement du chagrin de sa défaite.

N. de Lomagne-Terride, baron de Sérignac, frère du précédent, se distingua, au contraire, comme un des plus fougueux calvinistes. Son nom est fatalement attaché à la destruction de l'ancienne abbaye de Belleperche et au massacre de ses religieux.

La branche aînée de la maison de Lomagne-Terride est fondue dans celle de Levis-Mirepoix par le mariage de Catherine-Ursule de Lomagne, vicomtesse de Terride, fille et héritière d'Antoine de Lomagne, avec Jean de Levis, seigneur de Mirepoix, qui prit la qualité de vicomte de Terride et qui la transmit à ses descendants.

Un des faits les plus mémorables se rattachant au château de Terride, est la visite que fit, dans cette antique forteresse,

Henri de Montmorency, duc de Damville, nommé gouverneur de la province de Languedoc à la place du connétable de Montmorency, son père (1563). Damville, revenant d'Espagne, fit son entrée dans la province en remontant la Garonne. Accompagné de Montluc, du Port-Sainte-Marie où il se trouvait, le 25 septembre il se rendit à Terride, dont Antoine de Lomagne lui fit les honneurs. L'accueil qu'il y reçut fut digne et de l'hôte et de l'ancienne splendeur des vicomtes de Gimoës. Le cardinal d'Armagnac, archevêque de Toulouse et ancien abbé de Belleperche, alla saluer le nouveau gouverneur dans ce château, où le cardinal Strozzi, évêque d'Albi, avait été appelé par le même motif. Quatre cents gentilshommes servaient d'escorte à l'opulent archevêque de Toulouse. De Terride, toute cette compagnie se rendit ensuite à Grenade, et de là à Toulouse où Damville entra le 16 octobre, accompagné du cardinal d'Armagnac, du vicomte de Joyeuse, de Montluc, de Terride, de Nègrepelisse et de plusieurs autres seigneurs.

Le château de Terride offre encore quelques beaux débris de ses anciennes constructions féodales : une salle d'armes, une chapelle, un portail à ogive.

VERDUN-SUR-GARONNE.

Verdun, aujourd'hui simple chef-lieu de canton, fut, avant
1789, la principale ville d'une petite province ou district
que nous avons déjà fait connaître sous le nom de pays de
Rivière-Verdun.

Verdun paraît avoir une origine des plus anciennes. Son
nom, à moitié gaulois, *Viri-dunum,* colline de verdure, ferait
supposer qu'il existait à l'état d'*oppidum* même avant la conquête romaine.

On a trouvé sur la rive gauche de la Garonne des monnaies
mérovingiennes frappées ou gravées à Verdun, et qui indique-
raient que cette ville était pourvue d'un atelier monétaire
contemporain de nos premiers rois (1).

On ne sait autre chose sur la suite des premiers âges de
cette ville, si ce n'est que sous les Carolingiens son importance
paraît s'être soutenue, puisqu'elle conservait l'atelier monétaire
dont il vient d'être parlé.

Dans le moyen-âge, Verdun avait titre de principauté.
Arnaud-Raymond s'intitule prince de Verdun (1075). Ces
seigneurs remontaient aux premiers temps du régime féodal.
Vassaux des comtes de Toulouse, ils furent peut-être, comme
les seigneurs de Lille-Jourdain, avec lesquels ils s'allièrent
dans la suite, un démembrement de cette maison souveraine.

---

(1) M. Devals. — *Étude sur les voies antiques,* publiée dans le *Courrier
de Tarn-et-Garonne,* du 27 novembre 1862.

En 1159, Verdun ou plutôt son château (*Castrum Verdunensis*) fut pris par Henri II, roi d'Angleterre, qui méditait le siége de Toulouse.

Simon de Montfort s'empara de Verdun (1212), et confia la garde de son château à Peyre de Saisi, l'un de ses principaux lieutenants.

Verdun, ainsi que Castelsarrasin, figura dans le traité de paix (janvier 1229), entre le roi Louis IX et Raymond VII, traité dont l'abbé de Gradselve avait préparé la conclusion. Considéré comme une des principales places des états du comte, il fut mis en gage pour dix ans sous la main du roi, qui eut en outre la faculté de détruire ses fortifications.

En 1249, Raymond VII passe et séjourne à Verdun, où il reçoit l'hommage d'Izarn et de Bernard Jourdain pour ce qu'ils possédaient dans le Gimoës; cet hommage fut rendu peu de mois avant la mort de ce comte, advenue à Millau dans le mois d'octobre de la même année. Presque immédiatement les commissaires de la reine Blanche, au nom d'Alphonse, comte de Poitou, et de Jeanne, sa femme, reçurent le serment de fidélité des consuls de cette communauté.

Deux ans après cette prise de possession (30 mai 1251), Alphonse et Jeanne s'arrêtent à Verdun et y consentent une charte en faveur de l'abbaye de Grandselve. A leur mort, le roi Philippe-le-Bel, devenu comte de Toulouse, reçoit par Guilhaume de Cohardon, sénéchal de Carcassonne, le nouveau serment des consuls de Verdun.

Le château de Verdun fut le théâtre de l'un des plus sanglants épisodes du soulèvement des Pastoureaux. Voici comment les Bénédictins de Saint-Maur racontent cet évènement :

« Au commencement de 1320, un grand nombre de bergers et autres gens de la campagne, hommes, femmes et enfants, s'attroupèrent, s'associèrent avec divers vagabonds malfaiteurs et gens sans aveu, et se mirent dans l'esprit de passer dans la Terre-Sainte pour la délivrer des mains des infidèles. Marchant d'abord par bandes, deux à deux, en procession, croix en tête, ils ne demeurèrent pas longtemps sans commettre les plus grands désordres. Ils en voulaient particulièrement aux Juifs, qu'ils sommaient de se convertir et qu'ils tuaient impitoyablement lorsque cette conversion était refusée. Venus du nord de la France, les Pastoureaux, ennemis des Juifs, prirent le chemin de l'Aquitaine, au nombre de 40,000. Ils s'avancèrent vers Toulouse par le Bordelais, la Gascogne et l'Albigeois, balayant tout ce qui appartenait aux Juifs, pillant leurs biens. Ceux-ci fuyaient pour éviter de tomber entre les mains de ces impitoyables croisés. Ils arrivèrent ainsi au nombre de plus de 500 dans les environs de Castelsarrasin, et après avoir grossi leurs rangs de ceux de leur nation établis en cette ville, ils se rendirent au château royal de Verdun-sur-Garonne et demandèrent un asile au gouverneur de cette forteresse. Cet officier les reçut dans la place et les mit dans une tour fort élevée. Mais rien ne put arrêter les Pastoureaux, qui assiégèrent aussitôt les Juifs dans cette tour et pressèrent extrêmement le siége.

« Les assiégés se défendirent. Après avoir jeté sur leurs ennemis toutes les pierres et les poutres et ce qu'ils avaient pu ramasser, ils leur jetèrent leurs propres enfants. Les Pastoureaux mirent le feu à la tour, et les Juifs, voyant qu'il n'y avait rien à espérer, prirent la résolution extrême de s'entretuer plutôt que de périr par les mains des Pastoureaux. Ils chargèrent le plus fort d'entre eux de leur couper la gorge. Celui-ci, après cette sanglante exécution, dans laquelle il fit mourir près de 500 juifs, se retira au camp des Pastoureaux et demanda qu'on lui donnât le baptême, et à quelques enfants qu'il avait réservés. Les Pastoureaux lui reprochèrent son horrible attentat, se jetèrent sur lui et le mirent en pièces, et quant aux enfants ils les épargnèrent et les firent baptiser (1). »

Le châtelain de Verdun reçut du roi, en 1354, des lettres lui enjoignant de protéger l'abbaye de Grandselve.

En 1358 le château de Verdun fut habité par le comte de Poitiers, petit-fils du malheureux roi Jean. Ce jeune prince, à peine âgé de 16 ans, prit là d'importantes décisions concernant la province qu'il gouvernait sagement et où ses agents, disait-il, n'avaient d'autorité que pour punir les malversations des officiers du roi, et non pour vexer les peuples (2).

Dans les siècles de trouble qui suivirent, le donjon de Verdun continua de protéger le pays et maintint à cette ville sa préponderance. En 1614 on la voit députer aux États-généraux du royaume un de ses citoyens, Louis de Long, juge principal de la juridiction.

Cette vieille bastille a aussi laissé quelques souvenirs contrastant avec le sombre épisode des Pastoureaux. « Assis au haut d'un roc escarpé qui s'élevait sur la ligne des coteaux de la rive gauche de la Garonne, le château de Verdun commandait la plaine et la vallée. Il avait la forme d'un quadrilatère et offrait de tous côtés des rampes et des tranchées infranchissables, défendues par des tours. La reine Marguerite y fixa quelque temps sa résidence, au temps où la judicature de Verdun lui fut donnée en apanage, avec cette suite brillante de galants chevaliers et de charmantes dames qui ont défrayé les récits légendaires de l'époque, et elle y reçut le serment de fidélité de ses vassaux. On appelait depuis lors le château de Verdun, le château de la reine Marguerite (3). »

(1) *Histoire de Languedoc*, annotée par Du Mège, t VII, pag. 71
(2) *Histoire de Languedoc*, annotée par Du Mège, t. VII, pag. 206.
(3) *Monographie du Mas-Grenier*, par A. Jouglar, Toulouse. Delhoy, édit. 1865.

Ce château fut démoli dans la première moitié du XVIIe siècle, et des lettres patentes de Louis XIV, en date du 10 décembre 1657, en concèdent l'emplacement aux religieux du Mas-Grenier. Une tour et quelques pans de murs et de fondations sont tout ce qui reste de ce vieux monument féodal.

En 1789 les électeurs de la judicature se réunirent à Verdun, comme cela avait eu lieu en 1614. Le pays de Rivière-Verdun remontait par les vallées de la Save et de la Gimonne jusques aux Pyrénées, et les habitants de Montréjeau et des sources de la Neste et de la Garonne descendirent alors à Verdun pour confondre leurs suffrages avec ceux de nos cantons.

Verdun portait pour armoiries de *gueules à une croix cléchée d'or, accompagnée de trois fleurs de lys de même, 2 en chef, 1 en pointe, celle de la pointe accostée de deux tours crénelées d'argent.*

C'est dans la commune de Bouillac, canton de Verdun, que se trouvent, non pas les ruines (il n'en existe plus), mais les lieux vides où s'élevèrent pendant tant de siècles les constructions monumentales de l'abbaye de Grandselve. Ce monastère, qui pouvait passer pour un des modèles des établissements de l'ordre de Cîteaux, tant par ses richesses que par son influence et le rôle historique que jouèrent ses abbés, avait été fondé, en 1114, par Gérard de Salles, le disciple du célèbre Robert d'Arbrissel.

L'ermitage de Grandselve (car ce ne fut à sa naissance qu'un modeste asile d'ermite), devint bientôt l'établissement monastique le plus opulent de la province. Il fut presque, dès sa fondation, honoré et enrichi par les dons généreux et la protection des rois de France, des rois d'Angleterre et des rois d'Aragon. Il eut, par la suite, pour abbés de saints personnages, comme Bertrand Ier, Alexandre et Pons ; de riches seigneurs, comme Antoine-Pierre et Louis de Narbonne: des cardinaux, comme d'Amboise, Lavalette, Joyeuse, Mazarin: des princes, comme Armand de Bourbon-Conti.

Dans les XIIe et XIIIe siècles les seigneurs de Montpellier, les vicomtes de Lomagne et de Terride, les seigneurs de Lille-Jourdain, après avoir répandu leurs bienfaits sur ce monastère, y firent élection de sépulture.

L'histoire atteste que les abbés de Grandselve jouèrent un rôle important dans la croisade contre les Albigeois. A la suite de Simon de Montfort, ils auraient plus d'une fois combattu victorieusement l'humeur sanguinaire de ce chef impitoyable. C'est l'abbé de Grandselve qui ménagea le traité de Paris, assurant l'annexion du Languedoc au royaume de France.

Les bâtiments de Grandselve formaient une vaste agglomération appelée villette. Il y avait deux églises principales : celle du couvent (*basilica*), et celle des fidèles du dehors (*parochialis*). Des bas-reliefs précieux, des statues, des cercueils antiques, des reliquaires couverts de pierreries et d'émaux ornaient ces églises, qu'embellissaient aussi des pavés de marbre, de riches vitraux, des peintures et des tableaux d'un grand mérite. Le cloître avait des colonnades en marbre blanc: des fresques couvraient ses murs et reproduisaient des légendes et des traditions pieuses. Les habitations des religieux étaient distinctes du pavillon abbatial, et autour de ces bâtiments se groupaient des constructions nombreuses et appropriées aux besoins les plus variés, depuis la *cella janitoris* jusques aux *equilia*. L'hospice (*hospitium*) offrait des logements pour les hôtes et les voyageurs de toute classe. A côté de l'appartement somptueux qui recevait le visiteur d'un rang élevé, le voyageur pauvre trouvait une bienveillante hospitalité qui, s'il se portait bien, durait trois jours, avec bon logement, nourriture abondante, des vêtements et un peu d'argent au départ, et, s'il était malade, se prolongeait indéfiniment avec tous les soins et tous les égards dus à sa situation (1).

Aujourd'hui il n'existe plus rien de Grandselve. La poussière, a dit un poète, a plus de durée que les ruines; mais ici la poussière même n'est plus. La bande noire a jeté aux quatre vents de la spéculation la dernière molécule des briques et des mortiers du couvent. Les églises du voisinage ont seules pu recueillir quelques rares épaves. Plusieurs beaux tableaux sont dans l'église de Grenade; les stalles du chœur sont à Beaumont; les autels de marbre sont à Faudoas et ailleurs ; des reliquaires et des châsses , contenant encore de précieuses reliques, sont à Bouillac. On retrouve, çà et là, barbarement utilisés, des chapiteaux, des colonnes, des dalles tumulaires. Mais les démolisseurs ont arraché jusqu'aux dernières assises des fondements, et l'antiquaire seul, aidé de la tradition locale, peut affirmer la place où vécurent et prièrent les moines blancs, pères de notre agriculture et fondateurs de nos villes.

En descendant de Grandselve vers la Garonne, on voyait, sur les bords mêmes de ce fleuve, une abbaye de Bénédictins, presque également célèbre et beaucoup plus ancienne. Il n'y avait pas entre les deux monastères une distance de 3,000 toises, et les jours de grandes volées leurs cloches rivales pouvaient confondre leur joyeux carrillon.

Le Mas-Grenier ou Saint-Pierre-de-la-Court (*monasterium*

---

(1) Il faut lire les déclarations de l'abbaye dans les dénombrements de 1520 et 1687 pour se faire une idée des biens immenses que possédait ce monastère, même encore dans les temps modernes. Près de cent seigneuries ou domaines lui appartenaient. Des maisons à Bordeaux, Agen, Toulouse et autres villes éloignées figurent dans ces dénombrements.

de manso garnerii vel Sancti Petri de Curte) remonterait,
d'après nos historiens, à l'an 842, et aurait, à cette date, été
fondé par un vicomte de Béziers, du nom d'Antoine (1).

La longue existence de ce monastère fut presque constamment agitée. Détruit et ravagé par les Normands peu après
sa naissance, il se vit plus tard encore outragé dans ses
ruines par les Hongrois. Ses murailles furent, dit-on, relevées vers 940, par la vicomtesse Amélie, épouse d'Antoine
ou Aton-Benoît, vicomte de Toulouse. Celui-ci l'aurait alors
subordonné à l'abbaye de Lezat, qu'il venait aussi de réédifier.
Lezat relevait lui-même de l'abbaye de Cuxa, en Roussillon,
et releva plus tard de Moissac, par son affiliation à Cluny.

Après de longs démêlés, les Bénédictins du Mas voulurent
se soustraire à l'autorité des abbés de Lezat. Ils préférèrent
s'unir à l'abbaye renommée de la Cluse, située dans les Alpes,
témoignant par là peut-être que leurs supérieurs seraient
d'autant plus aimés, qu'ils seraient plus éloignés d'eux.

Mais l'abbaye de Moissac protesta en prétendant exercer sur
celle du Mas l'ancienne autorité des abbés de Lezat. Moissac
gagna son procès devant Pascal II, en 1112 : néanmoins,
l'esprit d'indépendance des religieux du Mas ne put être
dompté. Ils préférèrent se dissoudre que de subir la loi des
abbés de Moissac.

Cette communauté se reconstitua vers 1160. Bientôt la
guerre des Albigeois l'obligea à de rudes épreuves. Suspecte
presque dans l'esprit des croisés, à cause de son dévouement
au comte de Toulouse, elle vit un instant devant ses portes
la bannière menaçante de Montfort (1212).

L'abbaye du Mas conserva plus longtemps que toute autre
le droit de choisir ses abbés. L'intervention des papes dans

____

(1) *Histoire de Languedoc*, annotée par Du Mège, t. II, pag. 252.

ces nominations ne se révèle pour elle que sous Jean XXII. Bertrand de Faudoas, qui occupait l'abbatiat en 1306, fut le dernier abbé choisi par les religieux. Aimery de Montaigut, moine de Moissac, fut son premier abbé reconnu d'élection papale (1323). Plus tard (1416), la communauté reconquit son droit de nomination. Mais elle fut dans le siècle suivant, comme tous les monastères, du reste, obligée d'accepter des abbés commendataires. Les Caraman, les Balaguier, les de Falgar, les Touchebœuf, les Bajourdan, les plus grands noms de la province, s'honorèrent ainsi du titre lucratif d'abbé du Mas.

C'est sous l'abbatiat de Jacques de Bajourdan, le 11 mai 1574, que les calvinistes, ayant à leur tête Astorg, seigneur de Montbartier, brûlèrent et détruisirent de fond en comble les bâtiments de cette abbaye. Les religieux furent obligés de se retirer à Verdun, dans le dénuement le plus complet. Ils vécurent là et se succédèrent séculièrement pendant près d'un siècle. Pendant son séjour à Verdun la communauté s'affilia à la congrégation de Saint-Maur. En son absence, la ville du Mas était devenue la place de sûreté du parti protestant.

Ce n'est que le 1er novembre 1660 que la communauté des moines put rentrer dans ses anciens domaines. Mais les nouveaux bâtiments étaient insuffisants, et l'on commença immédiatement à les compléter. En 1692 furent posés les fondements de l'église, et l'on poursuivit sans relâche la reconstruction des autres bâtiments jusqu'au jour où la Révolution vint dissoudre irrévocablement l'abbaye du Mas (1).

(1) Le principal corps-de-logis a été respecté par ses acquéreurs et sert encore aujourd'hui d'habitation privée. — Nous devons aux savantes recherches de M. Jouglar les détails les plus intéressants de cette notice sur l'abbaye du Mas.

L'abbaye du Mas possédait les prieurés de Verdun, d'Au-
camville, de Saint-Cezert, de Lagraulet, de Saint-Sardos, de
Bourret, de Montbéqui, de Saint-Pierre-de-Mauvert, de
Saint-Léonard, de Sainte-Marie de Brivecastel.

L'histoire du canton de Verdun se confond avec celle des
abbayes de Grandselve et du Mas, dont la double influence
s'étendit sur ses campagnes. C'est notre excuse dans le développement que nous avons donné à ce qui concerne ces deux
établissements, si dignes d'ailleurs de l'attention de l'histoire (1).

Le canton de Verdun a produit quelques notabilités recom-
mandables.

Les frères Double, morts l'un évêque de Tarbes, l'autre
président de l'Académie de médecine de Paris, étaient nés à
Verdun, vers la fin du dernier siècle.

Augustin Lasserre, ancien médecin, dont la mémoire se
recommande par la fondation d'un prix de vertu départemental et par ses divers legs à l'hospice et aux pauvres de
Verdun, appartenait aussi à cette ville.

Faure-Dère, mort conseiller à la cour royale de Toulouse,
ancien député de l'arrondissement de Castelsarrasin, est né
dans la commune de Bouillac.

Bernard Grimaud, prieur d'Aucamville, figure parmi les
poètes patois du XVIIe siècle : il eut de son temps un grand
renom local, justifié par un poëme en dix-huit chants, qui a
pour titre : *Le dret cami del cel.* Ce ne serait pas long si le
poète avait atteint son but.

(1) Il est remarquable que nulle part, comme dans le Gimoës et le pays de
Verdun, les grandes abbayes ne se sont multipliées : Le Mas, Belleperche,
Grandselve, Gimont, Saramon, Simorre, se donnaient la main et permet-
taient d'aller des bords de la Garonne jusques aux Pyrénées sans sortir des
possessions de ces monastères.

STATISTIQUE GÉNÉRALE.

TOPOGRAPHIE.

L'arrondissement de Castelsarrasin est borné, à l'est, par l'arrondissement de Montauban et en partie par celui de Toulouse (Haute-Garonne) ; au sud, par ce dernier encore et par l'arrondissement de Lombez (Gers) : à l'ouest, par l'arrondissement de Lectoure (Gers) et par celui de Moissac, et, au nord, par les arrondissements de Moissac et de Montauban.

Sa superficie est de 122,025 hectares, soit environ le tiers de la superficie totale du département, qui est de 372,543 hectares.

Le sol se compose d'argiles sablonneuses, d'argiles tendres ou durcies, de pierres calcaires ou marneuses, de sables purs, de cailloux roulés et de terres d'alluvions récentes.

Les terrains argilo-siliceux et silico-argileux se trouvent dans les plaines de la rive droite de la Garonne et sur les terrasses entre cette rivière et le Tarn, ainsi que sur les hauts-plateaux de la Gascogne: les terrains argilo-calcaires sont dans les pentes des nombreux coteaux de la rive gauche de la Garonne. Le calcaire ne se produit avec un caractère prédominant que dans quelques communes des cantons de Lavit, de Beaumont et de Saint-Nicolas.

Il n'y a pas dans l'arrondissement de montagnes proprement

dites. Les principales hauteurs sont le prolongement des ramifications des coteaux du Gers formant des plateaux plus ou moins élevés séparés par des vallons fertiles. La pente de la vallée principale, qui est celle formée par la Garonne, va du sud-est au nord-ouest. C'est vers ce riche bassin qu'affluent toutes les vallées secondaires.

La vallée de la Garonne, qui divise en deux parties presque égales l'arrondissement, passe avec raison pour une des plus belles du globe. Malheureusement pour ses habitants, elle est exposée assez souvent aux caprices furieux de son beau fleuve. Tandis qu'ailleurs les mois de mai et de juin sont doux et bienfaisants, ici le printemps amène des pluies du Nord, qui frappant de face et d'aplomb les Pyrénées, provoquent la fonte d'énormes quantités de neige. Ces neiges se détachent en avalanches et occasionnent des crues d'eau et des inondations terribles. Il suffit quelquefois de quelques heures pour que toute la plaine, sur une largeur de quatre à cinq kilomètres, soit complètement submergée. En peu d'instants même une irruption subite peut transporter le courant du fleuve à une distance éloignée. Ces changements de lit, ces débordements couvrent tout-à-coup de graviers improductifs des terrains où s'étalaient la veille les plus belles productions, de riches prairies et de fraîches plantations de saule et de peuplier. La navigation, interrompue, devient alors pleine de dangers, tandis que des contestations, des procès ruineux, naissent de ces troubles apportés à la propriété.

C'est pour remédier à ces inconvénients que des travaux d'endiguement et d'enrochement ont été entrepris sur l'une et l'autre rive, au moyen d'associations syndicales. Mais soit que l'organisation de ces syndicats n'ait pu être défendue par une législation ancienne et défectueuse, qui vient, du reste, d'être modifiée, soit par tout autre motif, l'opération, malgré quelques résultats partiels, est loin d'avoir atteint son but. L'État seul pourrait aujourd'hui porter remède à une situation qui a fait beaucoup de mécontents, et qui n'a pu satisfaire même les plus intéressés à ce projet.

Les inondations de la Garonne ont leur côté utile : elles amènent des limons, composés de couches d'argile, de silice et de marnes calcaires, qui se mêlent à de féconds détritus. Ces dépôts, en se superposant, constituent des terrains d'alluvion comparables par leur richesse aux limons du Nil et aux meilleurs terrains amendés.

La Garonne, comme tous les cours d'eau pyrénéens, charrie une assez grande quantité de paillettes d'or qui, il y a peu d'années, étaient encore l'objet d'une industrie patiente, quoique assez peu lucrative. On ne recontre plus d'orpailleurs sur ses bords.

Après la plaine de la Garonne, la plus importante vallée est celle du Tarn, dont la rive gauche seule appartient à l'arrondissement. Le Tarn offre moins d'inconvénients pour ses riverains. Son lit est plus profond et ses berges sont solides et fermement assises sur un sous-sol indestructible. Ses eaux sont presque aussi fertilisantes que celles de la Garonne : elles prennent dans les temps de pluie une teinte de brun rouge qui accuse la constitution ferrugineuse des terres riveraines.

Sur la rive gauche de la Garonne on trouve la vallée de la Gimonne, celle de la Sère, celle de la Rats et quelques autres vallons secondaires remarquables par leur fertilité et par des sites variés, qui reproduisent en raccourci nos hautes montagnes. Presque partout des clochers, des châteaux, des ruines, surmontent les hauteurs accidentées de ces bassins et rappellent les évènements et les illustrations de la province.

L'arrondissement est arrosé par un grand nombre de cours d'eau. Nous avons déjà nommé les principaux. La Garonne entre dans l'arrondissement au-dessous de Grenade, à la limite de Pompignan ; elle arrose Grisolles, Verdun, Dieupentale, Bessens, Montbéqui, le Mas-Grenier, Finhan, Bourret, Escatalens, Saint-Porquier, Cordes, Castelsarrasin, Castelferrus, Saint-Aignan, Castelmayran, Saint-Nicolas, et entre dans l'arrondissement de Moissac au-dessous des limites de cette commune. Son parcours, dans l'arrondissement de Castelsarrasin, est de 79 kilomètres ; sa largeur moyenne est de 205 mètres, sa pente de 23 millimètres par mètre, et sa vitesse de 50 mètres par minute.

Le Tarn entre dans l'arrondissement à Albefeuille-Lagarde, et a son confluent dans la Garonne, en face de Saint-Nicolas. Lagarde, Le Barry-d'Islemade, Meauzac, Les Barthes, La Bastide-du-Temple et une partie de Castelsarrasin sont fertilisés par ses eaux.

Sur la rive gauche de la Garonne, les principaux affluents de cette rivière sont dans l'arrondissement :

La Gimonne, qui arrose une des plus agréables vallées de la Gascogne. Prenant sa source au-dessus de Boulogne, dans les Hautes-Pyrénées, après avoir traversé une partie de la Haute-Garonne et du Gers, elle entre dans l'arrondissement à Maubec, arrose Marignac, Faudoas, Gimat, Auterive, Beaumont, Vigueron, Sérignac, Belbèze, Larrazet, Montaïn, Labourgade, Lafitte, Cordes, et se jette dans la Garonne, sous les murs de l'ancienne abbaye de Belleperche. Autrefois la Gimonne prolongeait son cours jusques au-dessous de Castelmayran, par Castelferrus et Saint-Aignan ;

La petite rivière de la Sère, qui a sa principale source dans la commune du Casteron (Gers). Elle se jette dans la Garonne avant Saint-Nicolas, après avoir traversé les communes de

Maumusson, Lavit, Gensac, Fajolles, Angeville, Saint-Arroumex, Castelmayran :

La Rats, qui vient, comme la Gimonne, des Hautes-Pyrénées, et qui baigne dans l'arrondissement, sur sa rive droite, les communes de Gramont, Marsac, Poupas, Lachapelle, Mansonville : elle s'épanche dans la Garonne, après Saint-Loup.

Des ruisseaux importants circulent dans les cantons de Montech et de Castelsarrasin : les principaux sont : la Mouline, le Sanguineng, l'Arone, le Millole. Ces deux derniers se jettent dans le Tarn.

Sur la rive gauche de la Garonne on trouve, dans le canton de·Verdun, les ruisseaux de Dère et de Nadesse, mêlant leurs eaux avant d'entrer dans la Garonne. C'est sur la Nadesse qu'était situé le couvent de Grandselve:

Le Lambon, qui vient des hauteurs de Séguenville et Cabanac (Haute-Garonne), et baigne Gariès, Saint-Salvi, Comberouger et le Mas-Grenier :

La Tessonne, descendant des mêmes hauteurs, et s'épanchant dans la Garonne, à Bourret.

L'Ayroux naît dans la commune du Casteron (Gers), passe entre Montgaillard et Lavit, arrose le Castera, Montbrison et Merles avant d'atteindre la Garonne, au-dessous d'Auvillar.

Le Camezon naît aussi dans le Gers, traverse les communes de Montgaillard, Marsac, Poupas, Lachapelle, Mansonville et Bardigues, et finit son cours dans la Garonne, entre Merles et Auvillar.

La Gimonne a deux affluents assez importants : le Sarrampion, qui coule à Maubec après avoir parcouru une partie des cantons de Cologne et de Mauvezin (Gers), et baigné Sarrant (l'antique *Sartali*):

Et la Baysolle, qui vient des hauteurs de Pessoulens et de Pordiac (Gers), et qui, avant d'entrer dans la Gimonne, près Gimat, arrose Marignac et Cumont.

La plupart de ces cours d'eau, entièrement à sec dans l'été, inondent et submergent en toute saison, après de fortes pluies d'orage, les terres riveraines, dont ils compromettent assez souvent les récoltes d'une façon irréparable. Le foin des prairies s'imprègne ainsi de sable, et devient pour nos bestiaux la cause de maladies inflammatoires, car il est rare que nos cultivateurs renoncent à utiliser ce foin, pour si avarié qu'il soit.

Les travaux à effectuer, pour remédier aux inconvénients de ces inondations fréquentes, ne seraient pas très-coûteux. Il s'agirait d'établir des digues insubmersibles, dont la dépense a été évaluée à 3 fr. 90 c. le mètre courant (1). La plus-value des terres et la certitude de sauver leur récolte indemniseraient presque immédiatement les contribuables. Néanmoins, malgré l'assurance incontestable de ces bons résultats, les plus intéressés ne cherchent pas encore à se parer des sinistres dont ils peuvent être chaque jour atteints ou menacés. Le prétexte sur lequel s'appuie la résistance, consiste à dire que les inondations sont des fumures, et qu'on aime autant une prairie ouverte fertile qu'une prairie close, mais stérile.

Un seul syndicat s'est formé dans le département pour le redressement et l'endiguement de ces cours d'eau : c'est celui du Lemboulas, arrondissement de Moissac.

Le syndicat projeté entre les riverains de la Gimonne s'ajourne d'année en année.

La Garonne se trouve enrochée et défendue dans une partie

(1) D'après les derniers projets fournis par les Ponts-et-Chaussées, cette dépense serait bien moins considérable.

de ses rives : mais on a renoncé aux digues insubmersibles figurant dans les avant-projets des divers syndicats de la vallée, lesquels ont ainsi restreint leur œuvre, du reste fort contestée.

MÉTÉOROLOGIE.

Les influences atmosphériques de l'arrondissement varient légèrement des coteaux à la plaine. Les hivers sont en général doux, les printemps pluvieux, les étés et les automnes secs. La température moyenne de l'hiver est de 5 degrès au-dessus de zéro, et celle de l'été de 21 degrès au-dessus. Les extrêmes limites sont 10 au-dessous et 35 au-dessus.

Comme le reste du département, l'arrondissement est sujet à des orages mêlés de grêle, qui enlèvent en quelques instants les plus beaux produits de l'agriculture.

Les vents dominants sont : celui de l'ouest, appelé dans nos campagnes *montagne* ou *vent d'Espagne,* et celui du sud-est, appelé *autan.* Par son souffle violent et ardent, ce dernier dessèche et fend le sol, où se ralentit et quelquefois s'arrête toute végétation. La pluie est inévitable lorsque ce vent a régné pendant plusieurs jours. Il pleut ordinairement par le vent d'ouest. Le vent du nord ou bise n'amène des pluies qu'au printemps : il est alors presque toujours le précurseur des grandes crues de la Garonne, tandis qu'en toute autre saison il annonce le beau-fixe. Le vent d'est, appelé *soledre,* vent du soleil, subit des variations bizarres, suivant les heures du jour, et finit presque toujours par tourner à l'*autan.*

Nous allons donner quelques observations thermométriques et pluviométriques, comparées entre Toulouse et Milan (1).

(1) Ces observations ont été faites par M. Petit, professeur à l'observatoire de Toulouse, et M. Heuzé, professeur à Grignon, et ramenées dans un rapport de M. l'ingénieur en chef de Tarn-et-Garonne sur la possibilité d'irriguer ce département.

Notre situation ne différant guère de celle de Toulouse, elles indiqueront assez bien la météorologie de l'arrondissement.

Observations thermométriques.

	TOULOUSE.			MILAN.		
Printemps	12 degrés	1		13 degrés	2
Été	20	—	9	22	—	7
Automne	13	—	9	13	—	»
Hiver	5	—	4	2	—	8
MOYENNE	13 degrés	07		12 degrés	8

Observations pluviométriques.

	TOULOUSE.		MILAN.	
Printemps..	200 millimètres d'eau.		250 millimètres d'eau.	
Été	150	—	253	—
Automne...	157	—	298	—
Hiver	157	—	205	—
TOTAL..	644 millimètres d'eau.		966 millimètres d'eau.	

La pluie moyenne tombée à Toulouse est, pour chaque mois de l'année :

Janvier	48	millimètres	0
Février	42	—	0
Mars	52	—	4
Avril	55	—	5
Mai	65	—	7
Juin	77	—	1
Juillet	41	—	4
Août	55	—	5
Septembre	69	—	5
Octobre	58	—	4
Novembre	56	—	2
Décembre	46	—	5
TOTAL	644	millimètres	0

Le nombre des jours de pluie est, dans l'année, à Toulouse, de 111, à Bordeaux de 146, à Paris de 157, à Milan de 93, à Toulon de 44 seulement. A Montauban, le 22 août 1867, il est tombé dans quelques heures 47 millimètres 7 d'eau pluviale, le tiers environ de l'eau qui tombe pendant tout l'été. Ces pluies d'orage sont souvent suivies de plusieurs mois de sécheresse continue.

Gasparin établit ainsi le nombre des jours pluvieux dans les diverses régions de l'Europe (1) :

Angleterre (ouest), par mois moyen	13 jours	03
Angleterre (est), idem	12	—	07
Côtes de l'ouest, idem	11	—	06
France et Italie (sud), idem	7	—	06
Italie (nord), idem	8	—	07
France (nord) et Allemagne, idem	12	—	01
Scandinavie, idem	11	—	1
Russie, idem	8	—	4

Dans l'arrondissement de Castelsarrasin, comme dans tout le Midi, la température éprouve des soubresauts et des variations qui occasionnent des maladies plus ou moins graves, des rhumatismes, des affections des bronches, des catharres. Les matinées y sont froides, même en été. Les gelées blanches du printemps sont meurtrières pour les produits de la vigne (2). Il est dangereux en toute saison, pour la santé de l'homme et des animaux, de s'exposer à ces écarts de température.

(1) *Traité de l'irrigation*, par Pareto, t. I, pag. 204.

(2) Le 24 mai 1867, la gelée a tué une partie des bourgeons et compromis la récolte des vins dans tous nos cantons.

HISTOIRE NATURELLE.

L'histoire naturelle n'offre rien qui n'appartienne également aux arrondissements voisins. Nos grandes forêts ayant été défrichées, il n'existe plus de bêtes fauves. A peine sur quelques points isolés et incultes, ou dans quelques gorges profondes et encore boisées, signale-t-on la présence, de jour en jour plus rare, du renard et du blaireau. Le loup n'est plus qu'un souvenir.

Le gibier le plus commun consiste dans le lièvre, le lapin, le perdreau, la caille, la bécasse, l'alouette.

La flore de l'arrondissement n'est pas différente de celle des départements qui l'entourent.

Nous aurons occasion de parler de nos animaux domestiques dans la statistique agricole proprement dite, ainsi que des différentes plantes et essences acclimatées dans nos cantons.

VOIES DE COMMUNICATION.

La Garonne et le Tarn sont navigables dans tout l'arrondissement.

Il existe un projet de canalisation de la Gimonne, au moyen d'une dérivation des eaux de la Neste, par le plateau de Lannemezan (Hautes-Pyrénées). Les conseils généraux et les conseils d'arrondissement intéressés ne cessent, depuis plus de trente ans, de réclamer l'exécution de ce projet, que bien des motifs éloigneront probablement encore.

Le moyen le plus sûr de navigation, pour l'arrondissement, est dans le canal latéral à la Garonne, de Toulouse à Castex, en prolongement du canal du Midi. C'est la réalisation complète et définitive des vœux exprimés par les États de Languedoc, il y a plus d'un siècle.

Mais, par l'effet de l'existence d'un chemin de fer parallèle et surtout par l'effet des conventions qui ont remis à la même compagnie le canal et le chemin (ce qui a rendu cette société maîtresse des tarifs), le tonnage du canal latéral a perdu toute son importance. Cette suppression indirecte de la plus sûre de nos voies de communication préoccupe, à juste titre, notre agriculture et notre commerce. Le canal latéral est à peu près confisqué par la compagnie du Midi. Ce canal, qui a immortalisé ceux qui l'ont conçu et qui devait régénérer nos départements, est devenu comme une entreprise avortée, comme une œuvre morte. Si le chemin de fer a, ainsi qu'on le dit, un intérêt de premier ordre dans le maintien de cet état de choses, le pays, à coup sûr, a un intérêt contraire. Il est impossible que le gouvernement ne s'émeuve pas de nos plaintes au sujet d'un monopole qui a abouti à l'exagération même des taxes ordinaires adoptées sur la plupart des voies ferrées.

L'abaissement des tarifs des chemins de fer : tel est, en effet, la question qui intéresse notre agriculture. C'est un des vœux principaux émis par nos comices, lors de la récente enquête agricole, et il est dans les idées pratiques du Chef de l'État « que cet abaissement s'obtienne par la navigation « des canaux et des rivières, contre-poids modérateur du « monopole des chemins de fer (1). »

Quant aux moyens d'utiliser nos grands cours d'eau, d'une autre manière que pour la navigation, le gouvernement a déjà formé divers projets et tenté des essais dignes d'encouragement. Des études sont faites à ce moment même pour utiliser ces eaux pour l'irrigation.

Un autre essai pourrait un jour fournir des ressources précieuses à l'alimentation publique. L'Aveyron et la Garonne ont été l'objet d'empoissonnements par les moyens artificiels que la science a récemment découverts. C'est vers ce nouveau progrès que la Société de pisciculture de Montauban marche avec un zèle et une intelligente activité qui méritent des éloges. Cette Société a déjà élevé dans ce but utile et confié aux eaux vives de nos rivières des centaines de milles d'alevins appartenant aux familles des saumons et des truites.

Si l'arrondissement de Castelsarrasin se trouve bien pourvu de rivières et de canaux navigables, il est aussi riche que le comportent ses besoins en voies de communication par terre.

Le plus important de ces moyens de circulation est le chemin de fer du Midi, de Bordeaux a Cette, qui entre dans

(1) Ce sont les propres expressions de Sa Majesté. — Lettre au Ministre de l'Intérieur, 15 août 1867. — Voyez aussi lettres et rapports antérieurs.

l'arrondissement à Pompignan, s'en écarte après Montbartier, y rentre à Montbeton, après être passé à Montauban, et en sort aux limites de Castelsarrasin vers Moissac. Des stations sont établies, pour le service des voyageurs et du commerce : à Grisolles, à Dieupentale, à Montbartier, à Lavilledieu et à Castelsarrasin. De chacune de ces stations on délivre, pour Toulouse et Moissac, des billets d'aller et retour, à prix réduits. L'express s'arrête à Castelsarrasin et à Grisolles : mais dans cette dernière station il descend seulement et ne prend pas des voyageurs.

La ligne de Montauban à Rodez et l'Auvergne; celle d'Agen à Paris par Périgueux; celle de Bordeaux à Paris et à Bayonne; celles de Toulouse à Foix et de Toulouse à Tarbes, et enfin celle d'Agen à Auch, se rattachant toutes à la ligne du Midi, ouvrent à l'arrondissement toutes les communications et tous les marchés de l'Empire. Le département possède 140 kilomètres de chemins de fer.

Un projet de chemin de fer concerté entre les départements du Gers et de Tarn-et-Garonne reliera , probablement un jour, Castelsarrasin à Gimont, station de la ligne en exécution de Toulouse à Auch, en remontant la vallée de la Gimonne.

Quant aux voies de communication ordinaires, il n'est pas de département plus favorisé que le Tarn-et-Garonne. L'arrondissement est traversé par trois routes impériales : celle n° 20, de Paris à Toulouse par Montauban et Grisolles; celle n° 123, de Toulouse à Bordeaux par Dieupentale, Montech et Castelsarrasin, et celle n° 128, de Montauban à Auch par Montech, Bourret et Beaumont.

Trente-deux routes départementales coupent en tous sens le territoire, et rattachent à Montauban les principaux centres de population.

Nous allons donner le tableau général des routes départe-

mentales, afin de ne pas interrompre leur ordre et leur classement. Nous marquerons seulement d'une astérisque celles
qui desservent l'arrondissement.

ROUTES DÉPARTEMENTALES.

Nos	Désignation.	Longueur.	Villes traversées.
1	Montauban à Albi par Bruniquel....	51,658	Monclar.
2	Moissac à Cahors par Lauzerte....	20,847	Lauzerte.
* 3	Toulouse à Malause.............	60,045	Beaumont, Lavit, St-Nicolas
4	Montauban à Cahors par Molières...	24,961	Molières et Loubéjac.
5	Cahors à Albi par Saint-Antonin....	18,478	Septfonds, Saint-Antonin.
* 6	Montauban à Auch par Verdun.....	24.028	Labastide, Verdun.
7	Moissac à Montaigu par Bourg-de-Visa	40,588	Le Bourg-de-Visa.
8	Montauban à Albi par Monclar.....	28,760	Monclar.
9	Montauban à Lauzerte par Lafrançaise......................	7,720	Lacapelette.
* 10	Montauban à Castelsarrasin........	18,096	Lavilledieu.
* 11	Valence à Saint-Clar par Auvillar...	24,528	Auvillar, Poupas.
* 12	Castelsarrasin à Auvillar..........	19,858	Saint-Aignan, Merles.
13	Montauban à Albi par la rive gauche du Tarn.................	19,617	Labastide, Orgueil.
* 14	Montauban à Auch par Lavilledieu...	17.488	Lavilledieu.
* 15	Lavit aux limites du département du Gers......................	9,047	Montgaillard, Mauroux.
16	Moissac à Cahors par Lacapelette...	15,655	Lacapelette.
17	Caussade à Figeac par Puylaroque..	16,550	Puylaroque.
* 18	Condom à Toulouse par le Causé...	9,483	Le Causé, Faudoas.
19	Caylus à Saint-Antonin...........	11,557	
20	Lafrançaise à Laguépie...........	66,555	Caylus.
21	Montauban à Villemur...........	19,025	Reyniès, Villebrumier.
22	Caussade à Monclar..............	22,528	Montricoux.
23	Lauzerte aux limites du département de Lot-et-Garonne............	18,955	Montaigu.
24	Valence à Cahors par Lauzerte....	51.105	Miramont.
* 25	Lavit à Mansonville.............	13,210	
* 26	Bourret à Grenade......	20,655	Verdun.
* 27	Saint-Nicolas à Moissac..........	5,640	
28	Moissac à Agen par Castelsagrat....	7,528	Castelsagrat.
29	Saint-Antonin à Laguépie.........	24,275	Varen.
30	Agen à Bourg-de-Visa.	2,889	
31	Agen à Cahors par Saint-Amans....	10,147	
32	Bruniquel à Cordes (Tarn)........	5,555	

TOTAL du parcours,.. .... 667,141 mètres, sur lesquels les
onze routes spéciales à l'arrondissement représentent 220,656 mètres.

La Haute-Garonne, d'une superficie presque double, n'a que 692 kilomètres de routes départementales. Le Gers, avec la même étendue que la Haute-Garonne, n'a que 599 kilomètres du même parcours.

Les chemins vicinaux de grande communication du département de Tarn-et-Garonne sont au nombre de 27, ainsi classés :

CHEMINS DE GRANDE COMMUNICATION.

N°s	Désignation.	Longueur.
1	Caussade à Lauzerte	34,352 m.
2	Nègrepelisse à Saint-Antonin	13,153
3	Varen à Saillagol	22,820
4	Caylus à Saint-Projet	8,804
5	Nègrepelisse à Monclar	15,439
6	Monclar à Fronton	13,711
7	Monclar à Villemur	11,107
8	Montaigu à Lauzerte	11,023
9	Saint-Antonin à Puylaroque	8,537
10	Lafrançaise à Réalville	22,315
11	Moissac à Montaigu	33,259
12	Auvillar à Layrac	10,358
13	Montesquieu à Saint-Victor	12,888
14	Lamagistère à Miradoux	12,317
15	Lamagistère à Saint-Maurin	6,020
16	Montjoi à Valence	8,852
17	Montaigu à Villemur	8,898
18	Valence à Saint-Maurin	4,655
*19	Saint-Nicolas à Bourret	16,552
*21	Lafrançaise à Belleperche	20,070
*22	Lafrançaise à Grisolles	26.440
*24	Gariès à Bourret	19,126
*25	Gramont à Larrazet	26,472
*26	Grisolles à Fronton	6,280
*27	Beaumont à Lamothe-Cumont	9,202
28	Dunes à Caudecoste	2,580
29	Molières à Sauveterre	11,659

(Les chemins n°s 20 et 23 ont été supprimés.)

TOTAL du parcours.............. 396,669 m.

La longueur des sept chemins marqués d'une astérisque, qui sont ceux de l'arrondissement, est de 124,142 mètres.

Le chemin n° 23, du Causé à Gimat, dont la longueur est de 7,700 mètres, se trouve confondu avec la route départementale n° 18.

Il existe, dans le département, trente chemins d'intérêt commun, ainsi nouvellement classés :

CHEMINS D'INTÉRÊT COMMUN.

Nos	Désignation.	Longueur.
1	Lafitte à Montauban	18,159 m.
2	Aucamville à Grisolles	7,217
5	Lavit à Mauvezin	10,240
4	Lauzerte à Cahors	4,557
5	Beaupuy à Castelsarrasin	22,504
6	Sauveterre à Moissac	18,119
7	Castelnau à Valence	21,970
8	Lauzerte à Moissac	11,664
9	Mansonville à Valence	9,700
10	Montjoi au Lot	23,058
11	Beaumont à Castelsarrasin	17,988
12	Verdun à Beaumont	7,584
13	Lavit à Castelsarrasin	12,001
14	Nègrepelisse à Caussade	9,202
15	Cos à Puycelsi	24,380
16	Albias à Monclar	21,377
17	Lavit à Malause	14,409
18	Castelnau à Moissac	15,290
19	Montpezat à Montauban	24,811
20	Montauban à Puycelsi	25,225
21	Sistels à Donzac	6,554
22	Moissac à Montauban	22,068
23	Boug-de-Visa à Lauzerte	17,829
24	Malause à Saint-Paul-d'Espis	6,600
25	Montpezat à Réalville	25,509
26	Septfonds à Montricoux	10,507
27	Gariès à Montauban	34,160
28	Montricoux à Lafrançaise	34,161
29	Les Barthes à Saint-Porquier	15,455
30	Bourg-de-Visa à Penne	5,668

TOTAL du parcours............ 493,924 m.

La longueur de ces chemins dans l'arrondissement, pour onze d'entre eux, est de 167,417 mètres.

Il existe encore, dans le département, 1,256 chemins vicinaux ordinaires et classés, ayant un parcours de 2,990 kilomètres. 560 de ces chemins desservent spécialement l'arrondissement sur 1,453 kilomètres de longueur.

Les chemins de grande communication sont terminés. Sur 168 kilomètres de chemins d'intérêt commun, il reste à construire 28 kilomètres. Enfin, dans les 1,453 kilomètres de chemins ordinaires, 1,082 sont en bon état et 371 kilomètres sont encore inachevés.

L'arrondissement possède, d'après ce qui précède, 1,599 kilomètres de bonnes voies de communication, indépendamment de trois routes impériales.

POPULATION.

D'après les derniers recensements, dont les résultats ont été publiés en 1866, la population totale du département s'élève à 226,969 habitants : 103,809 appartiennent à l'arrondissement chef-lieu, 54,478 à celui de Moissac et le reste à celui de Castelsarrasin.

Les 68,682 habitants de ce dernier arrondissement peuvent, pour les 9/10es, être attribués à l'agriculture. Il y a dans ce nombre 26,943 propriétaires chefs de famille. La superficie étant de 122,125 hectares, il y a à peu près 57 habitants par 100 hectares. Le recensement précédent constatait, pour l'arrondissement, 69,349 habitants, c'est-à-dire 667 de plus que le recensement actuel. En 1808, époque de la formation du département, il y avait 68,163 habitants, c'est-à-dire 519 de moins qu'aujourd'hui. D'après un recensement qui date de 1830, la population aurait atteint, à cette époque, le chiffre de 71,557, supérieur au chiffre actuel de 2,875 habitants.

On peut donc dire avec exactitude que la population est dans une période de décroissance, qui, depuis une trentaine d'années, peut être évaluée à un 25e. Cette diminution s'opère au profit des grands centres, et c'est avec raison que l'agriculture se plaint d'être délaissée.

Voici le tableau des communes de l'arrondissement, avec les distances kilométriques de chacune d'elles au chef-lieu de canton et au chef-lieu d'arrondissement, ainsi que leur population officielle :

NOMS des COMMUNES.	DÉSIGNATION des CANTONS.	DISTANCE de CHAQUE COMMUNE		POPULATION de la COMMUNE.
		au canton.	à l'arron-dissement	
		kilom.	kilom.	habitants.
Albefeuille-Lagarde	Castelsarrasin. ...	14	14	673
Angeville........	Saint-Nicolas.	10	10	351
Asques........ .	Lavit...........	5	17	360
Aucamville.......	Verdun.	8	36	1,058
Auterive........	Beaumont.	4	32	201
Balignac.	Lavit.	4	24	133
Bardigues.......	Lavit...........	12	20	521
Barry-d'Islemade..	Castelsarrasin. ...	12	12	540
Les Barthes......	Castelsarrasin. ...	9	9	522
Beaumont.... ...	Beaumont...... .	»	28	4,456
Beaupuy.........	Verdun.	11	39	407
Belbèze.........	Beaumont........	8	24	210
Bessens.........	Grisolles........	8	21	627
Bouillac........	Verdun..........	11	36	1,147
Bourret.........	Verdun.	13	18	958
Bressols........	Montech........	9	24	944
Campsas........	Grisolles........	10	26	553
Canals..........	Grisolles........	3	30	488
Castelferrus.	Saint-Nicolas.	10	4	636
Castelmayran.....	Saint-Nicolas.	6	6	924
Castelsarrasin.....	Castelsarrasin.....	»	»	6,835
Castera-Bouzet....	Lavit...........	5	18	443
Caumont.........	Saint-Nicolas.	5	10	727
Le Causé........	Beaumont........	12	40	515
Comberouger.....	Verdun.	15	31	520
Cordes-Tolosanes..	Saint-Nicolas.....	16	12	674
Coutures........	Saint-Nicolas.....	15	17	300
Cumont.........	Beaumont........	8	36	324
Dieupentale.......	Grisolles.........	4	25	600
Escatalens.......	Montech.........	5	10	1,163
Escazeaux........	Beaumont..	7	35	561
Esparsac.........	Beaumont..	5	33	628
Fabas...........	Grisolles........	8	36	505
Fajolles.........	Saint-Nicolas.....	12	14	315
Faudoas.	Beaumont.......	9	37	765
Finhan.	Montech........	6	18	1,614
Garganvillar......	Saint-Nicolas.	12	9	829
Gariès..........	Beaumont........	11	39	428
Gensac.........	Saint-Nicolas.....	15	20	343
Gimat..........	Beaumont........	5	33	340
Glatens..........	Beaumont........	6	34	128

NOMS des COMMUNES.	DÉSIGNATION des CANTONS.	DISTANCE de CHAQUE COMMUNE		POPULATION de la COMMUNE.
		au canton	à l'arron-dissement	
		kilom.	kilom.	habitants.
Goas	Beaumont	10	38	125
Gramont	Lavit	14	54	636
Grisolles	Grisolles	»	29	2,020
Labastide-du-Templ	Castelsarrasin	9	9	767
Labastide-St-Pierre	Grisolles	13	52	1,019
La Bourgade	Saint-Nicolas	17	14	364
La Chapelle	Lavit	8	26	415
Lacourt-St-Pierre	Montech	7	15	571
Lafitte	Saint-Nicolas	16	12	500
Lamothe-Cumont	Beaumont	7	35	349
Larrazet	Beaumont	10	19	829
Lavilledieu	Montech	10	9	883
Lavit	Lavit	»	20	1,584
Mansonville	Lavit	11	26	830
Marignac	Beaumont	9	57	250
Marsac	Lavit	9	29	511
Mas-Grenier	Verdun	6	23	1,467
Maubec	Beaumont	12	40	603
Maumusson	Lavit	5	25	241
Meauzac	Castelsarrasin	13	15	981
Montbeton	Montech	9	16	836
Montaïn	Saint-Nicolas	18	18	199
Monthartier	Montech	7	22	683
Montbéqui	Grisolles	9	21	500
Montech	Montech	»	15	2,606
Montgaillard	Lavit	5	25	567
Nobic	Grisolles	15	38	538
Orgueil	Grisolles	14	35	550
Pompignan	Grisolles	2	31	718
Poupas	Lavit	7	26	374
Puygaillard	Lavit	2	22	274
Saint-Aignan	Saint-Nicolas	7	5	418
Saint-Arroumex	Saint-Nicolas	9	13	381
St-Jean-du-Bouzet	Lavit	6	23	270
Saint-Nicolas	Saint-Nicolas	»	11	2,889
Saint-Porquier	Montech	8	7	1,378
Saint-Sardos	Verdun	12	24	1,150
Sérignac	Beaumont	6	25	1,150
Verdun	Verdun	»	28	3,900
Vigueron	Beaumont	6	27	332
TOTAL				68,082

IMPOT.

L'impôt, qui est un des signes de la richesse agricole, classerait notre département un peu plus avantageusement que la population. Le Tarn-et-Garonne est un des départements relativement les plus imposés de la région du Sud-Ouest. Il était, d'après la statistique de 1852, le quatrième quant à la proportion de l'impôt par hectare, et le cinquième quant au chiffre de l'impôt par habitant. Les départements qui le priment sont la Gironde et la Haute-Garonne qui, touchant aux frontières, ont des recettes douanières considérables, et le Lot-et-Garonne, qui se trouve presque dans nos conditions, et qui, d'ailleurs, nous dépasse si faiblement, qu'il n'y a de cette supériorité aucune conséquence sérieuse à induire.

Les recetttes de ces quatre départements offrent les proportions suivantes :

Gironde..........	52 fr.	66 c.	par hectare, et	80 fr.	05 c.	par habitant.
Haute-Garonne....	25	66	—	33	53	—
Lot-et-Garonne....	20	42	—	32	15	—
Tarn-et-Garonne...	19	12	—	30	30	—

Mais l'impôt n'est un signe de richesse que lorsqu'il est la représentation exacte du revenu. D'après des plaintes locales, on ne devrait point apprécier nos produits par nos charges, et notre département n'aurait pas droit à la faible considération qui pourrait lui venir de ces assurances trompeuses. Les recettes des contributions et autres produits de l'impôt s'élevaient, pour le Tarn-et-Garonne, en 1865, à la somme totale de 7,739,009 fr. 59 c. ainsi répartis :

Contributions directes...........................	2.297,371 fr.	47 c.
Enregistrement, timbre et domaines...............	2,031,452	93
Boissons, droits divers..........................	583,712	87
Tabacs et poudres...............................	783,286	»
Postes..	204,185	78
Coupes de bois..................................	79,858	71
Produits universitaires..........................	853	»
Produits divers.................................	172,437	69
Ressources spéciales............................	1,563,849	14
Total.................	7,739,009 fr.	59 c.

Dans cette même année, le département a reçu du trésor 5,672,049 fr. 70 c. dans lesquels figurent :

Dette publique et dotations........................	871,992 fr.	93 c.
Ministère de la Maison de l'Empereur................	12	»
— de la Justice.........................	591,194	94
— de l'Instruction publique..................	104,208	37
— de l'Intérieur...........................	1,154,800	40
— des Travaux publics, Agriculture, etc.........	358,576	18
— de la Marine...	2,281	87
— de la Guerre..........................	668,759	80
— des Finances (sans les contributions indirectes).	903,287	77
Frais de régie et de perception (mémoire)............	400,000	»
Remboursements, non valeurs, etc..................	604,947	44
Total....................	5,672,049 fr.	70 c.

De 7,739,009 fr. 59 c.

si l'on déduit 5,672,049   70

Reste. . . 2,066,959 fr. 89 c.

C'est cette somme que, réduits aux seules ressources de notre agriculture, nous payons annuellement à l'État pour les frais de gouvernement central. « Cette énorme et annuelle extraction de numéraire (elle était naguère même de plus de 3 millions), explique, dit l'auteur d'une statistique (1), le manque d'industrie et d'instruction; elle accuse gravement le mode actuel de répartition des impôts, et doit finir, si elle dure, par ruiner complètement le pays. » M. de Lavergne dit à son tour : « Les paiements effectués par le trésor public dans le seul département de la Seine, siège du gouvernement, atteignaient, avant 1848, 500 millions par an. Depuis quelques années, Paris a encore vu s'accroître dans une proportion inouïe le tribut annuel que lui paie le reste de la France, et qui, d'après le compte général de l'administration des finances, s'est élevé, en 1855, à 877 millions. En regard de ce chiffre colossal, il est bon de placer l'état des dépenses dans douze départements, formant ensemble un 10e du territoire, et ne recevant à eux tous que 51 millions. On peut donner toutes les explications qu'on voudra, on ne parviendra pas à détruire l'effet d'une si choquante anomalie (2). »

C'est là évidemment une des causes qui condamnent à l'inertie et à l'ignorance nos cantons si bien doués par la nature. Lorsque les exigences de la centralisation seront moins grandes et ramenées aux limites de l'absolue convenance, on s'étonnera de l'existence de ces inégalités maintenues pendant si longtemps. En attendant ces jours réparateurs, plaignons la dure condition faite à notre agriculture, qui fournit presque l'entière recette, et qui ne figure dans la dépense que pour mémoire. Les 358,576 fr. 18 c. émargés par le ministère des travaux publics, de l'agriculture et du commerce proviennent principalement de nos centimes départementaux et n'affectent aux intérêts agricoles du département qu'un chiffre presque inavouable. Qu'est-ce, en

(1) Abel Hugo. — *France pittoresque.*
(2) Léonce de Lavergne. — *Economie rurale en France*, page 452.

effet, que 15 ou 20 mille francs distribués à nos Comices, à nos Sociétés et à nos Courses dans un département où, d'ailleurs, toute sorte d'encouragements seraient bien placés?

Dans le principal des contributions directes qui frappent le Tarn-et-Garonne, l'arrondissement de Castelsarrasin se trouve imposé ainsi qu'il suit (exercice 1865) :

Contribution foncière............	598,678 fr.	»
Personnelle et mobilière..........	71,020	»
Portes-et-fenêtres..............	29,364	»
Patentes......................	33,880	80
Total............	732,942 fr.	80 c.

Les dépenses départementales se sont considérablement accrues : elles rentrent dans le tableau des recettes que nous avons donné un peu plus haut, où elles figurent dans l'article ressources spéciales, et dans les dépenses aux divers chapitres ministériels, d'après leur emploi. Elles s'élevaient, en 1865, à un total de 925,982 fr. 50 c. Elles dépassent actuellement un million.

Ce chiffre est élevé, et peu de départements sans doute l'ont relativement dépassé : mais on a du moins l'avantage ici de voir ces dépenses tourner au profit des contribuables, et dans une large proportion au profit de nos routes, de nos chemins, c'est-à-dire de notre agriculture, tandis que rien ou presque rien ne reflue jusqu'à nos campagnes de ces travaux prodigieux et féeriques exécutés, à si chers deniers, dans nos grands centres, et auxquels, d'une manière ou d'autre, nous contribuons pour une si large part.

Les griefs du pays contre la concentration des dépenses de l'impôt s'augmentent encore de ses griefs particuliers contre l'injuste et inégale répartition à son égard de la contribution foncière.

« De tous les départements, dit M. Jayle, ancien directeur de l'enregistrement et des domaines (1), celui de Tarn-et-Garonne supporte la plus forte somme de contributions foncière, eu égard aux ressources des territoires respectifs. Il est notoire que les terres du département du Tarn sont plus productives que celles du département de Tarn-et-Garonne, et cependant l'évaluation cadastrale du revenu moyen de l'arpent, faite dans ce dernier département, excède d'un tiers celle établie au département du Tarn. Le revenu des terres dans les départements de Tarn-et-Garonne et du Gers se balance, et néanmoins l'évaluation du revenu de l'arpent, dans le Gers, n'a été portée qu'à la moitié de l'évaluation faite dans département de Tarn-et-Garonne. Cette dernière n'est pas moins exagérée eu égard à l'évaluation cadastrale réglée dans les départements du Lot, de l'Aveyron et de la Haute-Garonne. Pour se bien fixer sur les ressources territoriales du département de Tarn-et-Garonne, on doit recourir aux droits d'enregistrement proprement dits. De tous les moyens qu'on peut employer pour apprécier le revenu et la richesse des territoires respectifs, le plus sûr, et par conséquent le meilleur, est la comparaison du montant de la contribution foncière avec le produit des droits d'enregistrement, année commune des dix dernières. Par une conséquence, plus la contribution foncière assise sur un département excède le produit des droits d'enregistrement, plus elle grève le département qui la supporte. Les départements de l'Aveyron, du Tarn, de la Haute-Garonne, du Gers, du Lot-et-Garonne et

____

(1) *Preuves mathématiques de l'excès du contingent assigné au Tarn-et-Garonne*, par Jayle. — Montauban, Lapie-Fontanel, 1822.

du Lot forment la circonférence du cercle dans lequel celui de Tarn-et-Garonne est enclavé. »

Il résulte, d'après M. Jayle, des tableaux comparatifs des droits d'enregistrement perçus pendant 10 ans et des montants de la contribution foncière, qui sont la base de son travail, que le Tarn-et-Garonne est surchargé, comparativement à ces cinq départements, savoir :

Le Lot, de............ 239,615 fr. 60 c.

La Haute-Garonne, de.... 424,420   05

Le Lot-et-Garonne, de. ... 213,088   80

Le Gers, de........... 319,101   03

L'Aveyron, de......... 529,401   30

Plus on étendrait les rapprochements, ajoute ce fonctionnaire estimable, plus les preuves de la surcharge du département de Tarn-et-Garonne s'accumuleraient.

Les conclusions de M. Jayle sont peut-être un peu rigoureuses, mais elles n'ont rien de plus hypothétique ni de plus arbitraire que la plupart des éléments qui furent invoqués lors de la première assiette de cet impôt. Émanant d'un fonctionnaire parfaitement honorable et très-compétent, elles attestent, de sa part, une indépendance louable, en même temps que la sincérité et l'ancienneté de nos plaintes. C'est la loi du 15 mai 1818 qui adopta le principe d'une nouvelle répartition, en indiquant les éléments qui serviraient à ce travail, et c'est la loi du 31 juillet 1821 qui assigna au département de Tarn-et-Garonne une contribution foncière de 1,645,300 fr., basée sur un revenu de 16,453,000 fr.

Ce contingent, devenu définitif (il est aujourd'hui de 1,668,548 fr.), a soulevé, de la part des contribuables, de nombreuses protestations. Malheureusement, au lieu d'agir avec ensemble et unité, on s'est beaucoup remué par des intrigues locales. Quelques communes, se prétendant plus particulièrement maltraitées, ont jeté les hauts cris. Une expertise a été ordonnée (1840), et il est résulté de ce travail que des communes se disant trop imposées, allaient être plus imposées encore. On s'est beaucoup élevé alors contre l'exagération des évaluations de l'expertise. Mais c'est à tort, suivant nous; car la question, du moins au point de vue d'une répartition générale, ne pouvait être de savoir quel était le revenu départemental en 1840. C'est à 1821, c'est-à-dire à l'époque de la fixation du premier contingent, qu'il fallait remonter dans ces évaluations. Le revenu réel de 1840, incontestablement accru par le développement de l'industrie agricole, ne pouvait rien prouver ni pour ni contre ce qui avait été fait vingt ans auparavant. Ce n'est évidemment que par un travail d'ensemble, dans tout l'Empire, que l'on doit espérer parvenir à la vérité.

Avant donc les réformes généralement réclamées quant à une meilleure et plus équitable assiette du principe de l'impôt, et quant à quelques réductions des droits de mutation par échange ou par suite de décès et autres dont l'urgence a été signalée par nos économistes, le département de Tarn-et-Garonne espère le dégrèvement proportionnel de l'impôt foncier, auquel il croit avoir droit depuis si longtemps.

DIVISION ADMINISTRATIVE.

L'arrondissement de Castelsarrasin est le troisième du
département de Tarn-et-Garonne. Avec l'adjonction des
cantons de Moissac, de Valence et d'Auvillar, pris dans l'arrondissement de Moissac, il députe un membre au Corps
législatif. Sa sous-préfecture est à la troisième classe.

Cet arrondissement dépend en entier de l'évêché de Montauban, qui avait été supprimé lors de nos révolutions, et
qui fut rétabli en 1824. La religion de l'immense majorité
des habitants est la religion catholique. Il y a dans l'arrondissement 8 cures inamovibles et 75 succursales.

Le culte protestant possède deux églises, dont l'une est au
Barry-d'Islemade et l'autre à Meauzac. Un Conseil presbytéral
est attaché à chacune de ces églises, et tous les deux sont du
ressort consistorial de Montauban.

La plupart des chefs-lieux de canton ont un hospice. Il
existe des salles d'asile pour les enfants des deux sexes à Castelsarrasin, Verdun et le Mas-Grenier.

La justice est rendue, comme dans le reste de l'Empire, par
un tribunal de première instance siégeant au chef-lieu. Ce
tribunal juge aussi les affaires commerciales. Dans chaque
canton est instituée une justice de paix. Il y a aussi dans chaque
chef-lieu de canton une brigade de gendarmerie, un bureau
de poste et un bureau d'enregistrement. Castelsarrasin a, en
outre, une conservation des hypothèques et une recette particulière. De cette dernière relèvent les perceptions de Beau-

mont, Castelsarrasin, Faudoas, Grisolles, Labastide-du-Temple, Labastide-Saint-Pierre, Labourgade, Lavit, Mansonville, Montbeton, Montech, Saint-Nicolas-de-Lagrave, Saint-Sardos, Sérignac, Verdun.

Montauban est le siége d'une Société départementale des sciences, belles-lettres et arts. Il existe aussi dans ce chef-lieu une Société d'horticulture, de pisciculture et d'acclimatation, une Société de viticulture, une Société d'encouragement de l'espèce chevaline et une Société d'archéologie, qui étendent leur ressort dans le reste du département; dans chaque canton de l'arrondissement fonctionne un comice agricole, distribuant annuellement des primes à toutes les branches de l'agriculture. Des efforts louables sont tentés pour rattacher ces Comices à une Société centrale d'agriculture siégeant au chef-lieu.

Castelsarrasin possède un Collége communal. Il y a dans l'arrondissement 79 écoles communales de garçons ou mixtes et 23 pour des filles. Ces écoles sont laïques ou congréganistes. Il y a, en outre, 7 écoles libres pour les garçons et 27 pour les filles, dirigées par des laïques ou par des congrégations. Le nombre des enfants fréquentant ces établissements est de 6,577. Le département en compte 28,000 environ.

Parmi les établissements congréganistes de l'arrondissement, qui rivalisent avec les principales écoles laïques, on peut citer: les Frères de Marie, dirigeant des écoles primaires communales à Castelsarrasin et à Montech, un pensionnat secondaire avec école primaire à Beaumont, un pensionnat primaire avec école à Saint-Nicolas, et une école primaire à Verdun, tenue par les Frères de la Doctrine chrétienne de Vezellac.

Des maisons d'éducation pour les jeunes filles sont dirigées: à Bourret, canton de Verdun, par les Sœurs de la Présentation de la Sainte-Vierge; à Castelsarrasin, par les Dames de la

Compassion : à Beaumont, par les Religieuses de Notre-Dame;
à Saint-Nicolas, par les Dames de Nevers. Il y a à Saint-
Aignan l'école des Dames-du-Saint-Enfant-Jésus; à Montech,
la maison d'éducation des Dames de Nevers; à Grisolles, les
Dames de la Visitation et la Congrégation des Dames Chanoi-
nesses de Saint-Augustin; à Marsac et à Mansonville, les Religieuses de la Croix; à Lachapelle et à Faudoas, les Sœurs de
la Sainte-Famille; à Lavit, à Saint-Arroumex et à Savenez,
les sœurs de l'Ange-Gardien; à Montbeton, les Filles de Jésus;
à Gandalou, commune de Castelsarrasin, les Petites-Sœurs-des-
Champs. Toutes ces congrégations, à l'exception de la dernière,
se livrent à l'enseignement. Les Petites-Sœurs-des-Champs,
de Gandalou, s'occupent de travaux agricoles. Leur institution, éminemment utile et morale, est digne d'être propagée
dans toutes nos campagnes.

Le département de Tarn-et-Garonne, qui n'occupait que le
78e rang dans le classement des départements, est monté au
43e. Mais son instruction est loin encore d'être suffisante. Le
nombre des conscrits ne sachant ni lire ni écrire était, pendant l'année 1867, de 27 %. La proportion des époux qui
n'ont pas signé l'acte de leur mariage a été, dans la même
année, de 38 % pour le département; celle des épouses a été
de 64 %.

STATISTIQUE AGRICOLE.

CULTURES.

La statistique agricole, qui est l'objet spécial de ce travail, ne pouvait présenter plus d'exactitude dans les relevés administratifs que les enquêtes du même genre ouvertes dans le reste de l'Empire. Il est inutile de discréditer par avance ces laborieux documents : pour si justifiées que puissent être les critiques qu'on leur adresse, ils ont leur utilité incontestable, que théoriciens et praticiens ne sauraient méconnaître. Nous aurons soin, autant qu'il dépendra de nous, de signaler les inexactitudes et les imperfections trop sensibles que renferment ces minutieuses constatations. Nos chiffres seront d'ailleurs, il convient de le déclarer, le plus souvent relevés dans les procès-verbaux fournis par les commissions communales, revisés par la commission de statistique d'arrondissement. Mais il ne sera pas toujours facile de raccorder des affirmations contradictoires, de suppléer à des omissions ou de relever des erreurs de calcul, aussi nombreuses qu'inévitables dans un travail de ce genre, et nous comptons aussi sur l'indulgence de ceux qui nous liront, pour nous remplacer ou nous absoudre dans une infinité de cas où la statistique et nous serons en défaut.

L'arondissement de Castelsarrasin se trouve ainsi divisé quant à ses cultures (1) :

NATURE des CULTURES.	BEAU-MONT.	Castel-sarrasin.	GRI-SOLLES.	LAVIT.	MON-TECH.	SAINT-NICOLAS	VERDUN	TOTAL.
Terres labourables, prairies artificielles comprises.	hect. 14,590	hect. 8,780	hect. 7,464	hect. 9,180	hect. 11,241	hect. 10,400	hect. 13,890	hect. 75,545
Prés naturels, pâturages , pacages.	2,501	709	305	1,706	764	1,248	1,675	8,908
Vignes.	2,158	1,989	3,191	2,121	2,819	1,162	2,008	15,448
Bois.	2,354	177	753	2,334	2,780	1,417	1,748	11,563
Jardins	98	48	56	59	76	59	100	496
Vergers.	4	20	28	2	17	140	96	307
autres superficies cultivées et cultivables.	480	216	138	190	54	354	352	1,784
Superficies non cultivables, routes, etc.	458	225	498	205	740	594	686	3,203
Totaux..	22,643	12,164	12,433	15,797	18,491	15,171	20,555	117,254

Il semblerait que ce relevé dût être d'une parfaite exactitude, puisqu'il n'est que la constatation de faits faciles à

(1) Les questions avaient pour objet de déterminer : 1° la division cadastrale ; 2° la division des cultures, d'après l'évaluation des commissions. C'est cette dernière évaluation que nous donnons.

vérifier. Il n'en est rien cependant. La superficie totale, obtenue par l'addition des diverses cultures, n'est pas tout-à-fait la même que celle attribuée par le cadastre à l'arrondissement. Elle est inférieure de près de 5,000 hectares. A moins de refaire la statistique, il est impossible d'indiquer la source réelle des erreurs ou des omissions : quelques communes ont probablement laissé sans réponse des questions mal posées ou incomprises. Comment expliquer, par exemple, les relevés obtenus dans la catégorie des vergers? On comprend généralement dans les vergers, toutes les plantations de noyers, de pommiers, de pruniers et autres arbres à fruit, ainsi que les mûriers, les pépinières et les oseraies. Or, il est des cantons qui n'ont déclaré que 2 ou 4 hectares de vergers, attribution bien évidemment au-dessous de la réalité. Dans un canton, sur 140 hectares déclarés, une commune a dit en posséder 139, en sorte que l'hectare restant représenterait les vergers de quatorze ou quinze communes faisant le complément de ce canton. Le cadastre n'indique pas suffisamment cette catégorie, et il est évident que la plupart des interrogés ont reculé devant la difficulté, ne répondant pas ou répondant ici, comme ailleurs, sans attacher aucune importance à leur réponse.

Nous croyons cependant que les inexactitudes que nous signalons ne changeraient rien aux rapports proportionnels des principales cultures, qui sont à peu près tels que les indique notre statistique.

On peut remarquer que cette division n'est incompatible avec aucune des exigences de l'agronomie progressive. La proportion des prairies artificielles serait peut-être insuffisante ; mais elle n'est pas indiquée dans ce tableau, et cette culture s'étend de jour en jour sur tous les points.

Quoique la plupart de nos anciennes forêts aient été converties en riches cultures, les bois occupent encore dans l'arrondissement une étendue trop considérable. Les meilleurs ont été défrichés et, parmi ceux qui restent, beaucoup ne sont que de maigres pacages, parsemés de bruyères et d'ajoncs marins, à travers lesquels végètent tristement quelques pieds de chêne, et que ravagent, d'un bout d'année à l'autre, les bestiaux et particulièrement les moutons. On aurait tout à gagner à la suppression de ces bois.

L'agriculture repose ici presque entièrement sur les céréales et spécialement sur la culture du froment. Le froment, nourriture providentielle de l'homme, résiste en effet à l'inconstance et aux rigueurs de la température, brave les gelées meurtrières du printemps, les ardeurs torrides de l'été et les pluies ou les glaces de l'hiver. Lorsqu'on ne tient aucun compte de ces conditions locales, il est facile de conseiller d'autres cultures. Mais la vigne ne sort pas toujours triomphante de ses nombreuses épreuves; elle végète imparfaitement dans nos gorges humides et sur nos coteaux élevés, où de froids courants d'air paralysent ses forces. Les racines et les prairies artificielles n'ont pas toujours ici non plus une réussite assurée. Il existe peut-être des remèdes contre ces inconvénients, et c'est le propre d'une agriculture progressive de les trouver et de les appliquer. Mais cela n'est pas nouveau. Ce que l'on conseille dans le sens de ces améliorations est le but poursuivi depuis que l'art agricole existe : augmenter le produit sans augmenter les frais. La difficulté a toujours été là : elle s'est amoindrie par l'ouverture des débouchés, mais elle s'est accrue par l'absence du capital et par la rareté de la main-d'œuvre.

Nous aurons plus d'une fois occasion de revenir sur les fâcheuses conditions de nos campagnes à cet égard. Nous allons donner d'abord les relevés de la statistique de 1862,

qui indiquent les divers produits en céréales de l'arrondissement.

CÉRÉALES ET AUTRES FARINEUX ALIMENTAIRES (1).

Nature des cultures.	QUESTIONS.	BEAU-MONT	Castel-sarrasin.	GRI-SOLLES.	LAVIT.	MON-TECH.	SAINT-NICOLAS	VERDUN	TOTAL DU MOYENNE.
Froment d'hiver.	Nombre d'hectares.	*hect.* 3,874	5,358	2,940	5,850	4,520	5,955	6,477	30,754
	Semence par hectare.	*hectol.* 1 50	1 84	2 25	1 80	1 70	1 70	1 81	1 80
	Produit brut moyen par hect.	*hectol.* 15 00	16 00	17 00	11 85	16 00	14 00	15 00	14 40
	Poids moyen.	*kilos.* 80	78	78	79	79	79	78	78 70
	Produit de la paille par hectare.	*quint.* 10	66	12	100	51	50	60	
	Prix moyen des grains en 1862 (2).	*fr. c.* 21 06	20 91	22 55	19 28	22 00	22 00	21 00	21 25
	Prix de la paille.	*fr. c.* 5 25	5 44	5 00	5 59	4 00	5 00	2 50	5 25

(1) La statistique de 1852 établissait. ainsi qu'il suit, l'étendue de culture
en hectares, la semence, le produit brut et le prix moyen du froment.
Etendue cultivée.......................... 50,194 hectares.
Semence par hectare...................... 1 hecolitre 75 litres.

Produit brut par hectare :

Castelsarrasin................ .... 12 hectol. 86 lit.
Moissac............................ 12   68
Montauban.......................... 11   52
    MOYENNE............ 12 hectol. 28 lit.

Prix moyen................. .... 15 fr. 45 c.
Prix de la paille.................... 1 fr. 96 c. le quint.

(2) Le questionnaire demandait aussi le prix moyen des grains dans les dix
dernières années ; mais les commissaires n'ont donné que le prix moyen en
1862. Le prix moyen en France , de 1846 à 1860 , a été de 21 fr. 38 c., et
de 20 fr. 16 c. de 1861 à 1865 *Congrès des sociétés savantes*, page 12. 1866).

Nature des cultures.	QUESTIONS.	BEAUMONT.	Castelsarrasin.	GRISOLLES.	LAVIT.	MONTECH.	SAINTNICOLAS	VERDUN	TOTAL OU MOYENNE.
Avoine.	Nombre d'hectares.	*hect.* 1,461	551	486	1,363	844	399	628	5,732
	Semence par hectare.	*hectol.* 1 00	2 20	2 33	1 42	2 00	2 00	2 00	1 87
	Produit brut moyen.	*hectol.* 16 00	20 83	28 20	15 78	25 00	20 00	20 00	20 85
	Poids moyen.	*quint.* 47	50	50	50	50	49	50	49 40
	Prix de l'hectolitre.	*fr. c.* 9 00	10 75	10 00	9 12	10 00	9 60	9 50	9 71
	Prix du quintal de paille.	*fr. c.* 2 75	3 60	3 95	3 48	4 50	3 00	2 00	3 52
Maïs.	Nombre d'hectares.	*hect.* 1,096	982	497	502	835	1,148	628	5,688
	Semence par hectare.	*litres.* 30	38	27	28	30	30	30	30
	Produit brut moyen.	*hectol.* 9 00	19 80	15 10	12 62	12 00	17 00	12 00	13 93
	Poids.	*kilos.* 77	71	76	76	80	78	75	76
	Prix moyen de l'hectolitre.	*fr. c.* 15 00	10 75	10 00	9 12	13 00	14 00	12 00	11 98
Pommes de terre.	Nombre d'hectares.	*hect.* 180	217	146	134	687	142	278	1,784
	Semence.	*hectol.* 5 00	5 75	8 36	4 50	5 00	6 00	6 00	5 80
	Produit.	*hectol.* 46 00	49 00	73 00	25 00	30 00	50 00	50 00	46
	Prix.	*fr. c.* 4 00	3 33	3 36	4 17	3 00	4 00	3 75	3 71

Le tableau qui précède suffit à lui seul pour faire apprécier les ressources de notre production agricole. Il peut aider à résoudre les plus importantes questions posées dans le questionnaire, et bien qu'on ne rencontre, ici comme ailleurs, que des calculs approximatifs, bien qu'on eût aimé à être renseigné avec plus de vérité de la part surtout d'un document officiel, il est facile, par son simple examen, de se rendre compte de la situation culturale de l'arrondissement.

On n'accusera pas les commissions d'avoir, dans l'appréciation des produits, obéi cette fois à l'arrière pensée de l'impôt, plus impérieuse souvent que l'amour-propre. Nous croyons, au contraire, que le produit principal, qui est celui du froment, a été plutôt exagéré. Par bonne moyenne on a cru qu'il fallait entendre une année exceptionnellement bonne. On remarquera, à ce sujet, l'écart considérable qui existe entre cette évaluation et celle qui fut faite en 1852. Il est difficile, du reste, de calculer rigoureusement, d'après ce tableau, la moyenne du produit du froment pour les divers cantons. Les communes ont donné une moyenne inexacte, et n'ont pas tenu compte des observations du questionnaire, qui invitaient à calculer les moyennes, en prenant pour diviseur, non le nombre des communes, comme cela a eu lieu, mais le nombre des hectares cultivés. Il nous a fallu accepter les moyennes obtenues d'après ce calcul erroné, lesquelles toutefois ne sauraient s'écarter beaucoup de la vérité. La moyenne, calculée comme le voulait le questionnaire, indiquerait 14 hectolitres 72 litres par hectare : elle dépasserait assez honorablement la moyenne de la région du Sud-Ouest, qui est de 11 hectolitres 27 litres.

On se rapprocherait probablement d'une plus grande exactitude, en portant le produit du froment à 13 hectolitres par hectare, ce qui abaisserait le produit accusé d'un peu plus d'un dixième.

Même avec les chiffres de la statistique, l'arrondissement doit se sentir humilié en regard des résultats obtenus par l'agriculture anglaise, par la Belgique et par la plupart des provinces françaises. La moyenne de la production du froment, dans le département du Nord, est de 24 hectolitres 75 litres, et nous trouvons, dans des relevés pris sur place, qu'un très-grand nombre de propriétaires, depuis que la betterave est entrée dans leurs assollements, ont successivement porté le rendement en froment à 30, 36, 40 hectolitres, et même au-delà. A Denain, arrondissement de Valenciennes, M. Gouvion obtenait déjà, en 1854, sur 54 hectares, 2,280 hectolitres : c'est 42 hectolitres à l'hectare. L'agriculture du département du Nord a encore progressé depuis (1).

Dans des situations aussi dissemblables, on conçoit l'influence que doit avoir le prix de revient.

Mathieu de Dombasle estime que pour produire 14 hectolitres de grains de froment, ce qui est la moyenne générale, il faut dépenser 294 fr., ainsi décomposés :

Loyer du sol......................	45 fr.
Frais généraux....................	52
Travaux de culture................	43
Semences..........................	46
Fumure............................	74
Récolte et battage................	34
TOTAL...........	294
Il faut déduire pour la valeur de la paille.	50
IL RESTE.........	244 fr. qui,

(1) Bonnier. — *Statistique de l'arrondissement de Valenciennes*, 1862. D'après Caton et Varron, les terres de l'Etrurie donnaient quinze fois la semence, évaluée, par Gasparin, à 1 hectolitre 60 litres par hectare, rendant ainsi 25 hectolitres 20 litres aussi par hectare. — Gasparin, *Métayage*, p. 42.

divisés par 14, donnent le prix de 17 fr. à l'hectolitre (1).

Le produit au-dessous de 14 hectolitres et le prix au-dessous de 17 fr., il y a donc perte à cultiver le froment.

Ce calcul a été fait et refait de mille façons : mais il en est toujours résulté que le prix de revient pour le Midi, où la moyenne des produits est si peu élevée, rend fort aléatoire, pour ne pas dire bien peu sûr, l'avenir de nos campagnes, qui n'ont jamais admis que la culture du froment et des céréales, et qui peut-être n'en peuvent admettre d'autre.

La statistique officielle de 1852 établissait, pour le Tarn-et-Garonne, ainsi qu'il suit, les frais de main-d'œuvre pour un hectare de froment :

Journées d'hommes, 21 (évaluées par nous)...	36 f.	75 c.
— de femmes, 19 — ...	23	75
— d'enfants, 12 — ...	12	»
— d'attelages, 12 — ...	72	»
Ajoutons à cela :		
Semence........................	32	»
Fumier.......	50	»
Loyer du sol.....................	50	»
Frais généraux...................	20	«
Intérêts.	10	»
Total des frais d'un hectare de froment...	306 f.	50 c.

On remarquera combien est modérée l'évaluation des travaux et frais de culture dans ce dernier calcul, qui s'écarte peu de celui de Mathieu de Dombasle. La perte nette qui en résulte est celle éprouvée par des agriculteurs qui suivent un assolement progressif sans jachère. Quant à

____

(1) 17 fr. 42 c. *Annales* de Roville).

ceux qui, sur deux ou trois années, ont une rotation de repos, la perte, on le conçoit, est bien plus forte que celle ci-dessus indiquée.

Si l'évaluation des produits en grains, pour le froment, figure à un chiffre presque élevé dans la statistique officielle de 1862, elle est du moins appréciée avec assez de proportionnalité. Il en est tout autrement quant à la production en paille. Celle-ci y figure avec des chiffres tellement impossibles, qu'on a peine à ne pas croire qu'ils aient été altérés. Ainsi, tandis que les cantons de Beaumont et de Grisolles évaluent ce produit à 10 ou 12 quintaux métriques, le reste des cantons le porterait à 110, 61, 60 et 50 quintaux par hectare. Le questionnaire, par le mot paille, entend, pour le Midi, paille et chaume, la tige du froment ne se divisant pas ainsi dans le Nord. Il y a donc erreur manifeste dans ces différentes réponses à une question peu embarrassante. Nous croyons que les cantons, qui ont évalué le produit en paille à 110, 61, 60 et 50 quintaux, ont voulu parler de quintaux, mesure du pays, ce qui ramènerait l'évaluation à 55, 30 et 25 quintaux métriques. La production de la paille avec chaume devant être, d'après nous, en moyenne, de 30 quintaux métriques, nous n'aurions ainsi presque rien à reprendre aux déclarations de plusieurs cantons.

Nous nous serions épargné cette digression, si nous n'avions tenu à prouver combien il serait facile d'éviter des erreurs qui ne proviennent, le plus souvent, que de l'inattention et de l'indifférence avec lesquelles se poursuit encore une œuvre sérieuse, dont l'importance est méconnue.

Le froment de printemps n'est point cultivé dans l'arrondissement.

Quant au méteil, au seigle, à l'orge, la statistique officielle est à peu près muette à l'égard de ces céréales. Le seigle est partout cultivé, mais dans de faibles proportions. Il entre rarement dans les assollements, et, lorsqu'il y joue un rôle, c'est exceptionnellement dans quelques exploitations pauvres et arriérées.

L'orge est aussi fort rare. Elle était autrefois beaucoup plus commune, ainsi que l'attestent les reconnaissances seigneuriales. Elle paraît avoir été remplacée dans l'ancien assollement triennal par l'avoine.

Par rang d'importance, notre deuxième produit dans les céréales est l'avoine. L'arrondissement consacre à cette culture 5,732 hectares, donnant en moyenne 119,132 hectolitres, soit un peu moins de 21 hectolitres à l'hectare. C'est sur les coteaux de la Gascogne, dans les cantons de Beaumont et de Lavit, où l'assolement triennal a été conservé, qu'elle obtient ses principaux produits. Là l'avoine succède au froment: elle est semée sur chaume, vers la fin de septembre: un simple et léger labour la recouvre. Après sa récolte, la jachère devient indispensable. Cette culture superficielle explique la différence du rendement entre ces cantons et ceux de la rive droite de la Garonne, où l'avoine reçoit les mêmes soins que le froment, et rentre dans les conditions d'un assolement moins épuisant.

Le produit en paille d'avoine est une énigme de la statistique. Cette paille étant plus courte et plus légère que celle du froment, on peut l'évaluer au tiers de ce dernier produit, soit à 10 quintaux métriques par hectare. L'avoine, dont le poids moyen est de 49 kilogrammes, est loin d'être entièrement consommée sur les lieux. Elle devient l'objet d'une exportation considérable.

Le maïs tient aussi, dans les cultures de l'arrondissement, une grande place. La contenance cultivée en maïs est de 5,688 hectares, la même à peu près que celle consacrée à l'avoine. Malgré le discrédit qu'ont essayé de jeter sur le maïs quelques agronomes étrangers à notre Midi, cette plante, précieuse à tant de titres, tend de plus en plus à s'introduire dans nos assolements. Elle suit la progression de l'élevage et de l'engraissement. Elle nourrit au besoin, et sans inconvénient, non-seulement les travailleurs, mais encore tous les animaux de la ferme indistinctement. En été, lorsque le bœuf fatigué, sans forces et presque épuisé, rentre, sur le midi, après avoir accompli son pénible labour, le bouvier n'a qu'un mets pour stimuler son appétit, c'est le maïs vert en fourrage. Rien ne remplacerait, dans notre climat brûlant, cette nourriture, aussi rafraîchissante que substantielle. Aussi est-ce à juste titre que nos laboureurs l'estiment plus que toute autre, professant pour elle comme un culte. La terre par excellence, dans nos campagnes, est la terre à blé et maïs, c'est-à-dire celle qui peut admettre l'assollement biennal de maïs et froment indéfiniment. Car le maïs, tant aimé, est cependant une plante épuisante, qui ne se plaît que dans les sols riches, améliorés et fumés, profonds, mais ni trop siliceux ni trop argileux.

Il est remarquable que le cultivateur de la rive gauche de la Garonne ne cultive guère que le maïs blanc, tandis que sur la rive droite le maïs à grain roux est adopté presque exclusivement. Il est difficile d'expliquer par les conditions du sol ou de la culture cet usage. Le maïs blanc s'assimile plus facilement avec le froment, et peut-être le mélange plus ordinaire de ces farines est-il, sur la rive gauche, qui a adopté le maïs blanc, le motif de sa préférence.

Cette question du maïs roux et du maïs blanc comparés, rappelle qu'à l'exposition des volailles grasses, ouverte à Paris, les gourmets parisiens ont reproché à nos beaux produits la couleur safran de leur graisse. On avait fait l'engraissement de ces volailles avec du maïs roux, dont la couleur s'était communiquée, et c'est peut-être à l'étonnement qu'en éprouva le jury, que les oies et les canards, si renommés du Midi, durent leur échec ou leur classement peu élevé dans les récompenses.

Après les besoins locaux, il s'exporte une très-grande quantité de nos maïs en Angleterre et en Irlande.

La pomme de terre ne le cède guère au maïs en utilité. Sa culture est répandue dans tous nos cantons, mais plus particulièrement dans les terrains silico-argileux de la rive droite, où elle devient l'objet d'un commerce assez important. La contenance attribuée à cette culture est, pour l'ensemble des cantons, de 1,784 hectares, donnant 46 hectolitres en moyenne par hectare.

La statistique officielle oublie de mentionner une plante, ordinairement rangée dans les céréales : elle est cependant employée dans l'arrondissement, principalement pour l'industrie : c'est le sorgho ou millet à balai (*holcus sorghum*). Il est cultivé dans tous les cantons, et sert à confectionner des balais. Dans le canton de Grisolles il entre comme culture essentielle dans beaucoup d'assollements, et représente souvent le revenu principal de quelques petites exploitations. Sa graine sert seulement à la nourriture des animaux. Le rendement en est de 40 à 50 hectolitres à l'hectare. La paille est utilisée comme celle du maïs. Le bas de la jambe sert aussi, comme celle du maïs, pour chauffage.

Le sorgho à sucre a été cultivé sur divers points comme plante industrielle. Les débouchés lui ayant fait défaut, il a été consommé par le bétail comme fourrage. Mais ses qualités hygiéniques ont été contestées, et d'ailleurs, sous aucun rapport, les avantages de sa culture n'ont paru évidents. On lui a préféré les maïs du pays acclimatés, moins exigeants et végétant comme plante fourragère successivement pendant trois saisons, d'avril en octobre.

CULTURES POTAGÈRES ET MARAÎCHÈRES.

Nature des cultures.	QUESTIONS.	BEAU-MONT.	Castel-sarrasin.	GRI-SOLLES.	LAVIT.	MON-TECH.	SAINT-NICOLAS	VERDUN	TOTAL OU MOYENNE.
Haricots.	Contenance cultivée.	*hect.* 226	114	69	75	99	120	77	780
	Produit par hectare.	*hectol.* 9 50	13 16	11 00	8 19	10 00	8 00	8 00	9 66
	Prix de l'hectolitre.	*fr. c.* 20 00	22 33	23 75	24 69	24 00	22 00	25 00	23 11
Fèves.	Contenance cultivée.	*hect.* 811	166	215	188	173	100	90	1743
	Produit par hectare.	*hectol.* 15 00	15 00	21 00	10 00	12 00	13 00	8 00	13 42
	Prix de l'hectolitre.	*fr. c.* 15 50	15 00	14 75	14 93	14 50	15 10	13 00	14 68

Les lentilles occupent, dans l'arrondissement, 33 hectares, produisant en moyenne 17 hectolitres par hectare, au prix de 30 fr. l'hectolitre.

Les pois secs sont cultivés dans 150 hectares, produisant en moyenne 12 hectolitres par hectare, au prix de 22 fr. l'hectolitre.

Les choux, les carottes, les navets, les panais, les courges, les citrouilles, les melons, les asperges, les artichauts sont cultivés sur tous les points de l'arrondissement; mais la statistique officielle n'a pu préciser ni l'étendue ni l'importance de ces cultures. Le produit en est généralement absorbé par le marché local ou consommé par le producteur.

La place des fèves eût été plutôt au premier rang des produits légumineux, que l'on eût pu distinguer des produits maraîchers. Cette culture fournit une des ressources principales de l'agriculture méridionale. Elle est admise dans les assolements les plus variés, avec tendance marquée à augmenter son terrain. C'est elle qu'affectionnent particulièrement les engraisseurs. La fève entre aussi dans la composition du pain de nos cultivateurs, et n'y apporte aucun élément de dépréciation. Mangée en vert, elle devient, au printemps, le fondement de l'alimentation de nos campagnes, et le gourmet de nos villes ne la dédaigne en aucune façon sur sa table.

Sous certains rapports, la fève est bien préférable au maïs. Elle n'est ni encombrante ni épuisante. Plante sarclée, elle nettoie le sol et le laisse toujours dans l'état de fertilité où elle l'a trouvé : il n'en est pas de plus sobre ni de moins exigeante. Elle aime cependant les terres fortes et substantielles. Voici le bel éloge qu'en fait M. Léonce de Lavergne : « Chez les anciens, on avait presque divinisé la fève : deux fois plus nourrissante que le froment, à poids égal, elle mérite par sa constitution chimique le nom de viande végétale, et comme elle a la propriété de puiser dans l'atmosphère la plupart de ses éléments, elle charge très-peu le sol (1). »

Les haricots entrent pour plus encore dans l'alimentation de nos populations rurales. Le haricot cultivé dans le pays est à graine plate, blanche, de moyenne grandeur, à gousses allongées et recourbées. Il est mangé en vert et à l'état sec. Cette culture affectionne les terrains argilo-siliceux, mais néanmoins substantiels et plutôt humides que brûlants.

Les pois, les lentiles ont, dans l'arrondissement, beaucoup moins d'importance.

Les choux commencent à entrer dans nos assolements commo nourriture d'hiver pour le bétail. La rave (turneps)

____

(1) Léonce de Lavergne. — *Economie rurale en France*, page 344.

couvre aussi de nombreux champs, comme culture dérobée, et sert à l'alimentation de l'homme et des animaux.

Les cultures maraîchères proprement dites tendent à s'augmenter et sont principalement, dans nos chefs-lieux de canton, l'objet de marchés considérables. Nos primeurs cherchent à s'ouvrir un débouché sur Paris.

Le canton de Grisolles se livre avec profit, et sur une assez vaste échelle, à la culture des artichauts : le voisinage des villes de Toulouse et de Montauban l'y invite. Il est difficile d'apprécier l'importance de cette exportation.

La vesce et la jarosse sont cultivées un peu partout.

CULTURES INDUSTRIELLES ET OLÉAGINEUSES.

Nature des cultures.	QUESTIONS.	BEAU-MONT.	Castel-sarrasin.	GRI-SOLLES.	LAVIT.	MON-TECH.	SAINT-NICOLAS	VERDUN	TOTAL OU MOYENNE.
Colza.	Contenance cultivée.	*hect.* 14	90	76	2	43	19 50	36	280 50
	Produit par hectare.	*hectol.* 8 00	19 50	15 80	21 50	10 00	16 50	25 02	16 50
	Prix de l'hectolitre.	*fr. c.* 28 25	27 00	24 83	27 00	25 00	25 00	25 00	26 01
Lin.	Contenance cultivée.	*hect.* 113	111	68	52	167	108	161	780
	Produit par hectare.	*hectol.* 9 00	15 00	9 50	4 43	7 00	8 00	7 00	8 27
	Prix de l'hectolitre de graine.	*fr. c.* 28 00	26 66	29 00	26 36	27 50	24 00	28 00	27 07
	Produit en filasse.	*kilos.* 542	373	346	290	390	360	415	388
	Prix de la filasse.	*fr. c.* 1 08	0 75	1 05	1 00	1 00	1 20	1 00	1 01

Nature des cultures.	QUESTIONS.	BEAU-MONT.	Castel-sarrasin.	GRI-SOLLES.	LAVIT.	MON-TECH.	SAINT-NICOLAS	VERDUN	TOTAL OU MOYENNE.
Chanvre.	Contenance cultivée.	*hect.* 17	58	»	0 66	25	8	»	108
	Produit par hectare.	*hectol.* 9 50	15 40	»	10 00	5 00	11 00	»	
	Prix de l'hectolitre de graine.	*fr. c.* 23 20	22 66	»	21 50	25 00	24 00	»	
	Filasse.	*kilos.* 422	533	»	375	400	500	»	
	Prix.	*fr. c.* 1 04	0 78	»	1 00	1 00	1 20	»	
Soie.	Hectares plantés en mûriers.	*hect.* »	9	8	2	2 50	»	»	21
	Feuilles quintal métriq.	*quint.* »	2,400	1,116	100	1,800	»	»	
	Prix du quintal.	*fr. c.* »	1 10	1 05	»	1 07	»	»	
	Graine employée par once de 25 grammes.	*onces.* »	183	54	»	145	»	»	
	Prix de l'once.	*fr. c.* »	9 40	11 50	10 00	12 00	»	»	
	Poids moyen des cocons d'une once.	*kilos.* »	24	30 50	30 00	30 00	»	»	
	Prix du kilogr. de cocons.	*fr. c.* »	7 60	7 50	8 00	5 50	»	»	

Les plantes industrielles et oléagineuses sont un peu en retard dans l'arrondissement.

De temps immémorial, les lins et les chanvres ont été cultivés pour l'entretien et les besoins domestiques. Mais l'avenir a d'autres prétentions, et le colza devient une spéculation agricole appelée à tenir une place importante dans les conditions nouvelles de notre agriculture. Sa culture prend un développement, que les mécomptes des produits en céréales activent et que provoquent tous nos agriculteurs amis du progrès. La statistique semble avoir méconnu son importance même actuelle. Les enquêtes de 1852 n'attribuent cependant au colza que 54 hectares pour l'ensemble de nos cantons, tandis que, d'après le tableau ci-dessus, 280 hectares lui seraient consacrés.

Le lin est encore la principale de nos plantes industrielles; il n'occupe pas moins de 780 hectares.

Le chanvre, aussi précieux que le lin, est une culture traditionnelle, qui semble être dans une période plutôt décroissante qu'ascendante. Elle ne s'étend guère au-delà des besoins des producteurs.

L'œillette, la cameline, la navette, le houblon, le pastel, la gaude, la cardère, le safran, la chicorée, ne sont pas connus ou ne sont cultivés que par très-rare exception. La garance a été essayée dans la commune de Labastide-Saint-Pierre, canton de Grisolles.

Le tabac n'est pas cultivé. L'autorisation, indispensable pour cette culture, est inutilement réclamée, tous les ans, par le conseil général du département. Avant 1789, le tabac était un produit estimé de nos plaines.

Les cantons de Castelsarrasin, de Grisolles, de Montech et de Lavit ont seuls déclaré produire de la soie. Il existe, dans l'ensemble de ces cantons, de trente à quarante petites éducations. Mais de combien est déchue aujourd'hui cette industrie, autrefois si prospère dans nos campagnes. Tous nos grands domaines avaient, il y a un siècle, leur magnanerie, entretenue par de belles plantations de mûriers. Ces mûriers ont disparu, et l'élève du ver-à-soie, languissant et malade, s'est réfugié dans le rayon du chef-lieu du département, où des soins persistants l'honorent et s'efforcent encore de le faire prospérer.

Dans les nombreuses cultures industrielles énumérées par la statistique officielle, les agriculteurs de l'arrondissement se sont étonnés de ne point trouver quelques produits, source de revenus considérables pour nos exploitations.

L'ail, si discrédité par les gourmets du Nord, est une plante chère à notre agriculture. Le canton de Beaumont n'évalue pas à moins de 300,000 fr. le revenu de son ail. Cette plante, d'après une étude faite sur les lieux, étude qui a mérité un prix académique, peut facilement obtenir un revenu brut de 700 fr. par hectare (1). Avec de bonnes chances et en bonne année, il n'est pas impossible que le produit de l'ail couvre la valeur du terrain sur lequel il a été récolté.

La graine de trèfle, oubliée aussi par la statistique, est devenue, depuis quelques années, une branche lucrative de notre industrie agricole. La seconde coupe des trèfles, réservée pour la graine, ne mûrit pas partout, et la faveur dont jouit à cet égard notre climat a été aperçue par les publicistes qui ont étudié notre économie rurale (2).

Le noyer et l'amandier ne sauraient figurer dans nos cantons au nombre des plantes industrielles : ils ne sont cultivés que pour la consommation de leurs fruits.

(1) *Mémoire sur la culture de l'ail,* par M. Rossel, couronné par la Société des sciences, agriculture et belles-lettres de Montauban, 1864.

(2) Léonce de Lavergne. — *Economie rurale en France,* page 557.

ARBORICULTURE (1).

L'arrondissement possède encore 11,563 hectares de bois;
il en était presque entièrement couvert dans le moyen-âge.
Sur la rive droite de la Garonne, l'immense forêt d'Agre,
dont les forêts de Courbieu, de Gandalou, le ramier de Castelsarrasin, la forêt de Saint-Porquier, celle de Montech, ne
furent plus tard que les démembrements, s'étendait depuis
les bords du Tarn, près Moissac, jusqu'à Saint-Jory, au-delà
de Saint-Rustice (l'antique *Sylva Agra*). Depuis un demi-siècle
ont été défrichées aussi les forêts de Verdun et de Grandselve
qui, sur la rive gauche, recouvraient une partie des cantons
de Verdun et de Beaumont. La forêt de Montech est le seul
reste de ce grand héritage forestier des anciens comtes de
Toulouse; elle appartient encore au domaine. Son étendue
est de mille huit cents hectares.

La plupart des bois existants appartiennent à des particuliers. Le chêne est l'essence dominante de ces bois, qui ne sont
exploités que pour le chauffage. Les hautes futaies n'existent
que par très-rare exception. L'arrondissement ne possède
guère aujourd'hui d'autre bois de construction que le peuplier.

L'orme, le frêne, le noyer, le cerisier, se trouvent autour
des héritages plutôt comme agrément que comme revenu. Le

(1) Cette expression, peu ancienne dans le langage agricole, comprend
toutes les plantes ligneuses : l'arboriculture forestière et industrielle, l'arboriculture fruitière et ornementale.

saule seul est l'objet d'un commerce appréciable. Il suffit à la tonnellerie locale et à la fabrication de nombreux sabots. Les bords de la Garonne ont beaucoup de saules qui s'exportent. L'osier s'y cultive aussi avec succès, et tend, depuis peu d'années, à se développer. Nous connaissons des domaines où l'oseraie donne déjà un produit brut de dix mille francs. Mais le peuplier est, sur les bords de notre grand fleuve, l'honneur et la richesse de nos végétations. On connaît plusieurs variétés de peupliers : celui d'Italie à l'écorce rugueuse : le peuplier noueux et rustique : le peuplier blanc à écorce lisse, connu dans un assez grand rayon sous le nom de peuplier de Castelsarrasin : enfin le peuplier de la Caroline, cet arbre unique et sans rival, qui a détrôné dans nos plaines toutes ces variétés autrefois si répandues. Le peuplier a toujours été avantageusement cultivé sur ces rives, et il y a bien long-temps que l'on a dit de nos paysans qu'ils plantaient ainsi la dot de leur fille lorsque celle-ci naissait. Les plantations de peupliers de la Caroline sont modernes. Elles se mul-tiplient en tous lieux, mais elles s'étalent surtout, symétri-quement et en quinconces, sur les bords de la Garonne, auxquels elles donnent des perspectives imposantes et sans comparaison possible, laissant, en effet, comme végétation naturelle et sans apprêt, bien loin après elles les rivages les plus vantés de l'Empire.

Comme produit, la culture du peuplier de la Caroline, dans une bonne terre d'alluvion, est supérieure à toute autre. 200 peupliers contenus dans un hectare et espacés de 6 à 8 mètres peuvent facilement valoir 6,000 fr. à 20 ans, et cela sans autres frais que ceux de plantation. Jusqu'à 4 et 5 ans, le peuplier admet des récoltes intercalaires. Après cet âge, on peut trouver encore sous son ombre un assez bon pacage. Son émondage donne aussi du revenu tous les 3 ou 4 ans.

Les pépinières de Castelsarrasin sont l'objet d'une industrie lucrative, et exportent assez loin une quantité considérable de jeunes peupliers.

L'arboriculture fruitière, jusqu'à présent simple agrément de nos résidences rurales, a devant elle les plus brillantes perspectives comme industrie sérieuse et lucrative. Des débouchés, aussi commodes que rapides, sollicitent aujourd'hui ces beaux produits, privilége de notre sol et de notre climat. Leur écoulement facile a provoqué, depuis quelques années, la plantation de nombreux pruniers, abricotiers, pêchers. Après Montauban et Moissac, Castelsarrasin va devenir le centre d'expéditions nombreuses de fruits de toute espèce, de primeurs, de raisins hâtivement mûris par notre soleil.

Le département s'est installé en pleines halles parisiennes. Le seul droit perçu dans ces halles, sur le produit de la vente des fruits et des légumes, est de 5 p %. Les forts de la halle, pour déchargement, ont 5 centimes par colis jusqu'à 25 kilos, et 10 centimes de 25 à 75 kilos ; et pour le pesage 5 centimes par 50 kilos quand la marchandise est vendue au poids. Les facteurs spéciaux sont responsables et demeurent chargés de la vente ainsi que du prix net dont ils font l'envoi immédiat à l'expéditeur.

Par ces facilités, les produits de notre arboriculture fruitière, naguère insignifiants, sont à la veille d'être un des bons revenus de notre industrie agricole. Ils prendraient un bien plus grand développement sans les frais exagérés de transport et les droits d'octroi.

La plupart des communes de l'arrondissement, ne comprenant pas encore l'avenir de l'arboriculture fruitière, se sont dispensées de répondre aux demandes posées dans le questionnaire. Aussi est-il impossible d'indiquer, même approximativement, l'importance de cette production.

Le pêcher et le prunier sont, de tous nos arbres à fruit, ceux qui paraissent le mieux s'approprier à nos terres et à notre climat. Le pommier est un arbre des montagnes, et les cantons des coteaux de la Gascogne se plaisent seuls à le cultiver.

Le noyer et le châtaignier recherchent aussi les coteaux. Le poirier, le cerisier, l'amandier, viennent bien partout. Le figuier donne presque sans soins des fruits exquis. Séchées comme la prune, nos figues se conservent pendant toute l'année et sont servies sur nos tables les plus modestes.

La culture des fleurs et des plantes ornementales se répand jusque dans nos plus modestes hameaux. Partout ce luxe, charme innocent de la vie rurale, entre dans les habitudes et comme dans l'éducation. Nulle part la floriculture n'est plus en honneur que dans ce département. Les serres et les jardins renommés du chef-lieu sont l'objet d'un commerce actif et étendu. De brillantes expositions ont lieu chaque année, préparées par les soins d'une Société départementale, que protègent gracieusement des dames sous le patronage de Sa Majesté l'Impératrice, et que dirigent habilement des notabilités éclairées et pleines de dévouement. C'est à cette Société, chère à tous nos cantons, que nous devons la propagation de ces goûts élevés, et que Montauban doit l'utile établissement de son jardin d'horticulture et d'acclimatation, attrait nouveau ajouté à tant d'avantages qui recommandent déjà le séjour de cette ville, si heureusement située.

VIGNE.

La vigne couvre, dans l'arrondissement, une étendue de
15,466 hectares, ainsi répartis :

Beaumont....... 2,172, produisant 11ʰ 50ˡ par hectare.
Castelsarrasin.... 1,991 — 17 50
Grisolles........ 3,137 — 16 45
Lavit.......... 2,117 — 9 38
Montech....... 2,820 — 15 27
Saint-Nicolas. ... 1,219 — 13 »
Verdun........ 2,040 — 10 »

TOTAL.... 15,466 MOYENNE. 13ʰ 30ˡ par hectare.

D'après les évaluations portées dans la statistique officielle, les 15,466 hectares, multipliés par une moyenne de
13 hectol. 30 lit., donnent un produit de 205,697 hectolitres
80 litres qui, au prix moyen de 19 fr. 75 c., représente
une valeur de 4,062,531 fr. 55 c., soit 262 fr. 67 c. par
hectare.

D'après la statistique de 1852, la contenance cultivée était
alors de 15,106 hectares, donnant seulement un produit de
9 hectolitres 64 litres, dont le prix ne dépassait pas 9 fr.
l'hectolitre, ce qui, dans la totalité, réalisait un produit brut
de 1,300,000 fr. Le produit de la vigne aurait ainsi triplé
dans dix ans. Pour si improbable que soit ce résultat, nous

croyons que l'évaluation de 1862, qui est la plus rapprochée de nous, n'a rien d'exagéré (1).

Aucune autre culture, dit le docteur Guyot (Rapport au Ministre sur l'agriculture du Centre-Sud, pag. 136 et suiv.), n'atteint un rendement moyen aussi considérable. Elle peut nourrir plus de 4,000 familles, représentant le cinquième de la population de l'arrondissement.

Si on compare cette culture à celle du froment, on trouve que les 30,754 hectares de froment cultivés dans l'arrondissement, à 11 hectolitres 20 litres par hectare, semence déduite, donnent 344,444 hectolitres qui, au prix moyen de 18 fr., représentent une valeur de 6,199,992 fr., soit 201 fr. 60 c. par hectare. Mais le froment ne revient qu'à des périodes de deux, trois ans et plus, et les récoltes intercalaires ne sont jamais l'équivalent de la production en froment. En tenant compte de cette appréciation, l'œnologue dont nous invoquons l'autorité n'évalue qu'à 140 fr. le revenu brut de la culture du froment, tandis que la vigne, sans exiger des frais aussi élevés, obtiendrait un revenu brut du double.

Le rendement de la vigne ressort avec autant d'avantage lorsqu'on le compare au produit des prairies, qui n'est que de 175 fr. par hectare.

Dans toutes les hypothèses, la vigne est la plante providentiellement dévolue au Midi. Elle est loin d'y être encore cultivée avec tout le développement que sollicitent l'extension des débouchés et les besoins de la consommation. L'arrondissement de Castelsarrasin réclame cependant, dans un prochain avenir, une bonne place dans la production du vin alimentaire et hygiénique. « Il n'est pas possible, dit le doc-

(1) Ce prix paraîtrait trop élevé si on le compare aux prix d'une époque où la vigne était si discréditée; mais il représente exactement la moyenne des dix dernières années.

teur Guyot, de trouver en France un meilleur climat pour la vigne ; à l'abri des ardeurs torrides qui donnent les bons vins de liqueur des Pyrénées-Orientales, de l'Hérault et les gros vins de couleur et d'esprit de l'Aude, le Tarn-et-Garonne produit de bons vins, de très-bons vins, etc. » — (Pag. 144 et 145 de son Rapport déjà cité).

Malheureusement, de nombreux obstacles s'opposent à l'extension si naturelle de cette culture. Il semble que de tout temps les gouvernements aient pris à tâche de contrarier l'expansion de la vigne. Autrefois, des lois sévères limitaient la contenance qu'il était permis de lui accorder (1). D'autres lois, non moins restrictives, empêchaient absolument la circulation de ses produits. Tout cet arbitraire suranné est loin d'avoir disparu. Les ordonnances draconiennes de Charles IX, les statuts locaux si arbitraires de Bordeaux et des autres villes ont été remplacés, sinon dépassés, par nos douanes et nos octrois. Des sophistes ont prétendu même justifier théoriquement ces mesures, et ont voulu les concilier avec les idées de libre-échange dont ils sont les promoteurs.

Si cependant les pays à vignobles pouvaient, avec confiance, se livrer à la production du vin, cette denrée presque aussi indispensable que le pain, le problème de notre agriculture serait résolu. Nous n'aurions rien du moins à envier au Nord. Mais de nombreux parasites veulent continuer de vivre aux dépens de la vigne. Aussi les vastes projets de plantation, éclos au souffle ardent du patriotisme et de l'intérêt, ont-ils besoin d'être contenus, ajournés peut-être, sans quoi nous entrevoyons des mécomptes et des regrets inévitables. Il faut de la prudence, et nous la conseillons.

(1) Un arrêt du Conseil du 5 juin 1731 défendait encore les nouvelles plantations de vignes sans la permission expresse de Sa Majesté.

Avant de donner aveuglément dans cette culture, il faut attendre plus de sincérité chez ceux qui ont la prétention de connaître et de sentir nos maux mieux que nous-mêmes, et à qui nous répéterions volontiers ce mot célèbre : Vous voulez être libres, et vous ne savez pas être justes !

Dans le classement de ses vins, l'arrondissement recommande à bon droit les crus de l'Aronne et de Goyne dans Castelsarrasin: ceux de Labastide-du-Temple, même canton: ceux de Lavilledieu, canton de Montech, et les crus de Campsas et d'Orgueil, canton de Grisolles. Il n'est pas, d'ailleurs, de canton qui ne se trouve dans de bonnes conditions viticoles et qui, grâce aux soins d'habiles viticulteurs, ne puisse réclamer au même titre en faveur de ses produits.

On reproche au département d'avoir peuplé ses vignobles de cépages trop variés. Le docteur Guyot en a compté dans les plantations seules de Lavilledieu, de Montbeton et de Lacourt-Saint-Pierre jusqu'à soixante variétés. Les qualités de ces différents cépages sont souvent très-opposées et jurent de se trouver réunies. Ainsi l'on rencontre le plus communément le malbec, noir de Pressac ou côte rouge, le bouyssalès, le bordelais, le morillon et le négret, cépages des climats tempérés et essentiellement hâtifs sous notre soleil, en compagnie des pic-poules, du perpignan, mataro ou marastel, cépages des pays chauds, et qui ne mûrissent dans nos vignobles qu'imparfaitement ou très-tard. Un choix plus restreint, mais judicieusement fait, suffirait pour faire obtenir à nos vins une finesse qu'ils n'ont pas et un meilleur classement dans la production générale. Le bordeaux-médoc n'est-il pas presque exclusivement produit par le carbenet, de même que c'est le pineau-noirien qui fait à peu-près seul le fin bourgogne (clos Vougeot).

Indépendamment des vins obtenus par une première cu-

vaison, l'arrondissement fabrique des vins faibles de 2ᵉ et de 3ᵉ
cuvaison, fort estimables. Ce sont ces demi-vins et ces piquettes
qui suffisent à l'alimentation des classes ouvrières. Beaucoup
de producteurs, même aisés, se contentent aussi volontiers de
cette boisson pendant l'hiver. Le vin étant décuvé, on fait le
demi-vin en versant dans la cuve environ un quart d'eau
comparativement au vin obtenu. Après le demi-vin on obtient
de la même façon d'abord une première piquette, puis successivement autant de piquettes par le même mode que les
besoins de l'exploitation et du ménage l'exigent. Un bon demi-
vin a, dans le commerce local, moitié valeur du vin. Une
bonne piquette vaut moitié moins que le demi-vin.

Même après ces nombreux lavages, le marc ou résidu est
utilisé pour le bétail et particulièrement pour les moutons,
dont il devient une excellente nourriture poussant à l'engraissement. Ce résidu sert aussi comme engrais dans la culture
des racines, des pommes de terre, de la betterave.

La culture des raisins fins de table a pris, depuis la création
des voies ferrées, une grande extension, notamment dans les
cantons de Castelsarrasin, de Montech, de Grisolles et de
Verdun. Expédiés, soit en paniers, soit en boîtes, ces raisins parviennent, en moins de 20 heures, sur les marchés
de Paris, où ils sont immédiatement vendus à la criée. Les
prix obtenus ont, jusqu'à présent, varié entre 40 et 80 fr. le
quintal métrique. Les chasselas blancs sont les raisins recherchés pour ces expéditions; ils se confondent dans la
capitale avec les chasselas de Montauban. C'est un des plus
brillants aspects de notre agriculture, et l'avenir est plein
de promesses pour cette industrie spéciale, non moins que
pour tous nos fruits. Mais là, malheureusement, se retrouvent
encore les exigences de l'octroi et des tarifs de toute sorte.
Un quintal de chasselas ne parvient pas au consommateur

parisien sans avoir acquitté plus d'un droit, souvent en disproportion avec le prix d'achat.

Voici les frais perçus sur 100 kilos de chasselas, expédiés de Castelsarrasin à Paris (train express, tarif spécial) :

Droits de factage sur 50 fr., à 5 p. °/₀.	2 f.	50 c.
Voiture ou transport...............	17	50
Pourboire.	»	50
Octroi........................	5	»
Poids public (10 colis)...........	»	50
Décharge (10 colis).............	»	50
Ramassage des colis (10 colis).....	»	50
Correspondance................	»	»
TOTAL............	27 f.	» c.

La vigne, en très-grande faveur aujourd'hui dans nos cantons, a reçu, depuis quelques années, une extension considérable, dont la statistique officielle n'a pas tenu entièrement compte. Son produit a plus que doublé sous l'influence des nouveaux débouchés et par l'initiative de quelques viticulteurs intelligents du chef-lieu, qu'ont inspirés les leçons d'un expérimentateur dont le nom populaire est justement honoré aujourd'hui de tous les viticulteurs français. C'est de la visite du docteur Jules Guyot et des expériences par lui démontrées sur place, c'est de son contact chaleureux que date l'essor de notre viticulture. Nous lui devons déjà l'augmentation de nos produits, nous lui devrons aussi bientôt la réputation de nos vins (1).

(1) Que ne puis-je exprimer ici, avec la reconnaissance du pays, mes sentiments personnels de profond respect et de sincère amitié pour ce savant, qui a tant fait pour la viticulture, qui a sacrifié sa santé au service des intérêts publics, et qui lutte encore héroïquement contre un mal cruel pour mener à bonne fin son ampélographie monumentale.

FOURRAGES.

PRODUCTION FOURRAGÈRE ET RACINES.

QUESTIONS.	BEAU-MONT.	Castel-sarrasin.	GRI-SOLLES.	LAVIT.	MON-TECH.	SAINT-NICOLAS	VERDUN	TOTAL OU MOYENNE
Prés naturels à faucher.	*hect.* 2,189	496	337	1,586	685	1,083	1,047	7,423
Prés à pâturer.	*hect.* 311	1	44	103	92	58	364	973
Produit en quintaux métriques.	*quint.* 31	40	44 66	29	46	35	25	34 31
Prix d'un quintal de foin.	*fr. c.* 7 00	10 16	9 10	10 00	10 00	8 00	8 00	8 89
Prés irrigués.	*hect.* 10	7	»	58	»	»	»	75
Pacages.	*hect.* 128	183	»	217	»	»	»	528
Prairies artificielles. Trèfle.	*hect.* 130	291	252	107	193	162	127	1,262
Produit.	*quint.* 36	46	48 50	28 50	45	38	38	
Prix.	*fr. c.* 7 80	7 40	6 60	5 29	7 00	6 00	6 00	

QUESTIONS.	BEAU-MONT	Castel-sarrasin.	GRI-SOLLES.	LAVIT.	MON-TECH.	SAINT-NICOLAS	VERDUN	TOTAL OU MOYENNE
Sainfoin.	*hect.* 182	49	»	166	30	69	36	532
Produit.	*quint.* 54	59	»	52 50	39	60	40	
Prix.	*fr. c.* 5 40	7 40	6 60	5 29	7 00	6 00	6 00	
Luzerne.	*hect.* 312	173	364	146	226	51	158	1,430
Produit.	*quint.* 34	70	60	44	48	45	37	
Prix.	*fr. c.* 4 72	8 20	8 10	9 70	8 50	11 00	6 00	
Vesces.	*hect.* 32	165	120	231	450	207	83	1,306
Produit.	*quint.* 26 50	55	48 50	32	52	80	36	
Prix.	*fr. c.* 4 00	5 00	4 84	4 50	6 00	4 00	6 00	
Mélanges.	*hect.* »	113	100	6	17	26	74	336
Produit.	*quint.* »	56	36	50	55	58	55	
Prix.	*fr. c.* »	6 00	5 50	3 50	6 50	5 50	5 00	
Racines. Betteraves.	*hect.* 7	104	»	2	19	4	4	140
Produit.	*quint.* »	96	»	120	»	350	600	
Prix.	*fr. c.* »	2 25	»	2 50	1 50	1	»	

La contenance attribuée aux prés naturels dans le tableau qui précède, ne donnerait pas une idée trop défavorable de l'arrondissement, si le relevé des produits n'indiquait l'état un peu trop stationnaire de cette culture. D'ailleurs, les trois quarts peut-être de ces prés sont inondés périodiquement tous les ans et recouverts par nos rivières d'un sable fin, qui en compromet la récolte. Leur fertilité naturelle devient ainsi impuissante devant une incurie que les idées de progrès n'ont pu vaincre. Aucun des cours d'eau qui bordent ces 8,000 hectares de prairies n'est encore endigué. 270,000 quintaux de foin, le plus souvent avarié, tel est le produit unique des plus riches terres de l'arrondissement.

Pour être juste, il faut signaler plusieurs projets d'amélioration de nos rivières et le développement prononcé que prend de jour en jour la culture des prés artificiels, notamment de la luzerne, appelée dans le langage du Sud-Ouest sainfoin, plante admirablement appropriée à notre sol, et dont on a dit que le pays qui la possédait n'avait rien à envier à aucun autre.

La betterave entre à peine dans quelques assolements progressifs. Sur 140 hectares accusés par la statistique, le canton de Castelsarrasin, à lui seul, en cultive 104, produisant environ 200 quintaux métriques par hectare.

On doit remarquer dans les relevés officiels l'absence du meilleur et du plus précieux de nos fourrages, de ce maïs objet des préférences de nos cultivateurs, et qui devient, pour la généralité de nos exploitations, pendant la saison la plus rude, une ressource alimentaire inappréciable. Nous ne saurions évaluer ce fourrage à moins de 200,000 quintaux métriques, représentant une valeur de 200,000 fr. Le questionnaire, rédigé pour le Nord et par des théoriciens du Nord, ne réclamait aucune réponse catégorique à ce sujet; mais les com-.

missaires qui n'ignoraient point, eux, l'importance de cette production, auraient pu remplir aisément cette regrettable lacune.

La statistique aurait pu encore mentionner l'emploi, comme fourrage, des branches et feuilles d'arbres, tels que l'orme, le peuplier, le saule, si utilement et si généralement réservées pour l'hiver. Cet approvisionnement se fait d'ordinaire avant que la sève se soit retirée, à l'approche de l'automne, vers le milieu de septembre. Tous nos bestiaux mangent avidément ce fourrage, mais l'espèce ovine en profite plus particulièrement.

Les prés irrigués sont très-rares. Là est cependant l'avenir. Nous parlerons un peu plus loin des projets d'irrigation conçus par nos ingénieurs.

Quinze cents hectares de mauvais pacages ou prés pâturés attestent un reste de nos routinières habitudes, et démontrent tout le chemin qu'il nous reste à faire dans les améliorations agricoles. Le plus grand obstacle à l'adoption des assolements à fourrages est le maintien de l'assolement traditionnel biennal ou triennal. Depuis vingt ans, cependant, la culture fourragère a ici plus que triplé. La statistique accuse, seulement pour la luzerne, une culture de 1,430 hectares, et probablement, au moment actuel, cette culture est bien plus étendue. La voie est largement tracée, et chacun s'empresse de la suivre; mais une barrière sérieuse pour tous, presque infranchissable pour la plupart, arrêtera forcément cet heureux progrès : c'est le climat, c'est notre soleil, c'est notre été, dont les rigueurs pourraient s'affaiblir, mais non disparaître entièrement devant les beaux projets d'irrigation conçus pour nos plaines.

JACHÈRES MORTES.

La jachère morte passe, aux yeux de beaucoup d'agronomes, pour le passif de l'agriculture et l'indice de son peu de progrès. Cependant Virgile avait dit, même en recommandant la culture alterne :

> Sic quoque mutatis requiescunt fœtibus arva ;
> Nec nulla interea est inaratæ gratia terræ (1).

Il existe encore, dans l'arrondissement, 15,890 hectares de jachères, occupant le 8e de sa superficie totale et le 5e de ses terres arables.

Voici la division de ces jachères par canton :

Beaumont.	3,678 hect.
Castelsarrasin.	1,592
Grisolles.	1,256
Lavit.	2,381
Montech.	2,229
Saint-Nicolas.	1,219
Verdun.	3,535
Total.	15,890 hect.

(1)   La terre ainsi repose en changeant de richesses,
Mais un entier repos redouble ses largesses.
(*Géorgiques*, liv. I, trad. Delille.)

Dans les communes les plus avancées dans le progrès, ces jachères font place à des cultures alternes. La vallée de la Garonne n'a presque plus de jachères, qu'elle remplace par des prairies artificielles, par des racines et par des plantes améliorantes. Il faudrait cependant ne pas exagérer les qualités de ces plantes prétendues améliorantes. Elles ne se nourrissent pas exclusivement de l'atmosphère, et nous n'en connaissons pas, quant à nous, qui n'épuisent le sol plus qu'elles ne l'engraissent. Quoi qu'il en soit, la culture intensive envahit de jour en jour nos plaines fertiles.

Mais dans les cantons moins favorisés par la nature, et partout où l'assolement triennal s'est maintenu, la jachère règne encore souverainement. A peine même est-elle en décroissance. Après une année de froment suivie d'une année d'avoine, la terre est laissée en jachère morte pendant la troisième année. Elle sert, dans l'hiver, de promenade plutôt que de pacage pour les moutons.

Malgré toutes nos sympathies pour nos maîtres, malgré la condamnation qui semble s'attacher à l'antique jachère, nous avouons humblement qu'il nous paraît presque impossible, dans certaines conditions assez nombreuses, de ne pas laisser une année de repos sur trois à la terre. Le climat est trop continuellement ardent pour admettre une production fourragère qui suffise à détruire la jachère par la multiplication des animaux et du fumier. La jachère, d'après nos agriculteurs les plus intelligents et les plus experts, n'est pas conservée par routine, elle est supportée comme un mal nécessaire. Mais à défaut de fumier, c'est le repos et de bons labours exposant la terre aux meilleures influences atmosphériques qui peuvent, seuls, réparer les pertes du sol et rétablir sa fécondité.

Nous avons cependant constaté que, sur bien des points,

la jachère avait disparu. Elle existait, d'après la statistique de 1852, sur 25,454 hectares, tandis qu'elle se restreindrait actuellement dans 15,890 hectares. Si, comme il est permis de le croire, cette dernière donnée est exacte, il n'y a qu'à se féliciter d'un pareil résultat, dû évidemment à ce mouvement général et à ces nombreuses réformes qu'ont provoqués les débouchés nouvellement ouverts à l'industrie agricole.

Nous avons fait connaître, dans ce qui précède, les divers produits de nos cultures proprement dites. En tête de ces produits sont les céréales. Mais le froment, qui est la céréale par excellence, n'a, dans sa moyenne des dix années précédentes, obtenu qu'un prix à peine supérieur à ce qu'il se vendait il y a cent ans. De combien cependant s'est déprécié le numéraire, de quels besoins nouveaux ne s'est pas impérieusement chargée la société? La vigne, qui pour beaucoup serait la réparation naturelle des mauvais résultats de la culture des céréales, loin d'être protégée, continue d'être traitée avec autant de rigueur que d'inégalité. Les produits maraîchers appartiennent seulement aux banlieues des villes et à la culture parcellaire (1). Les cultures industrielles ne sont guère possibles sans une industrie voisine et similaire. Il nous reste l'élevage et la production animale, dont la suite de nos relevés va nous apprendre les forces et les ressources. Mais avant de donner l'état de nos animaux, nous allons, dans un tableau synoptique, résumer tout ce que nous a appris la statistique sur l'ensemble de nos cultures et indiquer la valeur en numéraire de ces produits.

(1) Les pois et autres légumineux exceptés. Les pois verts sont l'objet d'une exportation considérable, à laquelle contribuent tous nos petits cultivateurs. Les plus modestes stations expédient de ces primeurs sur Paris et sur les grands centres de la région. C'est un débouché précieux et plein d'avenir.

PRODUCTION GÉNÉRALE DE L'ARRONDISSEMENT EN CULTURES,
BOIS COMPRIS.

NATURE DES PRODUITS.	QUANTITÉ DU PRODUIT BRUT.	VALEUR EN NUMÉRAIRE.
Froment, semence déduite........	344,444 hectol., à 18 fr.	6,199,992 fr.
Avoine, semence déduite (1).......	100,000 hectol., à 9 fr..	900,000 fr.
Maïs, semence déduite...........	50,000 hectol., à 12 fr.	600,000 fr.
Pommes de terre, semence déduite.	50,000 hectol., à 2 fr. 50	125,000 fr.
Haricots, semence déduite........	7,302 hectol., à 20 fr.	146,040 fr.
Fèves, semence déduite..........	12,688 hectol., à 12 fr.	152,256 fr.
Lentilles et pois secs, semence dédᵗᵉ.	2,160 hectol., à 22 fr.	47,520 fr.
Cultures maraîchères...........	50,000 quintaux, à 10 fr.	300,000 fr.
Colza, semence déduite..........	4,700 hectol., à 24 fr.	112,800 fr.
Lin. { Grain................... { Filasse.................	5,376 hectol., à 24 fr. / 315,082 kilos, à 1 fr....	129,024 fr. / 315,082 fr.

(1) Le produit de l'avoine est de 119,135 hectolitres. Nous le réduisons à 100,000, parce qu'un douzième doit être absorbé par les animaux agricoles, et un autre douzième pour semence. Nous réduirons, par le même motif, le produit du maïs, de 79,792 hectol. à 50,000; celui des pommes de terre, de 74,616 hectol. à 50,000; et celui des fèves, de 25,576 hectol. à 12,688. Les autres produits seront aussi réduits.

NATURE DES PRODUITS.	QUANTITÉ DU PRODUIT BRUT.	VALEUR EN NUMÉRAIRE.
Chanvre. { Grain.............. } Filasse.	1,020 hectol., à 22 fr. 52,338 kilos, à 1 fr....	22,440 fr. 52,338 fr.
Ail........................		200,000 fr.
Trèfle et luzerne. — Grain........	1,000 hectol., à 100 fr.	100,000 fr.
Sorgho à balai...................		60,000 fr.
Arboriculture et fruits............	10,000 quintaux, à 10 fr.	100,000 fr.
Fourrages (1)...................	100,000 quintaux, à 5 fr.	500,000 fr.
Vigne.......................	205,697 hectol., à 19 fr. 75	4,062,515 fr.
Bois de toute espèce............		1,000,000 fr.
Total.................	....	15,125,007 fr.

Ce tableau peut donner lieu à de nombreuses réflexions (2).
Le produit du froment s'élèvcrait à plus de 7,000,000 de
francs, si l'on eût multiplié le nombre des hectares emblavés

(1) Dans ces fourrages ne figurent que ceux qui sont exportés ou destinés
à des animaux non agricoles.

(2) « Les statistiques les mieux faites, dit M. Léonce de Lavergne, con-
tiennent des doubles emplois. Ainsi, dans la statistique de la France le produit
des animaux figure trois fois : d'abord comme revenu des prés, ensuite comme
revenu des animaux vivants, enfin comme revenu des animaux abattus. » On
a déjà vu, par le tableau qui précède, que nous avions tâché d'éviter ces
confusions. Nous avons déduit les semences qui sont un capital et non un
produit, et la partie des grains absorbés par les animaux.

par le rendement de 14 hectol. 40 lit. accusé par la statistique officielle, au lieu de celui de 13 hectolitres par nous adopté, et si l'on eût pris ensuite pour multiplicateur le taux moyen de l'hectolitre pendant les dix dernières années, au lieu du prix de 18 fr., qui est la base de nos calculs. Tout le reste de nos produits est évalué avec le même esprit d'atténuation. Le produit de la vigne paraîtra peut-être exagéré. Il est cependant le résultat exact des relevés de la statistique. Nous l'avons maintenu, parce que la situation de nos vignobles le justifie autant que la moyenne des prix obtenus depuis dix ans. Cela ne pourra étonner que ceux qui vivent dans nos anciens préjugés sur cette culture. On pourrait même soutenir que ce produit est atténué, en considérant qu'il se consomme sur place plus de 200,000 hectolitres de demi-vins et de piquettes dont on n'a pas tenu compte, et qui, à 4 fr. l'hectolitre seulement, représentent 800,000 fr. Nous croyons aussi le produit des bois plutôt diminué qu'exagéré : car, dans cette catégorie, doivent figurer ces belles plantations de peupliers, de saules et d'osiers des bords de la Garonne et de nos autres rivières, et cette quantité innombrable de haies, de buissons et d'arbres de bordures, qui suffisent au chauffage de près de 10,000 familles rurales.

Le méteil, le seigle, l'orge, l'épeautre, la soie, les graines de vesce et de sainfoin, l'œillette et quelques autres plantes industrielles peu importantes, ne sont pas comptés. Tous nos principaux produits sont l'objet d'une exportation considérable. On exporte en froment 181,245 hectolitres, en avoine 85,801, en maïs 35,634, en pommes de terre 30,347. On exporte aussi des fèves, du colza, du lin, de l'ail, des fourrages. Le vin surtout s'expédie au loin : il doit être considéré, pour quelques-uns de nos cantons, comme une des principales branches du commerce agricole.

Quinze millions cent vingt-cinq mille sept francs, tel serait donc le produit brut approximatif des cultures de l'arrondissement. Les fourrages représenteraient une valeur beaucoup plus considérable que celle qui leur est attribuée dans le tableau précédent, si l'on eût tenu compte de la portion consommée sur place ou par les animaux de la ferme. La valeur de ces fourrages devra se retrouver dans l'appréciation des animaux, dont nous allons donner le relevé.

ANIMAUX DE FERME.

L'enquête relative à la population animale n'était pas la plus facile à obtenir. Il fallait forcément la faire sur les lieux, interroger le cultivateur, fouiller même dans ses étables. Or, tout renseignement demandé à nos paysans par un agent de l'autorité, équivalant à une menace d'impôt, ici, plus qu'ailleurs encore, ont dû se montrer le mauvais vouloir, le silence obstiné et la force d'inertie. Aussi ne pouvons-nous guère regarder que comme douteuses et peu approximatives les déclarations des commissions communales, imbues du même esprit d'indifférence ou de soupçon. Nous inclinerions, quant à nous, comme nous l'avons déjà fait à propos de quelques relevés antérieurs, vers cette opinion, que les ressources ont été omises ou déguisées dans une assez forte proportion.

Nous ferons remarquer d'abord que la population animale du département n'était, en 1852, pour nos deux principales espèces de travail, que de 69,616 animaux, savoir : 9,089 chevaux et 60,527 bœufs.

La Seine-Inférieure nourrit dans ses gras pâtu-
rages.............................. 99,985 chevaux.
La Manche......................... 98,756
Le Finistère...... 97,284

Le Finistère à lui seul possède, dans l'espèce bovine, 334,937 animaux.

Voici l'état de la population animale de nos divers cantons, fourni par la statistique officielle de 1862 :

QUESTIONS.	BEAU-MONT.	Castel-sarrasin.	GRI-SOLLES.	LAVIT.	MON-TECH.	SAINT-NICOLAS	VERDUN	TOTAL.
Espèce chevaline.	659	443	642	415	626	526	593	3,904
Espèce asine.	79	117	279	32	205	77	112	901
Multes.	73	293	262	42	182	81	191	1,124
Espèce bovine de travail ou de reproduction.	6,890	2,626	1,632	4,440	2,697	5,602	3,051	26,938
Espèce bovine livrée à la boucherie.	111	623	120	130	198	82	281	1,545
Veaux.	643	645	189	876	294	455	440	3,542
Espèce ovine.	7,787	4,854	5,695	4,671	9,079	6,335	11,008	49,429
Espèce porcine.	1,274	2,619	1,179	810	1,327	1,264	1,245	9,718
Volailles : Dindes.	8,682	1,650	440	7,675	528	2,570	1,817	23,362
Oies de croît ou de graisse.	6,046	4,495	2,146	3,824	3,292	8,088	4,181	32,072
Canards.	1,632	1,557	817	700	1,118	1,220	1,551	8,595
Poules.	49,452	21,700	16,215	18,785	23,432	19,740	18,577	167,901
Pigeons.	34,684	39,600	23,000	13,709	32,611	25,250	23,198	192,052

Le gros bétail, c'est-à-dire les chevaux, les ânes, les mulets, les bœufs, offrent un nombre total de 37,954 animaux. En calculant que 8 moutons représentent une tête de gros bétail, et que même appréciation puisse être faite quant à l'espèce porcine, on aura 6,178 animaux à ajouter, pour la première catégorie, et 1,214 pour la seconde, aux 37,954 de la grosse espèce, ce qui établira un total général de 45,346 têtes de gros bétail ou leur équivalent. La superficie de l'arrondisssement, distraction faite des vignes, des bois et des terres non cultivables, étant de 86,960 hectares, ce serait un peu plus d'une demi-tête par hectare que notre agriculture entretiendrait.

Ce résultat n'est satisfaisant que lorsqu'on le compare à l'état de la population animale de l'ensemble de la région. Celle-ci, en effet, pour les 14 départements du Sud-Ouest n'est portée, dans nos précédentes statistiques, qu'à 1,200,000 têtes de gros bétail. Il est vrai que le plus grand nombre de ces animaux se concentre dans les départements occidentaux, tandis que la partie de la région qui avoisine la Méditerranée en manque presque complètement.

L'espèce chevaline est bien peu nombreuse, mais son élevage tend à se développer par les efforts de quelques éleveurs dont le zèle est éprouvé, non moins que par la protection éclairée de l'administration. Le cheval de luxe ou d'officier, pour selle, est particulièrement élevé en vue des achats de la remonte. Cette industrie a valu à l'arrondissement une des meilleures et des plus honorables places dans la production chevaline du Sud-Ouest. La remonte achète annuellement de 80 à 100 chevaux, dont une partie est importée des plaines de Tarbes et est le résultat du croisement de la jument bigourdane et de l'arabe ou de l'anglais.

Les poulinières du pays sont cependant bien choisies, et les concours annuels, organisés par l'administration départementale avec l'aide des inspecteurs des haras, attestent le mérite de ces juments ainsi que les idées de progrès dont nos éleveurs sont animés. C'est à Castelsarrasin, dans la plaine de la Garonne, c'est dans la fertile vallée de la Gimonne, aux environs de Beaumont, que se trouvent les principaux centres de cet élevage, si digne d'être encouragé. Une somme de 2,500 fr. est annuellement distribuée, en primes, dans un concours qui a lieu à Montauban, à Castelsarrasin et à Moissac alternativement. Montauban possède, en outre, des courses brillantes, organisées chaque année par une société de gentlemen sportmen, dont le dévouement au *training* est bien méritoire au milieu des doutes, des sarcasmes et de la force d'inertie des indifférents et des profanes, assez nombreux dans ce département.

L'arrondissement dépend, quant à l'administration des haras, du dépôt de Villeneuve-sur-Lot, établissement assez nouvellement créé, et qui, sans passé qui l'oblige et peut-être aussi à cause de sa situation aussi peu favorable que peu favorisée, dit-on, a fourni trop souvent à nos stations des étalons défectueux ou insuffisants. Ces stations se trouvent placées à Castelsarrasin et à Verdun. Les plaintes du pays contre les reproducteurs fournis par l'Etat sont, il est vrai, très-vives, mais elles ne sont pas nouvelles. Les cahiers présentés aux Etats-Généraux de 1789 se plaignaient déjà de ce que les étalons de l'administration d'alors n'étaient propres qu'à abâtardir la race du pays, encore belle et méritante. L'abâtardissement prévu est si bien arrivé, que nous n'avons plus de race locale proprement dite, ayant son cachet et son caractère particulier, et que nos poulinières sont un composé de toutes les races du Midi et de l'Ouest.

L'industrie privée a créé des dépôts d'étalons qui luttent

avantageusement avec ceux de l'Etat. Castelsarrasin, Beaumont, Garganvillar, canton de Saint-Nicolas, Labastide-
Saint-Pierre, canton de Grisolles, possèdent depuis longues
années de ces dépôts, que de nombreux succès recommandent.

Le mulet est l'objet d'une industrie lucrative. Cet élevage,
que les riverains de la Garonne ont particulièrement adopté
de temps immémorial, était cependant, il y a quelques
années, si non plus prospère, du moins plus répandu.
Malgré son entêtement proverbial, la mule a, sur beaucoup
de points, cédé le pas aux bêtes d'engraissement. Elle eût
peut-être bien fait, cette fois, de rester dans nos écuries :
sa sobriété, son placement facile la rendent encore précieuse
à nos campagnes pauvres en fourrages et n'ayant pas toujours
pour d'autres animaux un débouché aussi facile. Les foires
de Castelsarrasin sont connues de tous les acheteurs de mules
du nord de l'Espagne.

L'âne, plus sobre encore que le mulet, fait le service du
petit commerce et du colportage. Son utilité s'efface devant
les grandes voies de communication et devant le perfectionnement de nos voies ordinaires, et nous pensons que l'espèce
asine, malgré son mérite, est et doit être ici en décroissance.

L'espèce bovine de l'arrondissement n'a rien à envier aux
régions du Nord et de l'Ouest quant à ses qualités. « Les
grasses plaines de l'Agenais, dit M. Léonce de Lavergne, ont
donné naissance à la plus forte peut-être de nos races bovines
nationales. Il faut que les végétaux qui poussent dans ce sol
privilégié aient une extrême richesse alimentaire, car les animaux qui s'en nourrissent deviennent magnifiques. Doués
d'une grande puissance pour le travail, ils donnent, en

outre, des résultats admirables pour la boucherie. Les cotentins eux-mêmes ne l'emportent pas pour le poids (1). »

Nous n'avons rien à ajouter à un éloge accordé par une autorité si compétente et résumant si bien le mérite de la race garonnaise ou agenaise. Cette race peuple toutes les étables de la partie de l'arrondissement qui se trouve placée sur la rive droite de la Garonne. La rive gauche n'emploie, au contraire, pour ses labours, que le bœuf gascon, si mal à propos confondu, par quelques agronomes, avec le précédent. Les deux races sont bien tranchées et diffèrent par l'origine, par la conformation et par les aptitudes. Tandis que le garonnais est en général d'un pelage rouge-clair ou froment, avec l'œil bleu et le museau blanc, le gascon est sous poil gris foncé ou gris de blaireau, avec les extrémités noires ainsi que l'œil. Le corps du bœuf gascon est moins développé que celui de son rival ; en revanche, il a plus de vivacité et d'énergie. Il l'emporte encore sur le garonnais par sa sobriété, par sa résistance à la fatigue, par la bonne conformation de ses pieds, lui permettant de se passer le plus souvent de ferrure. Le bœuf gascon convient ainsi parfaitement aux terrains ondulés de la rive gauche, dont la couche arable est peu épaisse. Le bœuf garonnais, affectionné de nos plaines, trace majestueusement son labour profond dans les riches alluvions de la Garonne. L'on aperçoit ici, comme partout, en agriculture, les efforts de la nature modelant ses produits dans l'intérêt et pour les besoins des localités.

Les deux races ainsi séparées par le fleuve, vivent en paix sans avoir sérieusement cherché à s'absorber. Ce n'est qu'avec peine que le bœuf gascon se dépayse sur la rive droite, où sa petite taille et son poil rustique semblent lui donner un air humilié parmi les grands bœufs de la Garonne. Mais il est

(1) Léonce de Lavergne. — *Economie rurale en France*, p. 330.

bien vengé de cette infériorité toute d'apparence par ses qualités incontestables, et par le réel mépris que professe son maître pour ses rivaux, qu'il compare à des colosses, à des montagnes, et qu'il qualifie de granges à foin, de greniers à farine encombrants et embarrassants, ne les accueillant, dans ses marchés de la rive gauche, qu'avec un sourire malin et des observations railleuses.

Depuis quelques années, les engraisseurs de la rive droite recherchent cependant, à cause de leur prix modéré, les bœufs gascons qu'ils destinent à la boucherie et qu'ils revendent, après quelques mois, sur la foire de Castelsarrasin. Les voies ferrées ont créé dans ce chef-lieu, pour la viande de boucherie, un des marchés les plus importants du Midi. Les bouchers de Toulouse, de Montauban, les revendeurs d'Agen et de Bordeaux viennent y faire des approvisionnements, et il n'est pas rare d'y rencontrer des bœufs gras atteignant le poids de 11 à 1,200 kilogrammes.

Le bœuf gascon et le bœuf garonnais suffisent donc à tous les besoins, et c'est inutilement que le durham et d'autres races importées sont étalées luxueusement dans nos concours. Ces importations n'ont jamais tenté, parmi nous, que quelques jeunes agriculteurs disposés à se ruiner honnêtement, ou quelques spéculateurs sur les primes. Le durham, impropre à tout travail, impropre même assez souvent à la reproduction, dont la viande molle et sans saveur a été l'objet de sérieuses critiques, est un non sens à côté du gascon, du garonnais surtout, qui, après avoir rempli sa tâche de travail pendant trois ou quatre ans, s'engraisse facilement et fournit alors des chairs développées, fermes et nutritives. La nécessité du bœuf pour le labour étant démontrée, et elle est démontrée aux yeux de nos agronomes et de nos agriculteurs, toute race impropre au travail devient une superfétation onéreuse pour si grandes que puissent être ses qualités d'engraissement. Nos bœufs ont paru, d'ailleurs, dans tous les concours de boucherie de l'Empire et y ont été appréciés pour leur beauté, leur développement et leur graisse. Ils sont ainsi doués d'une double aptitude qui doit nous les rendre plus précieux, et qui établit même leur incontestable supériorité (1).

L'espèce ovine est la même sur les deux rives de la Garonne : c'est ordinairement le mouton du Gers ou le lauraguais, ou le métis-mérinos. Le mouton d'importation étrangère y est peu connu : quelques croisements anglais ont paru dans nos concours locaux, plutôt à titre de curiosité que d'essai sérieux.

Le mouton, dans le canton de Castelsarrasin, est soumis, presque sans exception, à l'engraissement. Ailleurs, il est adopté seulement pour le croît et la laine. Il existe dans tous nos cantons de nombreuses brebis pour la reproduction. Tous nos paysans ont pour le mouton une prédilection marquée. Beaucoup de propriétaires seraient dans l'impossibilité de faire exploiter leurs fermes s'ils ne contractaient l'obligation de mettre à la disposition du métayer ou du maître-valet une quantité de 25 à 30 bêtes à laine. C'est la femme, c'est l'enfant en bas âge et inoccupé qui devient le berger du petit troupeau. Le profit se partage par moitié entre le bailleur et le preneur. Sa part de laine sert à ce dernier pour les besoins de la famille, pour son vestiaire et ses autres usages.

(1) Notre opinion sur le durham pourrait passer pour une énormité aux yeux d'agronomes qui se placeraient à tout autre point de vue que le nôtre, et qui oublieraient la spécialisation des services. Nous ne méconnaissons pas le chef-d'œuvre des frères Collins, qui est un témoignage irrécusable des succès de la persistance d'outre-Manche. Mais nous devons être libre d'exprimer ici nos convictions, et au risque même d'être pris pour un esprit rétrograde, nous affirmerons les principes de notre agriculture locale, si différents du faire et surtout du savoir-faire anglais.

L'espèce ovine tend à s'améliorer. Elle représente déjà une bonne part des produits de l'agriculture locale et se plie à tous ses perfectionnements.

L'espèce porcine est élevée en vue de la consommation. Il n'est presque pas de famille qui n'admette le porc comme une des conditions indispensables de son alimentation. Cuit ou conservé au sel, il constitue, pendant toute l'année, soit un mets, soit un assaisonnement précieux pour la table des classes ouvrières.

Ici, comme pour l'espèce bovine, les préférences des divers cantons se manifestent opiniâtrement. La rive gauche de la Garonne n'admet que le cochon des Pyrénées, presque noir ou pie, très-rustique, se nourrissant à la course de glands, d'herbes et de racines. Le cochon de la rive droite, descendu des coteaux du Périgord et du Bas-Limousin, est blanc ou presque blanc, moins sobre que son voisin, mais peut-être plus apte à s'engraisser. Pour rien au monde le paysan gascon n'achèterait et surtout ne consommerait un de ces cochons blancs, et c'est avec la même répugnance que le cultivateur de la rive droite se verrait imposer un cochon noir.

L'introduction des races porcines anglaises, objet naguère d'un engouement si général, n'a pu pénétrer que difficilement dans nos campagnes. Les demi-sang et les métis de ces races sont cependant admis et paraissent même recherchés, pourvu que le croisement soit éloigné. On reproche aux races anglaises pures de ne fournir qu'une graisse molle et fade, plus difficile à conserver sur beaucoup moins de viande musclée.

Il y a dans ces questions d'acclimatation d'animaux des raisons de climat, d'aptitudes et peut-être de constitution organique qui expliqueraient des préférences, en apparence bizarres, et qui ont cependant leur motif. On aurait tort de crier pour cela à la routine, à l'ignorance ! C'est aussi du préjugé que de se précipiter aveuglément au-devant de toute idée nouvelle, de l'engouement et du charlatanisme.

Les volailles et les œufs sont un des revenus les plus considérables de notre production animale. C'est la richesse de nos basse-cours, c'est la fortune et le bonheur de nos ménages rustiques, que ces innombrables et charmants volatiles peuplant et animant nos métairies. Quelques agriculteurs les ont bannis comme ennemis de nos récoltes; mais depuis longtemps s'est prononcée en leur faveur l'opinion des praticiens clairvoyants et impartiaux. Aujourd'hui que tous nos oiseaux, le moineau lui-même, sont vengés des sottes accusations portées contre leur voracité, bien plus utile que nuisible à nos grains, il devient superflu de démontrer tout ce qu'offrent d'avantageux pour nos tables, de lucratif pour nos marchés, nos dindes qui se truffent si somptueusement, nos oies et nos canards aux foies si succulents, nos poules et nos pigeons si agréablement reçus dans nos dîners. Tout cela ne représente pas moins de 7 à 800,000 fr. de produits pour l'arrondissement, sans compter les douceurs et les joies innombrables de cet élevage si cher à nos ménagères.

L'arrondissement est trop morcelé pour que le gibier y soit nombreux et y figure comme un revenu important. Il se consomme presque tout sur les lieux. Peu d'arrondissements ont cependant plus de chasseurs. Il est délivré, annuellement, de 7 à 800 permis de chasse. La chasse est surtout dans les goûts du paysan gascon, presque toujours en possession d'un fusil et d'un chien suspects à la gendarmerie. La statistique de 1852 constatait l'existence de 6,615 chiens, dont 650 chiens de chasse. L'impôt impopulaire qui frappe ces animaux en a quelque peu diminué le nombre.

Une chasse spéciale à l'arrondissement est la chasse à l'alouette. L'alouette est un oiseau de passage qui traverse nos campagnes en septembre et octobre pour repasser en février et mars. Elle trouve principalement ses chasseurs dans les communes de Labastide-du-Temple, de Meauzac, des Barthes, canton de Castelsarrasin. Un très-grand nombre d'ouvriers ruraux de ces communes abandonnent les bords fertiles du Tarn et leurs familles pour se livrer, dans les différents cantons du département et dans les départements voisins, à cette chasse, qui atteint aussi beaucoup d'autres petits oiseaux. Vainement l'intérêt agricole a-t-il fait entendre ses protestations : ce sont des agriculteurs qui immolent ces oiseaux, sans tenir compte du rôle utile que la Providence leur a assigné. Cette industrie représente un produit assez élevé, qui n'est cependant qu'une compensation de la privation de la main-d'œuvre et des bras qui s'emploieraient tout aussi utilement sur les lieux. Le marché de Castelsarrasin n'exporte pas moins de soixante mille douzaines d'alouettes, à un prix qui varie de 1 fr. à 1 fr. 75 c. la douzaine (1).

Les lapins domestiques sont élevés dans beaucoup de pauvres ménages de cultivateurs.

Les abeilles sont aussi communes dans les habitations de la Gascogne, où le miel sert aux besoins des familles. Il y avait en 1862, dans l'arrondissement, 1,592 ruches, valant 25,000 fr. et produisant 11,144 kilogrammes de miel et

---

(1) L'alouette de nos campagnes est l'alouette commune, confondue, à tort, par les arrêtés qui autorisent sa chasse, avec l'alouette *lulu*. Cette dernière, appelée par nos naturalistes petite alouette huppée ou alouette des bois, perche sur les arbres, et est bien différente de celle que prennent nos chasseurs, au moyen du lacet à crin. L'alouette rend d'éminents services au cultivateur par l'énorme quantité de vers, de chenilles et de sauterelles qu'elle détruit chaque jour. — Lacépède et Buffon, édit. 1818, p. 519. — L. Figuier, *Les Oiseaux*, 1867, p. 604.

3,184 kilogrammes de cire, d'une valeur ensemble de 20,696 francs.

La pisciculture a conquis, dans le département, une place honorable par la création d'une Société centrale à Montauban, chargée de populariser cette branche agricole, aussi neuve qu'inespérée. Les tentatives d'empoissonnement faites dans les eaux de la Garonne sont trop récentes, pour que le résultat de ces efforts soit appréciable; mais toutes les sympathies sont acquises aux hommes dévoués et compétents qui ont pris à tâche une œuvre si incontestablement utile.

L'enquête officielle provoquait de nombreux détails sur la population animale. Mais les réponses, quand on a cru opportun d'en faire, ont été conçues d'une manière si incomplète, si confuse, et même assez souvent si contradictoire, qu'il est tout au moins inutile de les reproduire dans leur ensemble. Plus on serait exact dans cette reproduction, plus on s'exposerait à des erreurs. Nous nous contenterons de résumer, sans commentaire, les moins défectueuses de ces solutions.

Mortalité annuelle.

Chevaux.....................	3 1/2 p. %.
Espèce bovine..............	3 —
Espèce ovine..............	3 1/2 —

Valeur et prix moyen des animaux.

Cheval ou jument...............	450 fr.
Poulinière.....................	550
Poulain.......................	220
Pouliche......................	300
Mulet, élève de six mois........	150
Mulet, élève de dix-huit mois......	250
Mule, élève de six mois........	300

Mule, élève de dix-huit mois...... 500 fr.

Bœuf engraissé................. 500

Bœuf non engraissé............. 400

Veau de boucherie............. 70

Veau de croît.................. 60

Mouton gras................... 40

Mouton non engraissé........... 30

Porc gras.................... . 150

Porc non engraissé............. 100

Le poids vif d'un bœuf de boucherie est, en moyenne, de 700 kilogrammes; celui d'un mouton, de 40 kil.; celui d'un porc, de 150 kil. On abat, en général, le bœuf de sept à huit ans, le mouton après deux ans, le porc d'un an à deux.

Le poids net (les quatre quartiers seulement) est, pour le bœuf, de 60 p. % de son poids vif; pour le mouton, de 55 p. % : et pour le porc, de 80 p. %.

Le poids vif du bœuf peut être calculé à raison de 0,70 c. le kil. Son prix, chez le boucher, est de 1 fr. 30 c. le kil. (1).

Un cheval produit 65 quintaux métriques d'engrais; le bœuf, 65 quintaux aussi; et le mouton, 6 quintaux. La valeur de cet engrais par quintal métrique est, pour le cheval, de 1 fr. 30 c.; pour le bœuf, de 1 fr. 15 c.; et pour le mouton, de 1 fr. 50 c.

Un cheval fournit 150 charrois par an et un bœuf 180. Le prix de la journée du cheval est de 2 fr. 20 c. La journée du bœuf est évaluée au même taux.

(1) La race garonnaise est essentiellement propre à l'engraissement; elle est loin cependant d'égaler la race limousine, dont elle n'est peut-être qu'une variété. Ce n'est pas seulement par leur qualité, mais encore par leur précocité qu'ont brillé les limousins dans tous nos concours généraux. Ils luttent avantageusement même avec les durham. Leur poids net est de plus de 66 p. % du poids vif. — *Races bovines*, par M. le marquis de Dampierre, p. 122. Paris, Libr. agricole

Une vache laitière donne 5 litres de lait par jour, à 0,20 c. le litre.

L'espèce ovine produit, par animal, 2 kil 1/2 de laine, dont le prix (laine en suint) est de 1 fr. 60 le kil.

Une poule, médiocre pondeuse, donne 80 œufs par an et pond jusqu'à 5 ans.

Il est impossible d'étendre plus loin ces renseignements. Nous arrêterons là nos investigations dans le labyrinthe de la statistique, en faisant remarquer que si cette partie de l'enquête administrative est la plus imparfaite, c'est qu'elle est aussi la plus difficile à traiter.

Nous essaierons néanmoins d'indiquer approximativement l'ensemble du produit brut de ces divers animaux. Voici notre relevé en chiffres ronds :

Espèces chevaline et asine, mulets...	500,000 fr.
Espèce bovine....................	1,100,000
Espèce ovine....................	500,000
Espèce porcine..................	240,000
Volailles de toute espèce.........	560,000
Basse-cour, gibier, alouettes, abeilles.	120,000
Œufs........................	240,000
Total général........	3,260,000 fr.

Cette évaluation, quoique simplement approximative, n'est pas cependant purement hypothétique. Nous avons tâché d'éviter les doubles emplois et les confusions, de manière à nous rapprocher autant que possible d'une rigoureuse exactitude. Pour calculer le produit de l'espèce bovine, nous n'avons compté que les bœufs livrés à la boucherie, revenu que nous supposons alimenté par un égal nombre de veaux d'élève, plus les veaux livrés à la boucherie, et enfin un dixième des bœufs de travail. Ce dixième représente le béné-

fice sur les taureaux et sur la revente ou le trafic des divers
animaux de cette espèce. Pour les chevaux, nous n'avons
compté que les élèves. Pous tous nos animaux, enfin, nous
avons voulu donner une appréciation aussi rapprochée de
l'exactitude que le permettait la difficulté de ces calculs.

Tels seraient les moyens d'action de notre agriculture.
Malheureusement un produit agricole, d'une importance ailleurs immense, nous fait défaut ou est pour nous presque
sans valeur. Source principale de la richesse des départements de l'Ouest et du Nord, le lait n'est ici à peine qu'un
accessoire, bon seulement pour l'élève. Dans la Normandie, le
lait, le beurre sont un des revenus les plus assurés de la
ferme. Il est tel grand domaine qui réalise sans effort jusqu'à
25,000 fr. de produit en beurre. La mamelle des vaches
cotentines est la mamelle de l'agriculture normande. Le lait
n'est, au contraire, ni dans nos goûts, ni dans nos usages,
ni peut-être dans les conditions organiques de nos corps.
Le paysan de la Garonne a horreur du lait, et il n'emploie
que la graisse pour la préparation de ses aliments. Nous
aurons toujours là probablement l'absence d'un élément de
premier ordre, une cause de faiblesse et d'infériorité que
remplaceront difficilement les attributs naturels qui nous
restent.

Si l'on résume maintenant les différentes productions de
l'arrondissement, on trouve que les cultures végétales donnent un revenu brut de................. 15,125,007 fr.
les animaux, un revenu de............ 3,260,000

Soit un total de......... 18,385,007 fr.

En tenant compte de l'évaluation en moins, qui a dû être
indiquée dans la catégorie des animaux pour les espèces bovine, ovine, porcine et même pour les volailles, ainsi que

de quelques omissions précédemment signalées dans les cultures proprement dites, on n'aura aucune crainte d'exagérer la production générale en la portant au chiffre rond de 19 millions.

Tel serait donc le revenu à peu près exact de l'arrondissement de Castelsarrasin.

Les produits agricoles de la région du Sud-Ouest étant évalués à 600 millions, l'arrondissement de Castelsarrasin représenterait un trente-unième de ces produits, tandis qu'il n'est que la soixante-dixième partie environ du territoire et de la population. Il pourrait ainsi se considérer comme un des plus florissants de cette partie de l'Empire.

Dans ce revenu de 19 millions, les céréales et les produits légumineux entrent pour un peu moins que la moitié. Il y a peu d'amélioration à espérer de ce côté, et c'est sur d'autres cultures que devront évidemment se concentrer tous les efforts du progrès. La culture du froment et des céréales était la culture traditionnelle, la seule autrefois possible, parce que l'agriculture avait pour objet unique l'alimentation des travailleurs. On cultivait pour vivre. Les besoins de l'époque sont bien autres : il faut que l'art agricole satisfasse, non-seulement aux premières et indispensables nécessités de la vie, il faut encore qu'il suffise à toutes les exigences du confortable et du luxe, il faut qu'il devienne une véritable industrie. La culture des plantes industrielles, des fruits et des primeurs, la culture de la vigne et la production animale répondront à ces prétentions nouvelles et ouvriront à tout le Midi des perspectives que son agriculture doit envisager avec confiance et espoir.

Nous regrettons, en terminant cette partie de la statistique, de n'avoir pu, à cause de l'exiguïté de notre cadre, donner plus de développement à ce que nous avons dit sur le prix de revient du froment. Nous avons, page 137, évalué ces frais à 306 fr. par hectare, et, adoptant le rendement en grains et paille porté à 294 fr. par Mathieu de Dombasle, nous avons pu avancer que, d'après ces bases, il y aurait perte à se livrer à cette culture. Bien que ce résultat puisse être modifié par une moyenne des prix plus exacte et par quelques circonstances locales ou particulières, il est généralement admis que la culture du froment, dans le Midi, a bien de la peine à atteindre un prix rémunérateur : nous voulons parler d'un prix moyen; car les prix exceptionnels, comme le prix actuel, ne peuvent rien prouver contre nos calculs. Nos conclusions étonneront néanmoins beaucoup de nos agriculteurs, engourdis dans leur passé et attachés à une pratique traditionnelle dont ils n'ont jamais cherché à calculer exactement les conséquences.

Pour se rendre compte de cette question si difficile du prix de revient, il convient de distinguer comment se distribue la production agricole. Il y a d'abord la rente, qui est le prix du loyer dû au propriétaire : il y a ensuite le salaire de l'ouvrier et les frais de toute sorte, y compris l'impôt: il y a, enfin, le profit, qui est le bénéfice que peut donner l'entreprise à celui qui s'en charge. C'est l'entrepreneur ou, en d'autres termes, celui qui fait valoir la terre d'autrui qui est condamné ici à une perte à peu près certaine. Dans le Nord, celui qui fait valoir est un fermier; dans nos cantons, c'est le propriétaire ou un métayer. Eh bien! dans nos conditions locales, il n'est que trop vrai que la culture du froment ne peut donner aucun profit à celui qui fait valoir le bien d'autrui. C'est ce qui explique comment, parmi nous, le fermage est si rare. Le fermier ne pouvant espérer que cette partie du produit qui constitue le profit et le profit ne se retrouvant pas dans les résultats de notre agriculture, il n'y a personne d'assez déraisonnable pour tenter une entreprise qui ne peut amener que des pertes.

Le propriétaire est, dès-lors, obligé d'exploiter par lui-même ou bien de s'associer un métayer. Dans les deux cas, s'il peut obtenir l'équivalent de sa rente, que nous avons arbitrée à 50 fr. par hectare, nous pensons qu'il n'a pas à se plaindre.

L'ouvrier a toujours son salaire. Mais si l'ouvrier est en même temps métayer, c'est-à-dire associé chargé de la responsabilité de l'entreprise, il se trouve dans la position la plus précaire parmi tous ceux qui viennent prendre part au produit. Car, à part la casualité des récoltes et leur faible rendement, ce qui surcharge le plus la culture du blé, c'est le temps perdu. Pendant quatre mois, c'est-à-dire depuis la fin des semences jusqu'au premier labour de printemps, tandis que le bordier se repose, sa famille ne fait absolument rien, et son bétail rumine dans la plus complète inaction. De Gasparin a calculé que le métayer n'est occupé utilement que 158 jours dans l'année. Il n'en saurait être autrement du maître-valet et du cultivateur travaillant son bien lui-même, partout où la culture du blé est exclusive.

De là, de plus fort, s'impose, on le conçoit, l'obligation de sortir d'un système condamné par ses résultats, et de combiner la culture des blés avec les cultures industrielles, avec la culture de la vigne, avec l'engraissement des animaux de boucherie, avec tout ce qui peut, enfin, utiliser ces moments précieux, si regrettablement perdus dans la morte saison.

ÉCONOMIE RURALE.

DES DIVERS MODES D'EXPLOITATION DU SOL.

La manière de cultiver les terres a une très-grande influence sur leurs produits : mais quant à la direction d'ensemble, elle peut être indépendante de la volonté de l'exploitant, et ne saurait être le plus souvent même que le résultat ou la conséquence des mœurs, des aptitudes et des attributs d'un pays. C'est ce qui explique la diversité de nos méthodes. Le Nord a ses modes d'exploitation familiers : le Midi a ses cultures spéciales. Il serait déraisonnable de vouloir tout ramener à un système général et uniforme. « On se trompe presque toujours quand il s'agit de la France, parce qu'on veut généraliser ; rien ne se prête moins à la généralisation que cette immense variété de sols, de climats, de cultures, de races, d'origines, de conditions sociales et économiques, qui font de notre unité apparente un monde multiple à l'infini (1). »

Ces vérités peuvent surtout s'appliquer à la manière de diriger la culture.

Les principaux modes d'exploiter un bien sont, dans l'arrondissement de Castelsarrasin : 1° la culture personnelle et à régie directe ; 2° la culture à maître-valet ; 3° le métayage ; 4° le fermage.

(1) Léonce de Lavergne. — *Économie rurale en Angleterre*, préface, p. viii.

On verra dans le tableau suivant comment se subdivisent, dans chacun de nos cantons, ces divers modes d'exploitation.

NOMBRE des propriétés cultivées par	BEAU-MONT.	Castel-sarrasin.	GRI-SOLLES.	LAVIT.	MON-TECH.	SAINT-NICOLAS	VERDUN	TOTAL.
Maîtres-valets.	258	50	123	24	246	75	268	1,024
Régisseurs.	14	5	16	5	18	5	17	80
Propriétaires ne cultivant que leurs biens.	1,070	717	382	919	370	792	600	4,850
Propriétaires cultivant pour eux et pour autrui comme fermiers	20	68	64	4	30	15	117	318
Propriétaires cultivant comme métayers.	47	197	59	124	46	79	126	678
Propriétaires travaillant comme journaliers.	615	1,163	514	463	642	379	929	4,705
Métayers non propriétaires.	117	73	6	56	126	57	106	541
Journaliers non propriétaires.	349	40	169	52	510	297	4	1,421
Fermiers non propriétaires.	30	61	55	4	74	51	48	323
TOTAL général.	......	......	......	......	......	......	......	13,940

CULTURE PERSONNELLE ET A RÉGIE DIRECTE.

Ce mode de culture, le plus ancien et le plus naturel, devient aussi le plus général. Les onze douzièmes de nos domaines sont exploités par des cultivateurs personnellement et pour leur compte. Parmi ces domaines, quelques-uns ont acquis une étendue considérable et sont depuis longtemps le séjour d'agriculteurs riches et honorés. Les vallées du Tarn et de la Garonne désignent ces agriculteurs sous le nom de *pagès,* paysans. Le paysan de Castelsarrasin est quelquefois riche d'un demi-million. Le morcellement ne va pas plus vite que son talent d'agglomération : les agents de dissolution s'émoussent et s'arrêtent devant ces fortunes péniblement éle-vées, et dont le travail, l'économie et les bonnes mœurs ont cimenté les dures assises. Ces rudes travailleurs voient passer au-dessus de leurs têtes nos révolutions successives, comme ils aperçoivent sur leurs champs les orages et les pluies des saisons, résignés ou indifférents. Rien ne 'les abat, rien ne les trouble. Heureuses familles ! si l'ambition, le désir insa-tiable de s'agrandir, la passion de la terre n'absorbaient trop souvent et trop exclusivement leur existence toute entière.

La culture personnelle peut varier à l'infini : mais on re-trouve chez elle la plupart des usages et des pratiques que nous allons avoir occasion d'examiner dans d'autres modes d'exploitation. Elle a sur toutes les autres cultures cet avan-tage de pouvoir se passer ordinairement d'intermédiaires. Aussi obtient-elle de beaux résultats partiels. Elle combat les mauvaises chances par un esprit de prévoyance, qui va jus-qu'à la divination, et par une économie qui se confond assez souvent avec la plus extrême avarice. Le salaire, la rente, le profit sont cumulés dans son unique caisse. Le cultivateur travaillant son bien se passe d'aide autant qu'il le peut, et n'aboutit à une main étrangère qu'en cas d'absolue nécessité. Il n'est pas étonnant que cette culture, dans un pays si naturellement fertile, ait amené des milliers de familles à l'aisance la plus digne d'envie, et qui serait aussi la plus capable de réaliser le bonheur, si, nous le répétons, le bonheur pouvait être là où règne presque exclusivement le culte de l'intérêt.

La culture personnelle est cependant combattue dans son développement par deux obstacles qui limiteront avant peu ses succès. C'est d'abord l'esprit de routine et d'ignorance auquel est forcément condamné le cultivateur par les détails grossiers, les fatigues incessantes de cette existence presque toute matérielle dont il est obligé de vivre. C'est en second lieu, et plus encore l'insuffisance des bras. La main étrangère à laquelle l'exploitant est, malgré lui, contraint de recourir, va bientôt lui faire complètement défaut.

D'ailleurs, tous les propriétaires ne sauraient personnellement cultiver. Du moment que la culture directe emploie des tiers, elle tend à se confondre avec la culture à régie, et les conditions de succès ne sont plus les mêmes. La culture à valets et à journaliers devient donc pour le propriétaire, soit qu'il cultive, soit qu'il ne cultive pas, un immense embarras.

La culture par régisseur, c'est-à-dire au moyen d'un homme de confiance qui dirige l'exploitation et remplace le maître, offre plus d'inconvénients encore, et ne saurait, d'ailleurs, être considérée comme un mode d'exploitation particulier. Le régisseur n'est ici, le plus souvent, qu'un vieux domestique, un simple mandataire, transmettant les ordres et la volonté du propriétaire. Ces divers expédients conduisent naturellement à l'exploitation par maître-valet.

CULTURE A MAÎTRE-VALET.

L'exploitation par maître-valet consiste à donner à travailler un domaine à une famille gagée pour un, deux, trois, quatre hommes ou plus, capables d'exécuter tous les travaux. Les hommes font les principaux ouvrages : mais les femmes et les enfants doivent aussi leur temps aux terres baillées. Ce mode d'exploitation, qui n'est qu'un effort de la culture à régie pour diminuer ses embarras, rappelle ce que dit Gasparin, « que l'exploitation du propriétaire tient en général à un état peu avancé dans l'industrie et même dans la civilisation générale et la liberté des peuples : elle tient à la pauvreté de la classe des cultivateurs, dont on ne peut espérer aucune avance.... : les ouvriers prolétaires y sont retenus dans un état constant de misère, parce qu'ils ne peuvent compter que sur le salaire de leur travail manuel (1). »

Cette culture est néanmoins le rêve, puis l'essai de nombreux débutants qui, ignorants des choses rurales, aiment les changements et se passionnent pour les nouvelles doctrines. Dans ce mode d'exploitation, en effet, peu connu dans le Nord, mais presque aussi répandu que le métayage dans notre arrondissement, le propriétaire conserve la direction de la culture et reste libre d'essayer de toutes les innovations, de toutes les améliorations, de toutes les réformes. Il reste libre, disons-nous, de les tenter, mais non de les faire réussir. L'absence d'intérêt ou bien l'intérêt trop secondaire de ses agents, assez souvent en opposition avec le sien, paralyse ici tous ses efforts. Nous l'avons appris par expérience, l'exploitation par maître-valet a de séduisantes perspectives, s'éva-

____

(1) *Fermage*, pag. 8. Libr. agricole.

nouissant presque toujours au contact de la réalité. C'est une culture à régie, inextricable maille dont tous les fils sont relâchés, et dont les inconvénients s'accroissent par l'irresponsabilité de l'ouvrier, s'éternisant chez vous, malgré vous, en vertu de congés tardifs, qui peuvent prolonger de dix-huit ou quinze mois sa sortie. Les succès obtenus par ce mode de culture, succès que nous ne nierons pas, sont rares et sont dus, avant tout, aux qualités personnelles du maître et à sa présence permanente sur les lieux. Hors de ces conditions, ce mode d'exploitation est impossible.

Par ce bail, le propriétaire reste possesseur des animaux attachés à la métairie, ainsi que des instruments et outils. Il fait face à tous les frais de culture.

Les outils étant la propriété du maître, leur réparation est aussi à sa charge. Il s'abonne pour leur entretien au forgeron, lequel, moyennant une rétribution en grains récoltés sur le domaine, se charge d'affiler tous les jours, si c'est nécessaire, le fer des charrues, de faire et réparer les socs et les coutres, d'aiguiser et d'enter les outils, sans néanmoins fournir le fer. Le prix de l'abonnement, qui se paie à la Toussaint, mais qui part du 11 novembre précédent, varie suivant les lieux, l'étendue et la nature des domaines. On donne généralement, par paire ou couple de labourage, 50 litres de froment.

La plupart des propriétaires s'abonnent aussi avec le vétérinaire. Cet abonnement est fixé de 20 à 25 litres par paire.

Dans les cantons de la rive gauche de la Garonne, on donne au maître-valet le quart du profit sur l'espèce bovine et la moitié des profits sur l'espèce ovine, sur l'espèce porcine, sur les dindons, les oies, les canards. Sur la rive droite, le profits sont les mêmes pour le maître-valet, à l'exception de l'espèce bovine, à laquelle il n'a ordinairement aucun droit, à moins que le propriétaire ne lui donne une quote-part de profit sur les élèves et animaux de croît. Partout les pertes sont supportées de part et d'autre dans la proportion du profit. Lorsque le maître-valet sort, il prend un expert, et celui qui entre en prend un autre. Le cheptel des bestiaux se continue au prix de l'estimation.

Le maître-valet fournit par abonnement, comme le bordier, des volailles, telles que poulets, poules et chapons et des œufs. Ces volailles sont livrables à des époques fixes : les poulets à la Saint-Jean, les chapons à la Toussaint, les poules à la Noël.

La rétribution ou les gages du maître-valet varient suivant l'importance de la métairie, et aussi suivant le plus ou moins de bénéfices en bestiaux qu'elle peut produire. On solde ordinairement la plus grande partie en froment, le reste en maïs ou fèves. Souvent, pour tenir lieu de profit sur les animaux de l'espèce bovine et autres, on donne une somme d'argent. On donne aussi de la piquette et du demi-vin, et enfin une certaine quantité de terrain pour obtenir des légumes ou du jardinage, ainsi que pour du lin (de 12 à 25 litres de semence). Ce lin, dont la semence est fournie par le maître-valet, se cultive et se prépare par ses soins. Il est partagé, à la romaine, entre lui et le propriétaire. La graine obtenue se partage aussi.

Sur la rive gauche de la Garonne, on donne assez souvent au maître-valet une certaine étendue de terrain à cultiver en maïs, haricots ou autres menus grains. Le produit se partage par moitié.

Pour le chauffage, les maîtres-valets usent ordinairement des haies vives et buissons, et quelquefois, suivant l'usage de la métairie ou les conditions du bail, de l'émondage des arbres.

Les maîtres-valets sont tenus de bien labourer et de disposer les terres, par quatre façons au moins, à recevoir les semences du froment et d'exécuter toutes les réparations utiles et tous les travaux qui leur sont commandés par le propriétaire.

L'époque des congés varie dans nos divers cantons. A Castelsarrasin, le congé doit être signifié avant le 11 août. A Beaumont et dans le reste des cantons de la Gascogne, le congé est donné avant le 11 mai, c'est-à-dire six mois avant l'expiration du bail (1). Partout la sortie ou la mutation se fait toujours le 11 novembre, jour de la fête de Saint-Martin. C'est le propriétaire chez lequel entre le maître-valet qui lui fournit les moyens de transporter son mobilier à la métairie où il doit entrer. L'usage n'est pas cependant invariable. Lors du déménagement, le maître que quitte le maître-valet doit être présent pour accepter la remise des outils et pour constater l'état des lieux.

Ces mutations sont toujours nuisibles à l'exploitation : *Uno mudado bal uno mayssanto annado*, dit un proverbe gascon.

Beaucoup d'usages propres aux métayers règlent aussi les rapports du propriétaire avec le maître-valet.

MÉTAYAGE.

L'auteur d'un traité sur les usages locaux d'un département voisin définit le métayage « un bail à partage de fruits par lequel le propriétaire d'un domaine le donne à un métayer pour l'exploiter pendant un certain temps, moyennant la moitié, le tiers, ou une autre portion aliquote des fruits

______

(1) C'est toujours par trois ou six mois francs, c'est-à-dire au plus tard le 10 août ou le 10 mai, suivant les localités, que se signifient les congés. — Rogron, *Code civil expl.*, art. 1736. — Vict. Fons, *Usages locaux*, p. 15.

qu'il récoltera et sous quelques autres conventions accessoires
de très-peu d'importance, qui varient suivant les localités.
Ce contrat est autant une société qu'un fermage : le propriétaire fournit les terres, le métayer son travail et son industrie (1). »

Gasparin, sous l'impression des causes qui ont dû amener
le métayage, dit que c'est un contrat par lequel, quand le
tenancier n'a pas un capital ou un crédit suffisant pour ga-
rantir le paiement de la rente et des avances du propriétaire,
celui-ci prélève cette rente par parties proportionnelles sur la
récolte de chaque année, de manière que la moyenne arith-
métique de ces portions annuelles représente la valeur de la
rente (2). D'après cet économiste, le métayage est une véritable transition de la culture servile à la culture des fermiers.
Le propriétaire, lassé de nourrir et d'entretenir des ouvriers
qui font leur tâche avec nonchalance et désaffection, préfère
les intéresser à la culture et leur assigner en paiement une
part proportionnelle de la récolte.

Les métayers sont plus particulièrement désignés, dans
l'arrondissement, sous les noms de bordiers et de colons par-
tiaires. Le métayage ou colonage est fort ancien. Il date probablement, parmi nous, de l'occupation romaine. On retrouve
ce mode d'exploitation dans tous les pays empreints des traditions de ce peuple, et, en France, en deçà de la Loire, dans
les provinces dites de droit écrit. Caton désigne le métayer
sous le nom de *politor* ou de *partiarius* (3).

Le métayage, malgré sa haute antiquité, a une assez mauvaise réputation aux yeux de quelques agronomes. D'après
M. Léonce de Lavergne, il a deux faces, et s'il montre quel-

1) Vict. Fons, *Usages locaux*, page 1. Toulouse, 1846.
(2) *Métayage,* par le comte de Gasparin, page 16. Paris, Libr. agricole.
(5) *De re rusticâ,* cap. 156.

quefois la solidarité des intérêts il peut en montrer aussi l'opposition. C'est cette dernière tendance, ajoute cet auteur, qui
domine malheureusement dans le Sud-Ouest. Il en serait bien
différemment dans le Maine et dans l'Anjou, où « le bail à
moitié fruits est une association véritable, une harmonie vi-
vante qui, réunissant l'intelligence et le capital du maître
avec l'expérience et le travail de l'ouvrier, amène des résultats
de plus en plus profitables pour tous deux, et entretient, par
la solidarité des intérêts, l'affection et la confiance réciproques. »

On aurait tort de ne nous attribuer que la mauvaise face
du métayage. Ici, comme ailleurs, le métayage peut se concilier avec toutes les idées de progrès et de bonne harmonie.
Nous en avons la preuve dans de nombreuses exploitations
dirigées de père en fils par d'honnêtes bordiers qui sont de-
meurés, malgré tout, les associés fidèles et loyaux, je dirais
même les amis du propriétaire. Le vieux métayer est encore,
parmi nos populations rurales, le type des bonnes mœurs,
et nous voyons tous les jours que, moins entêté que bien
d'autres dans la routine, il cède volontiers à l'impulsion qui
lui est donnée. C'est le métayer à cheveux blancs, né dans la
métairie, qui a encore toute l'estime du maître, c'est lui qui
est consulté, qui sert d'arbitre dans les contestations ; c'est
lui qui expose dans nos concours locaux les plus beaux animaux, qui offre à l'examen des jurys les domaines les mieux
tenus (1). Si son absence a été constatée dans les concours
régionaux, chacun peut deviner qu'il n'a ni le temps ni les
moyens de lutter contre ces exposants de profession, n'ob-
tenant le plus souvent des médailles et des primes qu'aux dé-

____

(1) Deux métayers ont reçu, cette année, du comice de Castelsarrasin, des
médailles de vermeil pour les améliorations faites par eux, et la bonne tenue
de leur métairie.

pens de leur avenir. Sans doute, le métayage a ses inconvénients, que nous ne déguiserons pas : l'ignorance, l'absence de capital, la fraude se glissant trop facilement loin de l'œil du maître, la durée trop peu prolongée des baux, l'inégalité surtout de rapports entre les améliorations à la charge exclusive du preneur et les profits toujours partagés dans la même proportion, causes multiples d'une stagnation et d'un *statu quo* indéfinis (1). Mais ce système est soutenu par l'intérêt de l'agent que rien n'empêche de stimuler, par la participation de cet agent à toute chance bonne ou mauvaise, participation qui devrait encore être mieux graduée. Où trouverait-on de plus puissants mobiles ?

Les conditions du bail à métayer varient suivant les cantons, quelquefois suivant les communes. Aujourd'hui, dans les nouveaux baux, les conventions des parties ne tiennent compte des anciens usages que très-accessoirement. Le plus souvent, ce sont les conventions faites dans le bail précédent qui règlent le bail actuel. Le bordier entrant prend les statuts du bordier sortant.

Dans les communes qui se trouvent sur la rive droite de la Garonne, les métairies à bordier sont assez généralement au quart des fruits principaux. Le propriétaire prend les trois quarts et fournit alors la semence. Il supporte les trois quarts des frais de moisson et de ce qu'on appelle l'été, *estive, escoussure,* lesquels sont prélevés en nature, sur la pile, avant partage. L'attribution du quart au métayer a lieu pour le froment, l'avoine, l'orge, le seigle, c'est-à-dire les céréales proprement dites. Pour les autres grains, les fèves, les haricots, le maïs,

---

(1) Pour que 100 francs de main-d'œuvre rapportent au métayer 25 francs de bénéfice, il faut, dit-on, que ces 100 francs fassent obtenir un produit brut de 250 francs : 125 francs pour le propriétaire et 125 francs pour le colon. — *Métayage,* par le vicomte de Dreuille, page 24. Paris, Librairie agricole.

les racines, etc., le partage se fait par moitié; mais, dans ce cas, le bordier fournit la semence entière.

Sur la rive gauche, les bordiers prennent en général la moitié de tous les fruits. Ils fournissent eux seuls la semence et l'estive. Lorsqu'il s'agit de métairies ou domaines assis sur un sol fertile, le propriétaire prélève sur pile, c'est-à-dire avant partage, une certaine quantité de grains, ordinairement de froment, à titre d'avantage, et retire sa moitié néanmoins quitte d'estive. Quelquefois encore, le propriétaire reçoit en sus des *avantages* une somme en argent, appelée la rente, variant de 30 à 50 francs. Cela facilite au bailleur le paiement des contributions qui, toutes, sauf les prestations en nature, restent à sa charge.

Lorsque les bestiaux et les troupeaux appartiennent au bailleur, ce qui est ordinaire, il est fait une estimation de ces animaux, et le métayer s'en charge, à la condition de les rendre de même valeur à sa sortie. Cette estimation, en langage du pays, s'appelle le *pé* (le pied, le capital). Ces animaux sont ainsi un cheptel, dont les profits et les pertes se partagent et se supportent par égales parts. La laine des moutons est un profit comme le croît.

Les cochons, les canards, les oies, les dindons, sont aussi ordinairement baillés et élevés à moitié profit.

Pour les autres volailles, il y a lieu à forfait. La métayère donne au maître une rente, qui consiste en six, huit ou dix paires et plus, suivant l'importance de la métairie, de poulets, de chapons et de poules; plus en une quantité d'œufs, qui varie ordinairement de 200 à 400.

Les instruments aratoires et autres sont fournis par le bordier, obligation regrettable, et qui, à elle seule, empêcherait l'adoption des instruments perfectionnés. Cette obligation n'est pas un des moindres inconvénients du métayage.

Beaucoup de bordiers labourent encore, à cause de cela, avec l'araire en bois, et manquent des instruments les plus indispensables : la herse, le ventilateur, l'émottoir, etc.

S'il manque des fourrages et des pailles pour finir l'année, le preneur et le bailleur en achètent à frais communs.

Les vignes, s'il y en a, donnent lieu, le plus souvent, à des conventions particulières. Dans les cantons de grande culture de vignes, le bordier n'a aucun droit sur ce produit. Comme indemnité de ce travail, le propriétaire donne une certaine quantité de vendange ou de vin et de demi-vin et piquette. Dans les métairies où il y a peu de vignes et où la vigne est peu estimée, le bordier prend la moitié de la vendange ou toute autre part. Dans ce dernier cas, le bordier fait tous les travaux.

Pour son chauffage et les besoins du ménage, le propriétaire abandonne au bordier l'émondage des arbres qui bordent les pièces de terre. Le métayer qui entre va faire l'émondage à l'avance, et le met en réserve pour en user après son entrée. Le métayer sortant ne peut se servir de cette réserve, et n'a jamais le droit de vendre ou d'emporter l'excédant des fagots dont il a eu l'usage pendant son bail. L'émondage a lieu pour les peupliers et autres arbres qui ne sont pas à toutes branches, et par rotation de trois ans.

S'il y a des troupeaux de laine, on émonde avant que la feuille s'étiole et tombe. C'est ce qu'on appelle le *cappourrou* sur la rive droite, la *brouste* sur la rive gauche, ainsi réservés pour la nourriture d'hiver de ces animaux.

Les haies, les buissons, servent pour le chauffage du four, et sont aussi aménagés par trois ans.

Le bail à bordier est, le plus souvent, consenti pour un an, terme bien court pour les longues améliorations, mais il peut être prolongé par la tacite reconduction. Il a lieu assez ordinairement sans acte. Le bailleur écrit les conditions sur son livre de comptes, ou bien fait deux doubles de cette convention et en donne un au métayer. Dans les cantons de la rive droite de la Garonne, les métayers entrent dans l'exploitation, aujourd'hui, le 11 novembre. Dans les communes de la rive gauche, l'entrée et la sortie des métayers ont lieu encore le 25 novembre, jour de Sainte-Catherine. Un arrêté du préfet de la Haute-Garonne, dont dépendait alors presque tout l'arrondissement de Castelsarrasin, en date du 20 frimaire an xiv, porte que les mutations de bordiers, métayers, cultivateurs à gages et autres préposés aux exploitations rurales, sont fixées, dans l'étendue de ce département, au 1er décembre de chaque année, époque à laquelle l'exploitation de toute espèce de récoltes, ainsi que les semences et tous travaux champêtres, sont absolument terminés. Les congés qui doivent précéder lesdites mutations devaient être donnés ou demandés dix mois à l'avance pour les métayers, et cinq mois pour les cultivateurs à gages, maîtres-valets, etc.

Nonobstant cet arrêté, les anciens usages ont prévalu. A Castelsarrasin, le congé des métayers se donne ou se prend avant le 11 mai. A Beaumont, le congé doit être signifié, pour les métayers, le 24 mai au plus tard, et partout six mois francs avant l'expiration du bail.

Le métayer qui sort n'a le droit d'emporter aucun fourrage. Il doit faire consommer celui dont il a besoin pour ses animaux jusqu'à la fin de son bail, mais avec modération. La portion à laquelle il peut prétendre est, dans quelques communes, réglée par l'usage. A Castelsarrasin, les fourrages sont ramassés à frais communs par le bordier entrant et celui qui sort ; puis ils sont partagés par moitié sur place au moment de les enlever. Les chaumes sont fauchés et ramassés par le bordier entrant qui fait aussi la meule de ces chaumes.

La paille, après la dépiquaison et au fur et à mesure, est aussi mise en meule par le bordier entrant. Pour les besoins de la litière, le bordier sortant se sert d'une partie de ces pailles et chaumes mise à part d'un accord amiable avec celui qui doit le remplacer, et proportionnellement au temps du bail qui reste à courir.

Avant sa sortie, le métayer ensemence le froment, et, à l'été, il fait la récolte comme à l'ordinaire.

En résumé, le métayage répond à toutes les exigences du propriétaire, qui ne peut ou ne saurait cultiver par lui-même: il peut admettre tous les progrès et concilie mieux que tout autre mode d'exploitation l'antagonisme du maître et de l'ouvrier. « Il y a, dit Gasparin, dans le principe du partage des produits entre le travailleur et le capitaliste, une vertu secrète qui s'adapte merveilleusement aux faiblesses de la nature humaine, qui fait taire la jalousie et la cupidité, et qui semble particulièrement adaptée à la situation actuelle des peuples. Dans les pays à métairies, on ne voit pas cette fureur aveugle contre la propriété qui anime les esprits dans ceux à fermage. Courir ensemble les mêmes chances, craindre les mêmes fléaux, se réjouir des mêmes évènements, pleurer des mêmes pertes, c'est établir une confraternité qui ne laisse pas prise aux mauvaises passions (1). »

FERMAGE.

« L'exploitation par fermiers ne peut avoir lieu que dans les pays où il existe déjà des capitaux accumulés dans la classe agricole: dans ceux où les récoltes offrent des chances positives d'une réussite moyenne: dans ceux ou la vente des

____

(1) *Métayage*, Introduction, page 4. Paris, Librairie agricole.

denrées se fait avec facilité et où, par conséquent, il existe à la fois des consommations, des débouchés et un commerce organisé. C'est ce genre d'exploitation qui est le plus propre à porter à la perfection la culture des vastes domaines, parce qu'il unit la richesse numéraire du fermier à la richesse territoriale du propriétaire, et que cette association double les ressources de tous deux. De même que dans les contrées où la terre est assez divisée pour n'exiger de capitaux que la force d'une famille, c'est dans la culture du petit propriétaire que se trouve la perfection; ainsi, dans les grandes propriétés, il faut aussi que le capital employé se proportionne à l'étendue. Vouloir introduire le fermage à prix d'argent dans les pays pauvres et sans capitaux, c'est s'exposer à ne pas être payé et à avoir des terres d'autant plus mal cultivées, qu'elles sont plus étendues. La nature des choses a force de loi, et on n'y résiste jamais sans être puni. »

On ne peut pas mieux démontrer que par ces paroles du plus grand esprit de l'agronomie moderne, les principales causes qui rendent impossible, dans notre Sud-Ouest, la pratique du fermage (1). Le fermage est, en effet, presque inusité dans l'arrondissement. C'est du moins une si rare exception, qu'il y est sans importance. Les fermes qui figurent dans la statistique comprennent, pour la plupart, des parcelles de peu de valeur, que des circonstances particulières et impérieuses ont soumises à ce mode d'exploitation. Il n'existe pas cinquante baux authentiques dans l'ensemble de nos cantons. Les plus longs termes sont de 3, 6 ou 9 ans pour les corps de domaines. Ces termes sont une conséquence de notre vieil assolement triennal et des principes admis par l'article 1774 du Code civil, qui déclare les baux faits pour le temps néces-

(1) Gasparin, *Traité du fermage*, page 18.

saire à la perception de tous les fruits lorsque le bail n'indique pas de terme.

Autrefois, c'est-à-dire avant 1789, les baux à ferme des biens nobles comprenant plusieurs domaines étaient ordinaires. Ils ont été la source de plus d'une fortune bourgeoise. Aujourd'hui, malgré tous ses avantages au point de vue agricole, le fermage a été rendu impossible par nos conditions locales et par l'état de division du sol. Le fermage étant aussi rare, les anciens usages réglant la matière sont à peu près perdus et sont remplacés, soit par des conventions particulières, soit par les prescriptions des articles 1714 et suivants, 1763 et suivants du Code civil.

Quelques autres modes d'exploitation accessoires ou secondaires peuvent être considérés comme le complément des précédents.

ESTIVANDIERS, SOLATIERS, MÉTIVIERS. — Dans tous les cantons de l'arrondissement il existe une classe, particulière au Midi, de travailleurs employés à l'exploitation d'un domaine, et connus sous les noms d'estivandiers, solatiers ou métiviers. Ce sont eux qui aident à la moisson. Leur nombre est proportionné à l'importance du domaine. C'est ordinairement le mari et la femme qui font en commun ce travail. Il y a, d'après l'usage, deux hommes et deux femmes par paire de labourage. On appelle latte en Gascogne, et verge sur la rive droite de la Garonne, l'estive ou travail de moisson de deux hommes et deux femmes réunis. Le mari et la femme font ainsi ensemble une demi-latte ou demi-verge d'*été*.

L'estive ou été comprend tous les travaux de la moisson jusqu'à la remise du grain en grenier, c'est-à-dire le sciage ou fauchage des blés, l'arrachage des autres récoltes, leur charroyage et emmagasinage, avec l'aide des propriétaires-cultivateurs, bordiers ou maîtres-valets, et des attelages et charrettes de la métairie. La récolte est ordinairement encore mise en gerbier par les estivandiers, sur l'aire dépicatoire, et est immédiatement dépiquée au fléau ou au rouleau.

Les gages des estivandiers consistent en une partie des grains, qu'ils partagent entre eux. Dans quelques cantons de la rive gauche on leur donne une certaine étendue de terrain à pelleverser pour y cultiver du maïs ou des haricots, lesquels sont alors partagés entre eux et le propriétaire, par moitié. Le prélèvement des grains, leur tenant lieu de gages, est ordinairement, pour les céréales proprement dites, froment, avoine, orge, seigle, du huitième sur tas; le maïs, les fèves, les haricots, les pommes de terre, etc., leur sont attribués pour un sixième. Ce droit d'estive (escoussure) varie cependant en beaucoup d'endroits, et la substitution assez générale du rouleau au fléau, comme moyen de dépiquage, a modifié encore les usages. L'emploi des batteuses, à manège et à vapeur, donne aussi, depuis quelques années, lieu à de nouvelles conventions.

Dans l'arrondissement, les estivandiers sont ordinairement tenus de sarcler deux fois les blés et les autres cultures, de déchausser et de rechausser les maïs, les pommes de terre, les haricots et les fèves. Ils répandent aussi, sans autre rétribution que leur part d'estive, la semence des maïs, des fèves et autres menus grains. Ils contribuent, moyennant simple nourriture, à l'enlèvement des fumiers pour les cultures autres que le blé, et sont tenus, sans aucun salaire, de répandre ces fumiers. Ils sont encore soumis à quelques obligations particulières, telles que l'enlèvement et la mise en meule ou en grange des pailles et chaumes.

A la fin des travaux de la moisson, et plus ordinairement après que la gerbe a été mise en moyettes, les estivandiers sont dans l'usage d'offrir au propriétaire un bouquet, composé des plus beaux épis, entrelacés de fleurs, sous forme de croix. Le propriétaire, à son tour, lorsqu'il est satisfait du travail des estivandiers, après la dernière levée du froment, leur donne une étrenne, tantôt en nature et tantôt en argent, suivant d'ailleurs qu'il le juge à propos. Ce don sert à faire une petite fête appelée *paillado* ou *tout battut* sur la rive gauche de la Garonne, et *faillado* sur la rive droite.

Le louage de l'estivandier finit après que les dernières récoltes ont été mises dans le grenier, et avant les premiers travaux des récoltes de l'an prochain.

Autrefois l'agriculture a pu se louer du concours des estivandiers: mais aujourd'hui ce mode d'exploitation, aussi ancien peut-être que le métayage, et produit probablement par les mêmes causes, ne peut guère, sans transformation, se concilier avec les progrès de l'industrie agricole. Beaucoup plus que le métayer, l'estivandier résiste opiniâtrement à toute innovation. Il est l'adversaire acharné des propagateurs d'instruments perfectionnés. Il voit toujours l'introduction de ces instruments d'un œil jaloux. On est obligé d'ajourner les plus utiles réformes devant l'entêtement de ces ouvriers: car le pays manquant de bras, et toutes nos exploitations étant soumises à la tyrannie des estivandiers, il y a de leur part comme une coalition que ne dissoudra pas l'adoption des machines, mais qui cessera d'elle-même avec ce système de culture, ces travailleurs complémentaires devenant de jour en jour plus indépendants de position, et par suite plus exigeants.

BRASSIERS ET ESTACHANTS. — On peut regarder aussi comme des auxiliaires de la culture une catégorie d'ouvriers appelés brassiers sur la rive droite de la Garonne, et estachants sur la rive gauche. Ces ouvriers deviennent de plus en plus rares.

« Ce sont des journaliers pauvres, vivant de leurs bras, et

qui, sans asile et sans place, cherchent à louer des maisons rurales inoccupées et sans exploitation (1). »

Il y a des brassiers et des estachants, quoique en petit nombre, dans presque tous nos cantons. On donne, assez ordinairement, à ces journaliers, en sus du logement, un petit jardin pour leur usage et quelques piquettes pour boisson, s'il y a des vignes annexées. Le brassier travaille pour le maître de la maison, toutes les fois qu'il en est requis, au taux ordinaire des salaires. On lui confie quelquefois, à cheptel, des porcelets, des oisons et des volailles : le profit en est partagé avec le propriétaire.

Les conditions pour l'entrée et la sortie des estachants ou brassiers, ainsi que la plupart des accords faits avec eux, varient suivant les localités. Le louage se fait ordinairement pour un an, et l'entrée est fixée au 11 novembre comme pour les métayers et les maîtres-valets.

Vignerons complanteurs. — Il existe dans quelques cantons de l'arrondissement, et notamment dans le canton chef-lieu, des ouvriers ou plutôt des fermiers spécialement attachés à la culture de la vigne. Ces petits fermiers sont connus sous la désignation de vignerons à complant ou droit de plante.

Le vigneron à complant a reçu à bail perpétuel un terrain qu'il s'est chargé de planter en vigne. Il est tenu d'entretenir et de renouveler cette vigne par le provignage ou par des plantations partielles remplaçant les souches mortes ou malades. Il s'est obligé, en outre, à tous les soins de culture, tels que : taille, labours, binages, échalassages et vendanges.

La récolte du complant est ordinairement partagée, par moitié, entre le preneur et le bailleur, sous l'œil de ce dernier ou de son représentant. La moitié dévolue au maître

____

(1) Victor Fons, *Usages ruraux*, p. 56.

de la vigne doit être exempte de tous frais et être apportée
aussi sans frais à l'entrée de son chai. Le sarment appartient
exclusivement au vigneron. Le bailleur continue de supporter
en seul toutes les contributions.

Ce contrat est un legs de l'ancien régime. Il est considéré par nos vieux auteurs comme un abandon d'usu-
fruit (1). Ainsi compris, il entraînerait transmission d'une
partie de la propriété. Mais dans nos cantons il n'est qu'un
véritable bail à moitié fruits perpétuel, ne privant le bailleur d'aucun de ses droits de propriétaire.

Il semblerait que le complant ainsi pratiqué, et où l'ouvrier a un droit proportionnel considérable dans le produit,
dût être le beau idéal des modes d'exploitation. Il n'en est
rien. L'intérêt, ce dieu puissant du travail, stimule médiocre-
ment le vigneron dans la plupart des cas. Une vigne à complant est reconnue, par l'œil le moins exercé, à son état
d'incurie. Elle n'obtient presque jamais les soins d'un bon
père de famille. Jamais ou presque jamais les fumiers ou les
terreaux ne viennent réveiller la végétation languissante de
ces vignes dédaignées. Presque tous ces vignerons à droit de
plante ont refusé de soufrer leurs cépages malades, même
lorsque le propriétaire offrait de contribuer à ce soufrage,
même lorsque ce propriétaire, sur des vignes voisines, mais
à sa main, obtenait par ce traitement les plus heureux résultats.

Il est difficile d'expliquer cette contradiction économique
autrement que par le discrédit dans lequel a été entretenue
la vigne jusqu'au moment de l'ouverture des nouveaux débouchés, discrédit dont cette culture n'est pas encore relevée,

(1) Ferrière, *Dictionnaire de droit*. Paris, 1754, page 333.

D'autres prenaient le complant pour un bail à rente perpétuelle. Voir
le même Dictionnaire, page 164.

malgré l'avenir qui s'offre à elle (1). Ne pourrait-on pas dire cependant que la plupart des vignobles à droit de plante se trouvant situés dans la partie la plus ingrate de nos terres et le plus souvent éloignés des centres de population, leur culture est plus exigeante et moins rémunératrice. Ces baux étant bien anciens, les obligations premières se sont divisées indéfiniment, et il arrive assez souvent que le vigneron, pour aller travailler son lopin, a une longue distance à parcourir, et que les soins assidus et la surveillance indispensables à la prospérité du vignoble lui deviennent impossibles à cause de cet éloignement. Dans ces circonstances, l'intérêt que le fermier à complant peut prendre au produit se trouve combattu par des intérêts opposés.

Aussi ce bail tend-il à disparaître par suite du mécontentement réciproque du bailleur et du preneur. Quoique d'une durée illimitée ce contrat peut se résoudre, comme tous les contrats, par la volonté des parties. Il peut se résoudre encore par la faute du preneur, l'omission des soins de culture essentiels, l'abus de la jouissance (articles 1744 et 1766 du Code civil). C'est de cette manière qu'un certain nombre de propriétaires ont obtenu la résiliation volontaire ou forcée de ces baux naguère encore assez nombreux. Bien que devenu plus rare, le complant est encore gênant pour l'agriculture, et c'est avec raison que le gouvernement se préoccupe des moyens de le faire disparaître tout-à-fait, comme inconciliable avec le progrès et la liberté de l'industrie agricole (1).

(1) On connait ce vieux proverbe gascon :

Ni trop de bignos, ni trop de fillos,
Ni trop d'houstaous en paouros bilos.

(2) Le Conseil d'Etat est nanti du projet de Code rural, d'où va dépendre le sort définitif du complant.

Bergers et domestiques de ferme. — Le louage des bergers est toujours l'objet de conventions particulières. Il n'existe pas d'usages consacrés à l'égard de ces serviteurs, qui ne sont ordinairement que des valets, à moins qu'ils n'appartiennent à la famille du chef de l'exploitation.

Les domestiques de ferme sont ordinairement loués à l'année. Sur la rive droite de la Garonne ils entrent pour la fête de saint Clair (1er juin): sur la rive gauche ils se louent pour la fête de saint Jean-Baptiste (24 juin), suivant le vieux dicton gascon :

Aneyt Saint-Joan,
Pagatz-nous, mestres, nous en ban.

L'usage a bien choisi l'époque de ces louages: car le service d'été est plus dur et plus important que le service d'hiver, et l'on voit quelquefois des domestiques, loués à l'année, mais dont le louage a commencé, soit le 11 novembre, soit en tout autre temps de chômage, abandonner leur maître au moment où on a le plus besoin d'eux. S'il s'élève des contestations à l'occasion de l'inexécution de ce louage et du départ volontaire ou forcé des domestiques, le juge de paix apprécie. De son côté, à moins de motifs graves, le maître ne renvoie pas ces serviteurs avant l'expiration de l'année du louage. Il y a cependant des domestiques qui louent leurs services pour un travail spécial : la moisson, les semences, la fauchaison, les vendanges, etc.

Les domestiques de ferme sont nourris et entretenus; on blanchit et on répare leur linge.

La tacite reconduction a lieu pour ce louage comme pour le bail à maître-valet. Aux approches de l'expiration du bail, sans qu'il y ait un délai invariable, les maîtres et les valets se préviennent mutuellement de leur intention de continuer ou bien de faire cesser le louage.

ÉTENDUE DES EXPLOITATIONS.

« Les paysans ont partout de petites propriétés en France,
à un point dont nous n'avons pas d'idée. Le nombre en est si
grand que je croirais qu'il comprend un tiers du royaume. »
Ainsi s'exprimait dejà, avant l'année 1789, Arthur Young,
cet agronome et voyageur anglais, si célèbre et si souvent
invoqué. Nulle part cette division du sol ne lui avait paru
plus extrême que dans notre Midi. L'action du droit romain,
plus favorable que le droit coutumier à la liberté et au commerce, avait dû contribuer à amener ce résultat, et non-seulement le droit écrit, mais encore les mœurs et les coutumes
locales, tradition aussi de l'occupation romaine. C'était sous
l'influence de nos franchises municipales, rapprochant beaucoup plus qu'ailleurs les différentes classes de la société, que
la propriété s'était ainsi divisée.

Le morcellement a partout, depuis Arthur Young, fait de
grands progrès. Ce n'est plus seulement la grande propriété
qui finit par disparaître, c'est aussi la moyenne qui s'en va
par l'effet des partages, par la difficulté de réaliser un bon
mode d'exploitation pour ceux qui ne cultivent pas par eux-
mêmes, par cette naturelle ambition de l'ouvrier agricole, qui
veut à tout prix posséder cette terre arrosée de ses sueurs,
et qui ne veut plus l'entourer de ses soins, si elle ne lui
appartient exclusivement.

Les questions qui se rattachent à la division du sol sont
depuis longtemps à l'ordre du jour. Elles ont été traitées par

de savants agronomes, par de profonds économistes; mais bien rarement l'agriculteur-praticien a donné son avis. On conçoit pourquoi ce dernier n'a pas demandé à opiner sur un sujet qui touche aux bases mêmes de l'ordre social. Quant aux autres, ils ont parlé presque toujours de parti-pris et avec peu d'impartialité. C'est ainsi que tantôt on n'a voulu envisager que le côté social et moral du morcellement. La division de la propriété, dit-on, est plus qu'un grand stimulant, plus qu'un moyen d'augmenter la production : c'est la meilleure et la plus heureuse des solutions pour les problèmes agités dans les sociétés modernes. Il faut encourager le morcellement. Tantôt, au contraire, on n'a cru voir dans la propriété parcellaire que la ruine même de l'agriculture. Opposant aux propriétés indéfiniment divisées les succès de la grande culture, on a déclaré la parcelle impuissante à faire autre chose que des produits maraîchers ; on a parlé de sol émietté, réduit en poussière, de cultivateurs aux appétits insatiables, toujours disposés à prendre et à ne jamais rendre, d'agriculture épuisante, d'agriculture vampire (1).

En présence de ces opinions exagérées, nous osons à peine émettre quelques considérations d'agriculteur. L'expérience a cependant significativement parlé depuis longtemps. La France n'est pas encore une garenne de pauvres, elle n'est pas encore à l'état prévu par Malthus qui la condamnait, au bout d'un siècle, à être aussi remarquable par son extrême indi-

---

1. L'exploitation de la terre est indépendante de la propriété. Cependant, dans l'arrondissement. la grande culture, la petite culture, sont corrélatives en général à la grande et à la petite propriété. Nous ne voyons, pour notre raisonnement, aucun inconvénient à les confondre. Il est sans exemple qu'une grande exploitation réunisse ici des parcelles appartenant à plusieurs propriétaires, et il est infiniment rare qu'un grand domaine se divise par des fermages partiels, comme en Irlande, en petites cultures.

gence que par l'extrême égalité des propriétés, ne comptant plus d'autres personnes riches que celles qui recevraient un salaire du gouvernement. Depuis un demi-siècle, nous voudrions pouvoir dire depuis un siècle entier , un bien-être incontestable s'est répandu dans nos campagnes. La démocratie rurale, qui est la meilleure des démocraties, parce qu'elle a sa base dans le travail, a fait son chemin sans violences et sans secousses. L'aisance a pénétré dans toutes nos fermes. Avec l'instruction, la dignité humaine grandit partout. L'ordre et la paix semblent enfin garantis par cette quantité innombrable de propriétaires que le travail moralise et que les passions mauvaises n'ont su corrompre. Il est cependant un terme moyen désirable. Le morcellement n'a pas encore eu de trop grands inconvénients; mais il pourrait devenir nuisible avant longtemps. C'est surtout dans les pays comme le nôtre, privés d'industrie et morcelés à l'infini, que le progrès se retarde. Les instruments perfectionnés les plus utiles y sont à peine connus, le capital engagé y est toujours aussi rare, la terre aussi altérée d'engrais que rassasiée de main-d'œuvre, s'épuise. Les prairies, les vignobles, les forêts, cèdent leur place à la culture exclusive des blés. Des maladies, des parasites rongeurs, causes ou effets de la dégénérescence, affectent ou dévorent nos plus précieuses récoltes. Ce sont là de fâcheux symptômes, de tristes augures de notre avenir. Il faudrait que la propriété ne cessât pas d'être en rapport avec les exigences de la production générale, il faudrait, peut-être, ramener l'agriculture à un traitement plus modéré, plus prévoyant, et nous croyons que la grande et la moyenne culture sont plus capables de cette prudence et de cette modération que les efforts persévérants d'un morcellement exagéré.

Voici l'étendue et le nombre de nos diverses exploitations :

DOMAINES	BEAU-MONT.	Castel-sarrasin.	GRI-SOLLES.	LAVIT.	MON-TECH.	SAINT-NICOLAS	VERDUN	TOTAL.
de moins de 5 hectares.	1,088	959	463	864	255	659	558	4,846
de 5 à 10 hect.	251	227	127	357	181	188	248	1,559
de 10 à 20 hect.	261	90	73	198	165	158	244	1,189
de 20 à 40 hect.	186	144	84	159	135	92	219	997
de 40 à 60 hect.	70	33	35	26	34	12	35	245
de 60 à 80 hect.	14	6	11	12	8	6	25	82
de 80 à 100 hect	14	5	1	6	1	2	4	31
au-dessus de 100 hectares	3	2	1	9	1	1	6	23
TOTAL général.	......	......	......	......	......	......	......	8,972

Ces chiffres, fournis par la statistique officielle, ne peuvent être acceptés comme une donnée positive. Il ne s'agit ici que de domaines ruraux, pourvus d'une exploitation. Mais la situation de la propriété foncière indique un bien plus grand nombre de parcelles.

Les domaines de moins de 5 hectares, en supposant la moyenne de deux hectares et demi, ne représenteraient que 12,115 hectares. Ces petites propriétés seraient ainsi loin d'équivaloir au tiers de l'entier sol, comme l'avançait Arthur Young, du moins dans l'arrondissement, dont la contenance est de 122,000 hectares. En revanche, les domaines de 20 hectares et au-dessus représenteraient plus de 50,000 hectares, c'est-à-dire cinq douzièmes de la superficie totale, et là il y aurait exagération dans le nombre et l'étendue.

Le morcellement est beaucoup plus prononcé que le tableau que nous venons de donner ne l'indiquerait. Le nombre des cotes foncières, pour le département, était déjà, au 1er janvier 1857, de 101,998, et l'auteur d'une étude consciencieuse sur la question, constatait vers la même époque que ces cotes s'augmentaient de 1,000 à 1,100 par an (1). Les calculs de ce publiciste se sont vérifiés dans les années qui ont suivi. Le nombre des cotes foncières, dans le département, est aujourd'hui de 110,481. Le morcellement est donc loin de s'arrêter. La profession de marchand de biens, inconnue de nos pères, s'est créée et multipliée sur tous les points. Il n'est pas de hameau où ce commerce n'ait ses représentants. C'est principalement aux domaines au-dessus de 20 hectares qu'ils s'attaquent. Déjà beaucoup de nos communes se trouvent sans un seul propriétaire rentier, c'est-à-dire n'exploitant pas par lui-même. La culture parcellaire menace bien réellement de tout envahir (2).

---

(1) *Du morcellement* (Toulouse, 1857, p. 16), par Léonce Rigail de Lastours, de si regrettable mémoire. Sa fin si triste et si imprévue (un accident de chemin de fer), a privé le Tarn-et-Garonne d'un talent distingué, d'un dévouement à toute épreuve, et plongé de nombreux amis dans un deuil, dont le temps n'a pas encore effacé l'amertume.

(2) Les assertions contraires de quelques économistes ne sauraient prévaloir contre des faits évidents. (Voir Passy, *Des Systèmes de culture*, in-18, 1853. — J. Garnier, *Traité d'économie politique*, 5e édition, p. 106).

VALEUR VÉNALE.

La valeur vénale et la valeur locative de la terre n'auraient jamais cessé de s'élever, si les agitations politiques et la guerre n'avaient trop souvent arrêté l'essor de l'industrie agricole.

Une statistique, publiée par un administrateur du département du Nord, constate que la valeur vénale en 1789, dans l'arrondissement de Douai, était de 2,350 francs par hectare. La moyenne tomba ensuite à un taux dérisoire et ne remontait encore, en 1800, qu'à 1,355 francs. Depuis longues années déjà cette valeur s'est relevée, et le prix moyen des terres, dans l'arrondissement de Valenciennes, démembré de celui de Douai, est aujourd'hui, par hectare, de plus de 7,500 francs (1).

Dans l'arrondissement de Castelsarrasin la valeur de la terre, avant 1789, paraît avoir été, en moyenne, de 1,000 à 1,100 francs. Elle subit ensuite la dépréciation générale, ne se releva qu'avec peine, et ne reprit un mouvement ascensionnel prononcé qu'après l'ouverture des grands débouchés modernes. Elle est aujourd'hui, d'après le tableau que nous allons donner, de 2,445 francs pour les terres arables.

(1) Bonnier, *Statistique de l'arrondissement de Valenciennes.*

VALEUR VÉNALE.	BEAU-MONT	Castel-sarrasin.	GRI-SOLLES.	LAVIT	MON-TECH.	SAINT-NICOLAS	VERDUN	TOTAL OU MOYENNE
1re classe. Terres labour.	3,250ᶠ	4,833ᶠ	3,110ᶠ	2,414ᶠ	3,377ᶠ	3,750ᶠ	2,425ᶠ	3,305ᶠ
Prés naturels.	3,656	4,915	2,683 (1)	2,835	3,277	4,450	2,400	3,459
Vigne.	1,850	2,650	2,155	1,578	1,811	1,570	1,193	1,829
Bois taillis.	970	1,900	1,425	1,000	1,200	700	800	1,142
2ᵉ classe. Terres labour.	2,275	3,700	2,472	1,807	2,477	2,640	1,750	2,445
Prés naturels.	2,640	3,653	2,500	2,186	2,522	3,080	1,812	2,624
Vigne.	1,283	1,850	1,714	1,200	1,566	1,200	806	1,344
Bois taillis.	600	1,440	1,100	875	853	500	600	852
3ᵉ classe. Terres labour.	1,454	2,616	1,556	1,228	1,594	1,780	1,212	1,634
Prés naturels.	1,710	2,333	1,475	1,257	1,711	2,240	1,212	1,705
Vigne.	824	1,262	1,215	860	944	940	562	943
Bois taillis.	302	1,010	733	530	566	360	278	542

(1) Quelques communes n'ayant pas répondu à la question relative aux prés, cette absence de réponses a influé sur la moyenne, qui devrait, pour tous les cantons, être, dans tous les cas, supérieure à celle des terres labourables.

Ce tableau constate, dans divers cantons, des écarts d'évaluation difficiles à expliquer. La première classe des terres arables est évaluée à 4,833 francs dans le canton de Castelsarrasin, tandis qu'elle est seulement portée à 2,425 dans le canton de Verdun. On concevrait mieux cette inégalité pour la vigne, à peine relevée dans l'estime de quelques terroirs particuliers et encore si discréditée presque partout ailleurs, et pour les bois qui, très communs sur certains points, sont fort rares en d'autres, et dont le transport et l'exploitation sont plus ou moins faciles ou avantageux. Les bois avaient été divisés, dans le questionnaire, en hautes futaies, taillis sous futaies et taillis simples. Nous n'avons donné que les réponses relatives aux taillis simples, les futaies ayant à peu près complètement disparu de l'arrondissement, et les taillis sous futaies étant très-rares.

La statistique avait posé la question de la valeur locative ou du prix du fermage. Cette question n'a reçu des réponses que de la part de quelques commissions. Celles qui ont répondu ont fait leur réponse d'une manière souvent peu intelligible. Le fermage n'étant pas en usage dans la plupart de nos communes, les demandes, malgré leur importance, ont paru sans objet. Il n'est pas facile d'évaluer la rente avec le système du métayage. On pourrait apprécier, en l'absence de ces indications, le loyer de la terre à deux et demi pour cent de la valeur vénale.

Voici quelques relevés exacts, et puisés à bonne source (1), qui pourront donner une idée du mouvement et de la progression de la valeur locative de nos terres depuis environ un siècle. Les biens de l'hospice de Castelsarrasin ont été publiquement mis aux enchères et affermés, à diverses époques, aux prix suivants :

(1) Registres des délibérations, archives de l'hospice.

BAUX A FERME DES BIENS DE L'HOSPICE DE CASTELSARRASIN.

MÉTAIRIE DES CHENEVIERS : 33 hectares.		MÉTAIRIE DE LAMOURE : 24 hectares.		MÉTAIRIE DE DUTON : 26 hectares.	
Date .	Prix.	Date.	Prix.	Date.	PRIX.
1747.....	983ᶠ	1747.....	500ᶠ	1747.....	
1752.....	1,030	1752.....	520	1752.....	540ᶠ
1770.....	1,520	1770.....	620	1770.....	720
1779.....	1,675	1779.....	650	1779.....	750
1785.....	1,600	1785.....	· 800	1785.....	925
1797.....	3,005	1797.....	1,130	1797.....	1,240
1803.....	3,040	1803.....	1,310	1803.....	1,440
1815.....	1,750	1815.....	700	1815.....	650
1821.....	1,900	1821.....	700	1821.....	850
1827.....	1,900	1827.....	880	1827.....	940
1833.....	1,950	1833.....	990	1833.....	1,100
1839.....	2,000	1839.....	1,020	1839.....	1,000
1857.....	2,720	1857.....	1,530	1857.....	1,705
1866.....	2,963	1866.....	1,800	1866.....	1,520

En présence de ce tableau prêtant à des réflexions nombreuses, nous nous contenterons de faire remarquer qu'une des époques les plus heureuses, pour notre agriculture, fut le Consulat : tout renaissait, les lois, les mœurs, l'ordre, se reconstituaient, l'avenir était sans nuage et plein de promesses qui, malheureusement, ne se réalisèrent pas. Le prix total du loyer des trois domaines de l'hospice fut, en 1803, de 5,790 fr. Il est aujourd'hui, avec les mêmes réserves, de 6,283 fr., c'est-à-dire supérieur d'un douzième à peine. En 1803 l'augmentation du louage, qui datait du rétablissement de l'ordre, était plus sensible que le progrès de la valeur vénale, le trafic des biens nationaux ayant singulièrement déprécié celle-ci. Les denrées et les bestiaux, tous les produits obtenaient des prix aussi élevés que ceux d'aujourd'hui, mais le motif réel de l'augmentation du louage des terres fut dans la confiance qu'inspirait l'avenir.

SALAIRES ET GAGES.

On conçoit que le produit brut des cultures de l'arrondissement étant peu élevé , les salaires et les gages des travailleurs agricoles doivent être à un taux relatif. Quoique depuis vingt ans, ici comme ailleurs, les prétentions des ouvriers ruraux se soient considérablement accrues, la cherté de la main-d'œuvre n'est pas encore en proportion de sa rareté. Mais nous sommes sous l'effet de changements graves, et avant peu il est à craindre que les auxiliaires de la culture, estivandiers, journaliers et autres, ne deviennent plus exigeants s'ils ne nous font même complètement défaut. On aurait tort, du reste, de croire que la dépopulation des campagnes au profit des villes soit la cause unique ou même principâle du manque de bras. Le morcellement, bien plus que l'émigration, rend la main-d'œuvre rare et exigeante. L'ouvrier qui ne possédait rien possède aujourd'hui : il consacre à ses parcelles la plupart des soins qu'il apportait autrefois à la culture des grands domaines.

L'enquête administrative ne nous apprend rien sur un état de choses que les circonstances modifient de jour en jour. Les salaires augmentent, la main-d'œuvre devient de plus en plus rare ; c'est incontestable. Le valet de labour qui s'engageait, il y a vingt ans, aux gages de 150 francs exige presque le double en ce moment. La moyenne des gages d'un valet de labour n'était portée, par les relevés de 1862, qu'à 190 francs. Mais de combien se sont augmentés, depuis lors, ces louages? Une servante de ferme était payée, en moyenne, 100 francs. La journée de l'ouvrier non nourri était de 1 fr. 25 c. Un maître-valet obtenait des gages évalués à 570 francs.

Les femmes travaillent peu à la journée, excepté pour les sarclages et la moisson, qui se font presque partout à l'aide d'estivandiers. Quand elles sont à la journée et non nourries on les paie de 60 à 75 centimes par journée.

Il était difficile d'apprécier exactement les gages d'un maître-valet. Ce salaire varie en tous lieux suivant l'importance de la métairie, la fertilité des terres et la facilité des travaux. Le bétail est ordinairement donné à partage des pertes et profits. Les gages sont le plus souvent en nature. Ce que nous avons dit à propos des modes d'exploitation, fait suffisamment connaître les conditions auxquelles s'engagent ces serviteurs spéciaux.

Les bergers sont aussi gagés d'une manière assez variable : leur salaire peut aller, lorsqu'il s'agit d'enfants, de 30 à 60 fr. ; partie de ces gages s'acquitte en argent, partie en effets ou vestiaire.

Les prix à la tâche et à forfait sont assez ordinaires dans les travaux importants, tels que défoncements, fauchages des prés et des chaumes, etc.

Malgré la rétribution relativement faible du salaire, parmi tous ces ouvriers, agents directs ou auxiliaires des exploitations, pas un n'a à envier le sort des ouvriers de contrées agricoles plus avancées. Nulle part, si ce n'est dans l'Italie centrale, la condition du paysan n'est naturellement aussi bonne, a dit avec raison M. Léonce de Lavergne. Jamais nos journaliers n'éprouvent de chômage, et il n'en est presque pas qui ne possèdent une maison et un champ.

———∞∘⟨⟩∘∞———

ALIMENTATION.

Nulle part, avons-nous dit, la condition des populations
rurales n'est meilleure. C'est là le bel aspect de notre agriculture. Chose bonne à constater, il n'existe pas de pauvres, pas
un seul mendiant dans les trois quarts de nos communes,
tandis que dans le département du Nord, le plus riche et le
plus prospère au double point de vue agricole et industriel, le
prolétaire traîne encore partout son indigence. On dit qu'un
tiers des habitants de la ville de Lille reçoit des secours des
bureaux de bienfaisance et que plus d'une commune rurale
a, proportionnellement, autant de pauvres (1). « L'ouvrier
agricole des Flandres est peut-être celui de tous les ouvriers eu-
ropéens qui, travaillant le plus, est le plus mal nourri. Le petit
fermier ne vit guère mieux. Partout où la stérilité naturelle
du sol rend la culture du froment trop onéreuse, la population
rurale ne mange que du pain de seigle ou de méteil, avec des
pommes de terre, des haricots, quelques légumes et du lait
battu, presque jamais de viande, ni même de lard. Le café à la
chicorée est la boisson habituelle. La bière est réservée pour
les jours de dimanche et de kermesse (2).

Quel contraste n'offre pas l'alimentation de nos paysans, et
avec quelle satisfaction ne pouvons-nous pas redire que notre
agriculture, arriérée sous tant de rapports, est cependant

(1) L. de Lavergne, *Economie rurale en France*, page 83.
(2) Émile de Lavelaye, *Revue des Deux-Mondes*, pag. 747. — 1860.

digne d'envie quant à l'existence matérielle et au bien-être de nos classes agricoles.

Les tableaux fournis par la statistique officielle rendent approximativement compte des rations habituelles de nos travailleurs en pain, en soupe, en viande, en comestibles divers et en boissons. Mais aucune réponse n'est relative au lait. Sa consommation, en effet, est nulle dans nos campagnes. Nos paysans ont pour cet aliment une répugnance si marquée, qu'il est impossible d'expliquer cette espèce d'aversion par la seule habitude. Il y a évidemment des raisons de tempérament et d'hygiène qui, sous un climat brûlant, éloignent de cette consommation, cependant bien naturelle, la masse de nos travailleurs. Le lait s'allie mal, d'ailleurs, dans l'estomac avec nos boissons fermentées, souvent acides, et avec nos fruits. A part le lait et le beurre, qui font ainsi défaut aux besoins du ménage, une alimentation aussi saine que variée se trouve partout à la disposition de l'ouvrier des campagnes. Des légumes succulents, des fruits sucrés, viennent s'ajouter sur la table des plus modestes familles au froment pur, au salé d'oie ou de porc et, si la ménagère le veut, aux volailles et aux œufs si facilement abondants. Les demi-vins et les piquettes qui, de l'aveu des juges les plus compétents, sont une boisson aussi agréable qu'hygiénique, ne manquent non plus à personne. La nourriture du petit cultivateur, du métayer, du maître-valet ne diffère presque en rien de celle du cultivateur aisé, et celui-ci mange ordinairement à la même table que ses valets. Partout ces derniers sont, quant à l'alimentation, sur le pied du maître.

INDUSTRIES ACCESSOIRES.

Il existe peu d'industries accessoires à celle de l'agriculture. Ces industries sont, la plupart, anciennes et traditionnelles : elles n'ont rien de commun avec le mouvement qui anime notre époque. L'industrie proprement dite, les fabriques y inspirent une espèce de répulsion, et le plus rustre de nos cultivateurs, comme le plus humble, se permet de dédaigner tout art ou tout métier qui ne touche pas à la terre.

Le canton de Beaumont occupe cependant au tissage des lins cinq cents personnes, le vingt-unième de sa population : hommes, femmes, enfants. Beaumont exporte une assez grande quantité de toiles vers Toulouse. La journée de tisserand est évaluée à 1 fr. 35 c. pour homme, 55 c. pour femme, et 40 c. pour enfant. Castelsarrasin a pour industrie accessoire, sur les bords de la Garonne, la vannerie et le sciage du bois de peuplier. Cette dernière industrie procure un bénéfice journalier, pour homme, de 2 fr. 50 c. On ne connaît dans les cantons de Grisolles, de Lavit, de Montech, de Saint-Nicolas et de Verdun, d'autres industries que celles indispensables aux besoins du pays : des tisserands, des sabotiers, etc.

Il existe à Labourgade, canton de Saint-Nicolas, et à Larrazet, canton de Beaumont, des carrières de pierre et des fours à chaux. C'est de Labourgade qu'on extrait la meilleure chaux hydraulique de la province. Ces fours étaient, dit-on, déjà exploités sous la domination romaine. A Mansonville, canton de

Lavit, des gisements de plâtre occupent un certain nombre d'ouvriers.

De nombreux fours à brique, de date ancienne, se trouvent disséminés sur tous les points de l'arrondissement. Ces briques servent à toutes les constructions. Les communes de la partie sud-ouest des cantons de Beaumont et de Lavit, ainsi que la commune de Caumont, canton de Saint-Nicolas, possèdent des carrières de pierre exploitées aussi pour bâtir.

Sur nos principaux cours d'eau on a établi des moulins pour la mouture des grains. Le moulin à vent s'en va, au grand regret de la couleur locale. Castelsarrasin vient d'être doté d'une magnifique usine à dix meules, où ont été introduits tous les perfectionnements que comporte la meunerie. On avait, autrefois, annexé à beaucoup de nos moulins à eau des foulons, qui ont disparu. Il ne reste rien non plus des fabriques de gros drap qui existaient à la même époque. On fabrique encore cependant au métier, dans quelques localités, de légères étoffes de serge et de fil et laine, appelées *bot-lan*.

On a créé à Montech une papeterie employant une centaine d'ouvriers.

Beaumont mérite aussi une mention spéciale pour sa belle fabrique de serrurerie et de quincaillerie, mue par une machine à vapeur et occupant de quatre-vingts à cent ouvriers. Cette ville possède encore plusieurs fabriques de faïence, de poterie commune et de drains. Il existe aussi une fabrique de faïence à Castelsarrasin.

OUTILLAGE.

L'outillage, quoique bien arriéré, est cependant l'objet de quelques modifications sensibles. Rien n'était pauvre et insuffisant, il y a dix ans, comme le matériel d'outils de nos cultivateurs et de nos métayers. L'araire en bois pour labourer, la houe plate ou à pointes pour défoncer, le sarcloir pour biner et pour sarcler, le fléau pour dépiquer, et la pelle en bois pour vanner, suffisaient à tous les travaux ou du moins aux exigences des travailleurs.

Aujourd'hui l'araire en fer est généralement adopté. La herse s'est installée dans le plus grand nombre des exploitations. La charrue défonçeuse, le rouleau émotteur, l'émottoir, la houe à dent de soc, le tarare, sont des instruments usuels que l'on trouve chez tous nos principaux cultivateurs. Le fléau a été remplacé par le rouleau-traîneau, en attendant que ce dernier le soit, lui aussi, par la batteuse à manège ou à vapeur, utilisée déjà par beaucoup de nos praticiens. (1) Le canton de Castelsarrasin a déclaré posséder 390

(1) Nous aurions tort de signaler l'emploi du traîneau comme un progrès et surtout comme une nouveauté. Varron, chap. LII, parle du *tribulum* romain, servant à fouler le blé, en ces termes : *Id fit e tabula lapidibus aut ferro asperata, quo imposito auriga aut pondere grandi trahitur, jumentis junctis, ut discutiat spica grana.* Qui ne reconnaîtrait à cette description exacte le traîneau (*la liso*) de nos paysans.

Il y avait aussi chez les Romains les *traheæ*, qui n'étaient qu'une variante du *tribulum*. Pline constate, chez ce peuple, trois manières de dépiquer : *Messis alibi tribulis in area, alibi equarum gressibus exteritur, alibi perticis flagellatur.* — *Géorgiques,* trad. Delisle, page 171.

instruments perfectionnés, parmi lesquels il compte 300 herses. La houe vigneronne a été adoptée par plusieurs viticulteurs, sur un modèle fourni par un ami du progrès, M. Portal de Moux (Aude).

On peut prévoir le jour où, sous le rapport de l'outillage usuel et à bon marché, tous les perfectionnements réellement utiles seront entrés dans les pratiques de l'arrondissement. La propriété est cependant trop divisée, pour que les grandes machines puissent jamais tenir une place importante dans nos exploitations.

Nous voulons qu'on puisse plus tard comparer les progrès de la mécanique avec le matériel actuel, dont nous allons donner le détail en langue vulgaire :

Aïsselou, ichet..........	Essieu de gros fer.
Aray ou *araïre*.........	Araire.
Asto, hasto.............	Age, timon de la charrue (1).
Beferri.................	Coutre de l'araire.
Becat..................	Hoyau à 2 ou 3 pointes.
Bentadou, trico-traco....	Tarare, vannoir.
Besouch................	Espèce de serpe, long-manchée, pour couper le buisson.
Bigos..................	Hoyau.
Billadou................	Garrot.
Carreto, carriol.........	Charrette, chariot.
Cascayre...............	Émottoir, brise-motte.
Crubel.................	Crible.
Crumel.................	Cage à poules.
Cubat, cubo.............	Cuveau, cuve à vin.
Dailho.................	Faux.
Dental.................	Sep de charrue.
Douzil.................	Fausset de barrique.

L'*aratrum* des Romains avait un age de huit pieds de longueur.

Founil, hounil	Entonnoir.
Estebo	Mancheron de charrue.
Faoux	Faucille.
Faousset	Serpette.
Flaget	Fléau à battre le grain.
Fourco, hourco	Fourche.
Fousso, housso	Houe plate.
Gaben	Soc de charrue.
Grudadou, grudadero	Egrappoir.
Joueillos, juillos	Lanières de cuir pour assujettir le joug.
Jouatto	Joug.
Liso	Traîneau.
Masseto	Masse.
Mejano	Méjane de joug.
Mousso	Versoir de la charrue.
Palogril, alisat	Pelle-bêche, pelleversoir.
Pic	Pioche.
Poste	Versoir.
Palo	Pelle.
Rastel	Rateau.
Relho	Soc de charrue,
Roulleou	Rouleau (*cylindrum*).
Saïles	Couverture en toile pour les bœufs.
Saouclet	Serfouette, sarcloir.
Toumbarel, timbarel	Tombereau.
Treilh	Pressoir.
Trinco	Pioche.
Trigos	Casse-motte, traîneau.
Toucadero, toucadou	Bâton long, armé d'un dard et servant d'aiguillon.

ENGRAIS ET AMENDEMENTS.

L'arrondissement a beaucoup à faire pour la quantité et la qualité des engrais. Les fumiers d'étable, généralement et presque exclusivement employés, sont le produit d'animaux le plus souvent maigres et mal nourris. Ils sont d'ailleurs tout-à-fait insuffisants, et il est tel champ dans nos exploitations qui n'a jamais reçu de fumure, qui n'a absorbé, depuis le commencement des siècles, d'autre engrais que la pluie fécondante du ciel mêlée à l'azote de l'air, d'autre amendement que celui qu'opère le repos, la jachère.

On se sent si en retard, qu'on ose à peine s'occuper des moyens propres à augmenter la quantité et la bonne façon de ces engrais. C'est plus que du découragement, c'est de l'indifférence. Les fumiers sont mis en tas devant la porte de l'étable et devant la porte principale de la métairie : ils y restent exposés à toutes les influences atmosphériques pendant de longs mois. C'est le cultivateur, c'est sa famille qui en reçoivent, par l'odorat, les plus énergiques émanations. On ne fait rien pour recueillir et utiliser les purins qui s'échappent librement de ces tas.

Les agriculteurs, lorsqu'ils fument, ne pratiquent guère que des demi-fumures. On multiplie cependant partout les cultures, on surcharge plus que jamais la terre. Sous ce rapport la petite culture n'est pas en retard, et c'est elle surtout qui pratique l'agriculture d'épuisement, cette agriculture qui prend et ne rend pas, et qui a inspiré au savant Liebig cette prédiction sinistre : « Toutes les contrées de la terre où la main de l'homme n'a pas rendu aux champs les éléments nécessaires à la production des moissons, après avoir eu la plus nombreuse population, sont arrivées à la ruine et à la stérilité (1). »

Pour être juste, il faut reconnaître néanmoins les efforts tentés sur plusieurs points pour augmenter et perfectionner les engrais. Aux fumiers de bœuf, de cheval, de mouton, de volaille, à la portée de tout le monde, aux colombines et fumiers de rue, utilisés par ceux qui le peuvent, de nombreux cultivateurs progressistes ont ajouté le guano, le chiffon de laine, le tourteau, la poudrette et quelques engrais industriels, comme l'engrais Jaille. Le canton de Castelsarrasin marche en tête de ce progrès (2).

C'est à la vigne particulièrement que les agriculteurs du chef-lieu ont fait l'application des engrais les plus riches. Le soufre, depuis l'invasion de l'oïdium, est abondamment répandu dans nos cantons viticoles. Ses effets paraissent aussi efficaces comme engrais que comme remède préservatif ou curatif. La dose employée varie naturellement, suivant la quantité des souches, leurs besoins et leur état maladif. On peut soufrer, par trois reprises, un hectare de vignes, plan-

(1) Les chimistes qui ont entrepris de guérir les mauvaises terres, ont pris les procédés de la médecine humaine : ils sèment l'épouvante avant de proposer le remède. Nous n'avons rien à dire de leur panacée. Nous croyons seulement que pour nous, agriculteurs pauvres et arriérés, il vaut mieux employer nos efforts à multiplier nos fumiers de ferme et à les bien traiter, que de céder, du moins encore, à la tentation des engrais chimiques dont la science et l'expérience n'ont pas jusqu'à présent démontré l'exacte efficacité, et qui, d'ailleurs, ne sont pas accessibles à toutes les bourses.

(2) Espérons que l'engrais humain deviendra bientôt d'une préparation facile et économique.

tées d'après l'usage du pays, avec un demi-quintal métrique de soufre.

Les engrais verts sont peu employés. La vesce et le lupin sont les plantes exceptionnellement enfouies comme engrais. Le résidu du marc de raisin, lorsqu'il n'est pas consommé par les animaux, est utilisé pour fumure dans la culture des racines : des pommes de terre, des betteraves, etc.

Comme stimulant, le plâtre est généralement répandu sur les prairies artificielles. Il existe des plâtrières dans la commune de Mansonville : elles fournissent aux besoins des communes environnantes. Mais le plâtre le plus ordinairement employé dans l'arrondissement est celui de Tarascon (Ariége). Il coûte, pris à Castelsarrasin, de 2 fr. à 2 fr. 50 c. le quintal métrique.

L'écobuage est à peu-près inconnu dans nos cantons. Les amendements marneux sont, au contraire, pratiqués depuis un temps immémorial. La marne, dit un vieux proverbe, enrichit le père et ruine le fils. Le proverbe est, cette fois, dans son tort. La marne n'a jamais ruiné que ceux qui l'ont employée sans discernement. Elle amende et améliore d'abord si sensiblement, que la fertilité du sol en est subitement augmentée dans des proportions merveilleuses. Si plus tard cette fécondité diminue et disparaît même totalement, c'est que le terrain marné est rentré insensiblement dans ses conditions premières. Les effets de la marne ne sauraient être éternels, et c'est la cessation de son action, après cependant un laps de temps considérable, qui a pu faire croire à son prétendu caractère nuisible et à la dégénérescence finale du sol ainsi amendé. Mais le fumier lui-même ne produit pas un autre résultat, et toujours, lorsqu'on aura exigé des efforts de production de la terre, on aura à redouter une réaction d'inertie presque inévitable.

La quantité de marne employée ne saurait être bien exactement précisée. Cela dépend des besoins du terrain et des ressources de l'exploitant. La marne n'a pas de prix courant; elle est extraite et vendue à forfait. Les réponses aux questions de la statistique sont, on le conçoit du reste, peu explicites sur ces points. Les cantons de Verdun, de Beaumont et de Lavit usent, plus que le reste de l'arrondissement, de ce précieux amendement. Ce n'est que dans les localités où se trouvent d'abondants gisements que cette amélioration est permise à cause des frais de transport. Le canton de Verdun a répandu, dans une année (1862), 63,000 quintaux métriques de marne, à raison de 750 quintaux par hectare.

Le chaulage est encore peu pratiqué dans nos campagnes. La chaux y est rare, et son transport, difficile et coûteux, retardera longtemps l'adoption de cet amendement.

ASSOLEMENT.

Le grand principe des assolements est l'alternement des
récoltes : *Mutatis requiescunt fetibus arva.* Virgile établit ainsi
excellemment que la variété des produits est un repos pour
la terre. C'est la condamnation de la jachère remontant à
1900 ans.

L'arrondissement ne pratique guère encore cependant que
les assolements des premiers âges de notre agriculture : l'assolement biennal, qui date des Romains, et d'avant les Romains
peut-être, consistant à faire une année de blé et à laisser reposer le champ l'année d'après, et l'assolement triennal qui fut
un progrès sur le précédent, réalisé, dit-on, dans le moyen
âge. Celui-ci consiste en une année de froment, une année
d'avoine et une année de repos : ce qui fait deux céréales en
trois ans, tandis que le biennal ne donne le même nombre
qu'en quatre années.

L'assolement biennal, avec jachère forcée, indique l'incon-
sistance et la pauvreté du sol : mais il est des terrains très-
riches qui ont adopté cet alternement sans jachère. Dans les
vallées de la Garonne et du Tarn, dans celles de la Gimonne
et de La Rats, et dans tous les vallons secondaires, il n'est pas
d'exploitation qui n'ait ce que nos cultivateurs appellent des
terres à blé et maïs. Il faut un sol bien naturellement fertile
pour admettre ainsi, sans interruption, deux plantes également
épuisantes. Cet assolement, qui s'étend de jour en jour, prouve
combien sont grandes les ressources de ces terres privilégiées.

Quoiqu'on ait dit que l'assolement triennal était un progrès sur l'assolement biennal, l'arrondissement continue leur adoption simultanée. Le triennal est ordinairement suivi dans les terres fortes, les coteaux argileux ou calcaires, le biennal domine dans les plaines siliceuses, dans ces terrains légers, dits boulbènes ; ils sont, l'un et l'autre, la condition obligatoire d'une agriculture sans capital et sans engrais.

Des agriculteurs, amis du progrès, ont cependant introduit des assolements combinés avec rotation de 4, 5, 6, 7, 8 et 9 ans. Là s'étale, avec toute sa nouveauté, l'adoption des racines, des fourrages annuels et bis-annuels et des plantes industrielles. Il convient, cependant, de marcher dans cette voie avec prudence. Celui qui adopte un assolement indiqué par la théorie seule ou bien imité de cultures et de conditions locales toutes différentes, en adopte bientôt un nouveau, puis un autre encore, s'il ne se ravise. Une fois sur ce terrain, on s'égare facilement; le mieux est d'expérimenter graduellement en ne s'écartant pas trop d'abord des traditions du pays. Il ne saurait y avoir rien d'absolu dans le choix d'un assolement. Tout dépend du sol, du climat, des mœurs et des débouchés.

QUALITÉS DU SOL ARABLE.

Nous avons déjà dit que le sol de l'arrondissement était
constitué par de l'argile mêlée à du calcaire dans les coteaux,
par de l'argile plus ou moins modifiée par de la silice dans
les plaines et les hauts plateaux, et par des cailloux ou des
alluvions récentes le long des cours d'eau. Le sous-sol est,
soit de l'argile durcie, soit de la pierre, marnes, tufs, soit
de la grave ou des cailloux.

Tous ces terrains sont fertiles et d'une culture facile, à
l'exception du calcaire pur qui se produit en roches dans
quelques communes de la rive gauche de la Garonne, telles
que : Maubec, Marignac, Gramont, Lachapelle, Mansonville,
Caumont, Larrazet, et des cailloux roulés par nos rivières sur
une partie des rives.

Ce sol est propre à toutes les cultures : les céréales, les
produits maraîchers et industriels, la vigne, les fruits viennent également bien presque partout. La culture fourragère
seule est casuelle. Elle a pour ennemi ce soleil du Midi, qui
est cependant une de nos richesses. Sous un climat aussi brûlant, il est impossible d'établir des calculs positifs sur les
produits en fourrages. Souvent, pendant plusieurs mois con-
sécutifs, en été, l'agriculture espère inutilement quelques
gouttes d'eau. Tout se torréfie : les luzernes, les trèfles dis-
paraissent, conservant à peine leurs racines prises et étouffées
dans un étau de pierre. La végétation du maïs elle-même

est arrêtée à 20 centimètres au-dessus de terre. Alors, quand l'étable est pleine, la ration est forcément diminuée; bientôt les animaux de travail absorbant la provision des premières coupes, le reste de la famille animale crie famine et vit d'une manière problématique. La paille et les chaumes ne servent plus de litière; ils sont dévorés en hiver par des animaux faméliques, dont l'aspect triste et maladif désespère le laboureur. Les agriculteurs du Nord ont donc encore, sous ce rapport, un grand avantage sur nous, et c'est réellement méconnaître les conditions dans lesquelles nous nous trouvons que d'appeler entêtement ou bien routine la faible part accordée, par notre prudence, au développement de la culture fourragère. Si toutes nos bonnes terres à céréales étaient consacrées aux fourrages, nous n'aurions souvent, malgré toutes nos avances, ni fourrages, ni céréales, partant nous aurions encore moins d'animaux, encore moins de fumier. C'est de l'eau qu'il faut nous donner, et non les conseils de l'agriculture anglaise.

Il est cependant des améliorations qui peuvent, dans une certaine mesure, parer aux inconvénients venant de la température et qu'il serait possible de réaliser sur une partie importante de l'arrondissement. Nous allons avoir occasion de les signaler.

AMÉLIORATIONS.

Le drainage n'a de nouveau, dans l'arrondissement, que son nom. De temps immémorial les terrains trop humides ont été assainis par nos agriculteurs, au moyen de saignées, de tranchées profondes, au fond desquelles on entassait des cailloux, des pierres, etc. C'est un drainage généralement encore pratiqué dans nos campagnes avec succès.

Le drainage anglais, avec tuyaux ou drains de poterie, n'est connu que sur quelques points. Il a été introduit sur plusieurs domaines, mais avec hésitation, par quelques grands propriétaires amis du progrès. Dans la statistique officielle, le canton de Beaumont a déclaré avoir drainé 64 hectares. Le canton de Saint-Nicolas a drainé 36 hectares, dont 25 sur la propriété de Terride, appartenant alors au marquis de Lauriston, à l'initiative duquel le pays doit quelques essais tout aussi utiles.

Il existe dans l'arrondissement des fabriques de drains.

Une manière d'assainir les terrains, fort répandue dans nos plaines, est le défoncement à dos d'âne. Il s'opère à la bêche ou bien à la charrue défonceuse. La plupart de ces terrains, après avoir été divisés en compartiments à peu près égaux dans le sens de la pente, sont bombés et exhaussés au centre, au moyen d'emprunts de terre faits le long des lignes divisoires qui servent d'égout. On crée ainsi des pentes artificielles, qui sont comme un drainage à ciel ouvert et qui permettent l'écoulement facile des eaux pluviales. C'est ordinairement une excellente opération, qui améliore le sol et lui donne immédiatement une valeur supérieure à celle qu'il avait. Il s'est toujours fait et il continue de se faire un très-grand nombre de ces réparations indispensables dans tous les terrains plats.

Une amélioration nouvelle est promise à notre agriculture en dehors de ces pratiques séculaires : c'est l'irrigation, seul moyen propre à combattre l'ardeur du climat et à donner à notre industrie l'essor qu'elle attend.

Depuis longtemps déjà, les moyens d'utiliser les eaux de nos rivières et de nos canaux ont été l'objet des préoccupations du gouvernement. Des études sérieuses ont eu lieu. Le Ministre des travaux publics, par sa lettre en date du 9 juillet 1864, se plaignait au Préfet du département de ce que l'art et l'usage des irrigations fussent fort peu appréciés dans le Tarn-et-Garonne. Son Excellence invitait en même temps le Préfet à se concerter avec les ingénieurs pour appeler l'attention des populations sur les avantages qu'elles pourraient recueillir de ce précieux moyen d'améliorer les terres. En conséquence des prescriptions qui eurent lieu, l'ingénieur en chef adressa, le 24 novembre suivant, au chef de l'administration départementale un premier rapport, duquel il résulterait qu'on pourrait, à peu de frais, arroser toute la plaine de Saint-Nicolas, sur une superficie d'environ 2,000 hectares, au moyen d'une prise d'eau, peu dispendieuse, à faire dans la Garonne, aux environs de Belleperche. Dans un nouveau rapport adressé au Ministre, M. Schlœsing établissait, bientôt après, la possibilité d'arroser 36,000 hectares sur la rive droite de la Garonne, par une prise d'eau, sans barrage dans le fleuve, vers les limites des communes de Saint-Jory et de Gagnac (Haute-Garonne). Enfin, un rapport de l'ingénieur ordinaire du département, en date du 15 mai

1865, provoqué par la dépêche ministérielle du 20 mars précédent, démontre que l'irrigation pourrait facilement s'étendre dans le Tarn-et-Garonne sur 38,000 hectares, dont la majeure partie se trouve dans l'arrondissement de Castelsarrasin.

Par la réalisation de ces projets, qui continuent d'être à l'étude, notre agriculture serait évidemment transformée. Aucun progrès, aucune amélioration ne lui seraient interdits désormais, et, suivant l'expression même de l'auteur du dernier Rapport, nulle contrée au monde, pas même le Piémont et le Milanais, ne serait comparable à notre beau pays.

Les eaux du canal latéral sont déjà utilisées pour l'irrigation de quelques parcelles, et divers propriétaires ont obtenu, à chers deniers, des concessions de prises d'eau, dont l'ensemble comprend 163 litres par seconde. Malheureusement, une décision ministérielle, du 12 mars 1864, prescrit de ne pas accorder de nouvelles concessions tant que les passages rétrécis du canal latéral à la Garonne n'auront pas été modifiés. Du reste, les projets dont nous avons parlé s'appliquant à des dérivations de la Garonne, rendraient inutiles les concessions du canal. L'élan est donné : nos plaines, desséchées par un soleil implacable, attendent les bienfaits de l'irrigation qui leur est promise, et rien ne saurait, dans l'avenir, empêcher cette grande amélioration, rien, si ce n'est le taux trop élevé des concessions. Exiger une redevance disproportionnée, comme celle qui est servie aux concessionnaires du canal, c'est en effet reprendre d'une main ce que l'on offre de l'autre. Là est l'écueil de l'entreprise.

MODES DE TRAVAIL.

« On travaille généralement avec des bœufs, ce qui n'est pas un des moindres signes de l'infériorité agricole. » C'est ainsi qu'un agronome moderne résume les nombreuses accusations portées contre une de nos pratiques aussi ancienne, aussi invétérée, que difficile à détruire.

Mais le bœuf est-il réellement un instrument de travail inférieur au cheval ?

Pour bien apprécier les moyens de culture d'un pays, qui n'est pas le nôtre, il convient de nous détacher des opinions qui dominent dans le milieu où nous sommes nés, où nous avons longtemps vécu. Si l'on condamnait, de parti pris, tout ce que fait le Midi, parce que le Nord ne le fait pas, et *vice versâ*, le monde agricole serait à renouveler. On ne peut, ici ni ailleurs, faire adopter des méthodes ou des usages créés ou inspirés par des besoins locaux, entièrement différents. Vouloir tout uniformiser, c'est vouloir l'impossible.

D'abord le Midi n'a pas trop à choisir entre le cheval et le bœuf. Il a dans l'espèce bovine d'excellentes races de travail, tandis que le cheval de trait lui manque absolument.

L'avantage reconnu du cheval est de faire un peu plus de travail à temps égal et de se prêter plus facilement à l'emploi de quelques instruments perfectionnés. On reconnaît, toutefois, que si une grande quantité de travail est plus économique avec le cheval, une petite quantité coûte moins cher avec le bœuf.

Cette considération n'est pas sans importance dans un pays où le morcellement envahit tout et où la petite culture domine depuis longtemps. Dans des terrains comme il s'en trouve dans tous nos cantons, dans les coteaux à forte pente, le cheval se rebuterait devant des obstacles qui ne lassent ni la force ni la patience du bœuf. Ce n'est pas tout : le bœuf coûte moins cher d'achat ; il ne mange pas d'avoine ; il brise moins de harnais, lesquels sont d'ailleurs bien simples ; il donne un fumier plus abondant, sinon meilleur ; enfin, considération décisive en sa faveur, il peut, après quelques légers soins, être revendu à la boucherie, presque toujours avec bénéfice, même après de longues années de fatigue et de travail.

Le cheval, quoique ayant son utilité incontestable dans nos fermes, où il est souvent employé à des charrois, à des travaux de hersage et d'émottage, ne remplacera jamais, parmi nous, le bœuf comme instrument de labour, et les plus belles primes aux durham et aux demi-durham ne sauraient en rien modifier les idées de nos praticiens.

Nous terminerons, du reste, nos considérations sur l'emploi du bœuf en citant une opinion non suspecte et bien concluante, il nous semble. Car si c'est avec raison que l'on nous donne pour exemple le Nord, nous devons profiter surtout des exemples et des conseils qui nous viennent de ce côté, lorsqu'ils s'accordent avec nos pratiques locales. Eh bien! l'auteur estimable d'une *Statistique de l'arrondissement de Valenciennes*, M. Bonnier, président du comice agricole de Condé, dont nous avons déjà invoqué l'autorité, regarde la substitution du bœuf au cheval, dans l'agriculture, comme un progrès, et l'on n'ignore pas que l'arrondissement de Valenciennes est certainement un des plus avancés de l'Empire. M. Bonnier affirme que, dès 1804, le bœuf commença à être employé à l'agriculture dans son arrondissement ; il n'y avait à cette époque que onze bœufs de travail dans tout l'arrondissement de Douai, comprenant alors celui de Valenciennes. En 1840 il y avait dans ce dernier arrondissement, démembré du premier, 1,157 bœufs. En 1857, 2,918 bœufs y étaient employés à la culture et aux transports (1).

Les labours à la bêche, à la houe plate et au pelleversoir (instrument local et particulier au Midi), se pratiquent dans la petite culture. Cependant dans les cantons de la rive gauche de la Garonne et notamment dans les communes qui avoisinent le département du Gers, le pelleversage est un mode de travail fort usité, même dans les exploitations importantes. On donne une certaine quantité de terrain, quelquefois toute une sole, à des journaliers habitués : des estivandiers, des brassiers ordinairement. On emploie à ce travail une partie de l'hiver et de la morte saison, et l'on prépare ainsi les cultures de maïs, de haricots et les autres semences de printemps. Commencée de jour, la besogne se continue plus d'une fois pendant une partie de la nuit, et comme l'instrument est facile à manier, il n'est pas rare d'y voir occupée toute la famille. Par une belle soirée d'automne ou d'hiver, les pelleverseurs, hommes, femmes, enfants économisent là leur huile et leur bois, aux clartés de la lune, jusqu'à l'heure où la veillée finit. Rien ne remplace, en perfection, le travail de la bêche, si ce n'est le travail du pelleversoir qui, pénétrant à une profondeur de 25 à 30 centimètres, retourne la terre et la remue avec une parfaite régularité.

Mais c'est le labour avec araire et bœufs qui est, dans l'arrondissement de Castelsarrasin, le principal et presque le seul mode de préparation du sol. Sur la jachère on fait communé-

(1) Bonnier, *Statistique de l'arrondissement de Valenciennes*, pag. 75 et 76.

ment, avant l'emblavure, quatre labours ou façons. L'araire à timon raide est le seul usité. Le laboureur a une répugnance marquée pour la charrue à avant-train et pour l'araire à age brisé. Avec son araire en fer, naguère encore en bois, il laboure, dans les plaines de la Garonne et du Tarn, à une profondeur de 20 centimètres au moins. La dombasle elle-même n'a pas trouvé grâce ici. Pour opérer des défoncements, nos propriétaires ont été obligés de substituer à la célèbre défonceuse un araire qui n'est que l'araire ordinaire, avec augmentation de volume et de force. On attelle quatre bœufs à cet instrument qui, comme tous les autres, a un mancheron simple et à une main. La charrue Cougoureux a eu du succès dans tous nos concours locaux comme elle en a eu un jour à Bretigny. Mais, malgré les titres particuliers qui la recommandent à notre patriotisme, elle se montre peu et est bien près de l'oubli.

L'attachement du laboureur à ses traditions nous engage à signaler une particularité digne de remarque. Le laboureur de la rive droite tient toujours le mancheron de sa charrue avec la main droite, tandis que sa main gauche est armée d'une perche à l'extrémité de laquelle est l'aiguillon *(agulhado)*. Le fer, emmanché dans le bas de la perche, sert à curer et nettoyer la charrue au bout du sillon. La charrue conduite ainsi a le versoir à gauche : c'est pourquoi on dit de celui qui la conduit qu'il laboure à gauche. Le laboureur gascon de la rive gauche tient son mancheron avec la main gauche et a le versoir à droite : on dit de lui qu'il laboure à droite. Cette particularité, qui est presque sans exception, et qui remonte sans doute aux premiers temps de notre agriculture, n'indique-t-elle pas la différence de race et d'origine de nos populations, et cette distinction qui a déjà été faite entre le Languedocien, fils du Celte, et le Gascon, issu de l'Ibère?

On laboure généralement partout à billons. Le billon est de deux, de quatre, de six ou de huit traits de charrue, mais plus ordinairement de quatre. Le labour plat ou à larges planches n'est pratiqué que dans quelques exploitations où ont pénétré la charrue à avant-train, les herses articulées, les rouleaux, les scarificateurs et la plupart des instruments perfectionnés.

Le labour ordinaire, en billon, partage le terrain en bandes de quatre raies bombées au milieu, et divisées par des rigoles. Le premier labour ouvre deux sillons parallèles à droite et autant à gauche. Le premier coup de charrue recouvre ainsi, sans l'entamer, une partie du terrain. Aussi est-il indispensable de faire un deuxième labour pour obtenir un billon parfait. Ce second labour rapproche les tranches et rétablit le billon dans son état primitif. La terre se trouve alors partout soulevée.

Les avantages reconnus aux labours à billon sont de créer sur le haut du billon une épaisseur de terre végétale plus considérable et d'égoutter le sol promptement. Le billon se prête ainsi à la culture de certaines plantes sarclées ou buttées : les maïs, les haricots, les pommes de terre. Il est presque indispensable dans les coteaux.

Mais on reproche, avec raison, à ce mode de travail d'amasser au milieu et dans le fonds du sillon la meilleure terre où les racines des plantes souvent n'arrivent pas. Si le sommet du billon est à l'abri d'une trop grande sécheresse ou d'une trop grande humidité, les bas-côtés, au contraire, sont beaucoup plus exposés à ces inconvénients. En été les billons ne conservent pas l'humidité ; car les pluies d'orage ne font qu'y glisser. Le fumier aussi tend toujours à gagner le fond des rigoles. Les semences ont la même tendance. Le terrain des rigoles est perdu pour la récolte. La façon du billon exige une certaine habileté et occasionne une perte de temps. Enfin ce système est presque incompatible avec l'adoption des nouveaux instruments.

La faucille sert généralement à la moisson : elle présente ces avantages, que les javelles sont régulièrement faites au fur et à mesure du sciage des blés et que ces javelles se sèchent facilement, en cas de pluie, sur un chaume de 20 à 30 centimètres d'élévation : les épis ne sont ainsi exposés ni à germer, ni à pourrir sur un sol trop imbibé. La faucille est, en outre, accessible aux femmes, aux enfants, à tout le monde.

La grande faux n'est employée que par exception. La difficulté, dans cette opération, est de réunir en javelles les tiges de blé coupées, ces tiges ayant, dans nos plaines, une longueur souvent de plus d'un mètre cinquante centimètres. Pour se servir de la grande faux il faut adapter à l'instrument un petit rateau ou ployon, ce qui en rend le maniement difficile et pénible, et exigeant autant d'habitude que d'habileté et de force naturelle. La faux est presque impossible dans les blés versés ou mêlés; dans tous les cas, le coup sec qu'elle exige expose à l'égrenage, surtout si la plante est dans un état de maturité avancée.

La faucille répond surtout à l'extrème division de notre sol et à sa nature qui, poussant peut-être plus qu'ailleurs à la végétation des tiges, permet d'utiliser une partie pour la nourriture des animaux, tout en réservant pour la litière la partie inférieure.

Plusieurs propriétaires ont inutilement essayé de changer ces usages. Il y a, quant à ce changement, des raisons pour et des raisons contre, et l'on n'innove pas facilement dans une matière où le plus difficile encore est de trouver pour auxiliaires des ouvriers habiles et surtout bien disposés.

DOCUMENTS DIVERS.

USAGES LOCAUX.

La statistique officielle consacre la dernière de ses divisions
aux documents divers. Il ne s'agit cependant, dans ses relevés,
que de l'alimentation de la population rurale et de ce que
consomment le cultivateur, le fermier, le métayer, le simple
journalier. Les réponses à ces questions perdent beaucoup de
leur intérêt dans un arrondissement où l'uniformité de nourriture est absolue pour toutes les familles agricoles, où le
valet vit à la table du maître et où l'ouvrier de journée se
nourrit des mêmes mets que le propriétaire aisé : de froment
pur, de légumes frais ou secs, d'une viande unique composée
de porc ou d'oies salés et d'un mélange d'eau et de vin unis
par la fermentation. Nous avons déjà parlé de l'alimentation
de nos campagnes. Nous n'avons rien à ajouter à ce que nous
avons dit.

Mais nous avons cru devoir donner une plus grande extension à nos documents. Nous ferons connaître à ce sujet nos
principaux usages locaux, ceux du moins que nous n'avons
pas eu deja occasion de signaler, nos anciennes mesures
encore employées dans les relations usuelles, nos mœurs et
nos habitudes agricoles, notre langage, nos proverbes.

Les usages locaux, *diuturni mores*, ont pour objet de tenir lieu de lois et de servir à l'interprétation des conventions (articles 1156 et 1160 du Code civil). Malgré leur autorité, ils deviennent de plus en plus incertains et d'une application difficile. Les cas exceptionnels dans lesquels ils peuvent être invoqués sont principalement prévus dans les articles 590, 633, 645, 671, 674, 1736, 1745, etc., du Code civil. On nous saura peut-être gré d'avoir constaté ici les principaux de ces usages. Ceux d'entre eux qui n'auraient plus d'utilité réelle resteront comme souvenir d'un passé digne d'étude.

Vaine pature. — La vaine pâture est encore en usage dans quelques communes de la rive gauche de la Garonne, particulièrement sur la Gimonne. Ce droit, autorisé par la loi des 28 septembre, 6 octobre 1791, consiste dans la jouissance en commun des secondes herbes des prairies longeant quelques cours d'eau. Chacun enlève en mai ou juin la première coupe de son foin, puis les prés non clos sont soumis au pacage des bestiaux appartenant aux nombreux propriétaires de ces prés. Le pacage commun a ordinairement lieu jusqu'à la fête de la Purification (2 février). Un arrêté municipal détermine les conditions de ce pacage et en exclut quelquefois l'espèce ovine.

C'est un spectacle plein d'animation et d'attrait que la vue de ces troupeaux de vaches avec leurs jeunes veaux, de jeunes chevaux avec leurs poulinières, réunis par centaines, autrefois par milliers, se mêlant sous la garde de nombreux enfants qui confondent leurs jeux avec les bonds et les beuglements joyeux des animaux, et bruyamment se séparent à la nuit pour rentrer à la ferme. Mais la culture pastorale n'est pas le progrès, et la vaine pâture doit bientôt disparaître. Tout propriétaire peut soustraire son héritage à ce droit par la clôture (art. 647 du Code civil, art. 6, sect. 4, loi de 1791). Un simple fossé de 4 pieds de largeur sur 2 pieds de profondeur suffit pour être clos légalement (1). Nos principales prairies se sont déjà soustraites à cette servitude, qui peut avoir ailleurs conservé plus d'importance.

Bans des vendanges. — La loi des 28 septembre, 6 octobre 1791, que nous venons de citer, autorise aussi les bans de vendanges en usage depuis un temps immémorial dans nos communes. Ils commencent cependant à tomber en désuétude, inconciliables qu'ils sont avec le progrès de la vinification. Le ban des vendanges fixe le jour auquel les habitants d'une commune pourront ramasser leurs raisins, sans avoir égard au degré de maturité graduelle et à la qualité des cépages. C'est une atteinte au droit de propriété qui n'a plus de prétexte pour continuer de subsister, et qui n'offre aucune compensation. Avant de publier les bans et de prendre son arrêté, le maire désigne des viticulteurs-experts, connus sous le nom de prud'hommes, qui examinent et constatent l'état des vignobles : c'est sur leur rapport qu'on fixe le jour des vendanges.

Autrefois la formalité des bans s'appliquait à la fauchaison et à la moisson, particulièrement à la moisson des maïs. Quoique la jurisprudence de la cour de cassation (arrêt du 6 mars 1834) déclare obligatoires les arrêtés municipaux relatifs aux bans des fauchaisons ou des moissons, surtout dans les localités où l'usage les avait consacrés, nous devons savoir gré à nos maires de laisser à cet égard leurs administrés sous le droit commun, comme nous devons remercier le plus grand nombre de ces magistrats d'avoir supprimé aussi les bans des vendages.

(1) Voir, sur cette matière, un arrêté de l'administration départementale de la Haute-Garonne, du 4 septembre 1798.

Glanage, ratelage, grappillage. — Ces usages sont pratiqués dans tout l'arrondissement. L'intérêt agricole doit s'effacer devant des considérations d'humanité qui, de tout temps, ont paru respectables. La Bible a dit : « Vous ne ramasserez « pas les épis tombés ou oubliés, mais vous les laisserez « prendre à l'orphelin et à la veuve. » — (*Deutér.*, ch. xxv, v. 29). Ruth glanait dans les champs de Booz. Le glanage procure un peu de pain au pauvre, le ratelage lui facilite le moyen de nourrir sa vache, le grappillage permet de faire un peu de piquette pour boisson. Des arrêtés municipaux font connaître les conditions du glanage, du ratelage et du grappillage contre lesquels personne ne s'élèverait s'ils ne prêtaient facilement à de fréquents abus.

Bois. — Un bois est taillis ou futaie. Il est taillis lorsqu'il n'a pas le double de l'âge auquel on le coupe ordinairement. La haute futaie s'entend d'un bois qui a cent ans (1). On fait les coupes ordinaires chaque 10 ou 12 ans. Elles ont lieu à la cognée ou à la hache à fleur de terre. Jamais la scie ne doit être employée. On coupe dans le temps mort, de fin d'octobre à commencement d'avril, mais ordinairement en décembre, janvier et février. D'après une ordonnance de 1669, le propriétaire était tenu de réserver 16 baliveaux par chaque arpent. Dans le canton de Beaumont l'usage est de réserver de 28 à 30 baliveaux par hectare. Quand on veut vendre une coupe, on a soin de la nettoyer des broussailles, genêts et bruyères; sans cette précaution et s'il n'était pas fait de réserve à cet égard, l'exploitant profiterait de toutes les excroissances du bois qu'il aurait acheté. On enlève le bois coupé avant le 15 avril. Les paiements avaient lieu, d'après l'ancien usage, pour la fête de Noël qui suivait l'exploitation.

(1) Victor Fons, *Usages locaux*, page 57.

Plantations. — L'usage local déterminait la distance pour les plantations. Il avait son fondement dans la loi romaine, qui avait elle-même emprunté le principe de ses règlements aux lois de Solon. Ces traditions se sont perdues, et c'est le Code civil qui détermine aujourd'hui, dans l'arrondissement comme dans le reste de l'Empire, cette matière. L'article 671 pose une règle d'après laquelle les arbres à haute tige ne peuvent être plantés qu'à la distance de 2 mètres de la ligne séparative de deux héritages, et les arbustes, ou arbres à basse tige, qu'à la distance d'un demi-mètre.

Les espaliers, d'après l'ancienne coutume de Toulouse, devaient être à 6 pouces de tout mur mitoyen, et lorsque le mur n'était pas mitoyen il devait y avoir 18 pouces entre le centre de l'arbre et le mur, sans que les branches de l'espalier pussent y être attachées (1), mais l'on pouvait appliquer les espaliers sur tout mur mitoyen (2). Une loi de Solon défendait de planter les oliviers et les figuiers à une distance moindre de 9 pieds du fonds voisin. Elle n'exigeait que 5 pieds pour les autres arbres.

Toutes ces prescriptions particulières sont aujourd'hui hors d'usage, et c'est le Code civil qui règle toute cette matière.

Haies. — Les haies servent de clôture à un grand nombre d'héritages : elles doivent être plantées à la même distance que les arbustes, c'est-à-dire à 50 centimètres de l'héritage voisin. Les arbres qui croissent au milieu de la haie sont soumis aux distances exigées pour les arbres en général. Nos haies sont ordinairement plantées d'aubépine ou d'ajonc marin. D'après la coutume d'Orléans il était défendu de former des haies de clôture, bordant un héritage voisin, avec de l'épine

(1) Soulatges, *Coutumes de Toulouse*, page 141.
(2) Victor Fons, *Usages locaux*, page 78.

noire. Les haies sont coupées par aménagement de trois ans. Quelquefois on taille l'épine blanche à la hauteur de 1 mètre 50 centimètres.

Bornes. — L'usage des lieux règle aussi, dans nos campagnes, le placement des bornes (article . 646 du Code civil). Les bornes admises en général sont les pierres et les coignassiers. Aux deux extrémités de la ligne divisoire on place une grosse pierre caractérisée par une brique de tuile de toiture brisée que l'on réunit et que l'on met au-dessous de la borne. Ces *tuileaux* sont appelés témoins, parce qu'ils distinguent la véritable borne et empêchent de la confondre avec d'autres pierres que le hasard pourrait amener sur les lieux. Le coignassier est simplement planté aux extrémités de la ligne qui sépare les héritages.

Dans les bois on trace des rigoles divisoires ou bien l'on pratique des trous de distance en distance.

Fossé. — La loi romaine, en vigueur dans nos provinces, exigeait que le fossé fût séparé du fonds voisin par une distance égale à la profondeur. Mais cette loi était souvent modifiée par la jurisprudence française, qui prescrivait que, dans aucun cas, un fossé ne pût nuire au voisin. Là où la loi ou la coutume n'existaient pas, ou bien n'étaient pas observées, c'était l'usage local qui était suivi. Cet usage, dans nos cantons, voulait qu'on laissât la distance d'un pied (12 pouces ou 33 centimètres) appelé le pied de roi, entre le fossé et le voisin. La pente du fossé devait être proportionnée à sa profondeur (1).

Abeilles — Les abeilles sont élevées dans toutes nos localités. Il n'existe ici ni règlements ni usages pour déterminer

(1) Fournel, *Traité du voisinage,* tome II, pages 73 et 75. — *Lois rurales,* tome II, page 188. Cour de Dijon, 22 juillet 1836.

la place que doivent occuper les ruches loin de l'héritage du
voisin. On clôt ordinairement par un mur en pisé (paillebart)
le côté du voisin où l'on place la ruche. Les abeilles étaient,
par la loi romaine, considérées comme une espèce de gibier.
Lorsqu'elles s'envolent en essaim, le propriétaire doit ne pas
les perdre de vue, les suivre et les réclamer. S'il ne les suivait pas, le poursuivant se substituerait à son droit. C'est
pour bien constater ce droit que l'on accompagne ordinairement l'essaim volant des abeilles en faisant du bruit sur des
corps sonores, tels que poëlons, chaudrons, bassinoires.

MARCHÉS.

Il existe des marchés à Castelsarrasin tous les jeudis, à
Beaumont tous les samedis, à Lavit tous les vendredis, à Saint-
Nicolas tous les lundis, à Montech tous les mardis. La plupart
de ces marchés remontent à une haute antiquité. Ceux de Castelsarrasin sont réglementés par les anciennes coutumes de
cette ville.

Des prescriptions prévoyaient, dans ces coutumes, tout ce
qui est l'objet des arrêtés municipaux modernes : la boucherie, la boulangerie, les faux poids, les fausses mesures. L'article 29 constate, en ces termes, un curieux usage : « Nul vende
ou fasse vendre assis, mais debout, poisson. Celui qui fera le
contraire paiera V sols tholosans, qui seront divisés comme
dessus (1). »

(1) Un tiers au dénonciateur, un tiers à la ville, un tiers au comte de Toulouse.

Nous devons à la communication bienveillante de M. l'abbé F. Pottier, vicaire
de Saint-Orens de Montauban, président de la Société d'Archéologie de Tarn-et-
Garonne, l'explication suivante de l'usage relatif à cette manière de vendre le
poisson :

Extrait des notes de Mirabeau, à la suite de la traduction des élégies de
Tibulle. Note 3 de l'élégie VI, livre III, tome II, page 228 (Festins).

« On mangeait beaucoup de poisson à Athènes, et par une ordonnance de
police, sans doute de l'invention d'un gourmand, il était prescrit que le poisson étant amené dans le marché, on appellerait sur le champ les acheteurs
au son d'une cloche ou par la voix d'un crieur public, afin qu'on eût le poisson tout frais, et, pour obliger le marchand à s'en défaire plus vite, *il lui était*

Les coutumes de Beaumont, à la date de 1278, portent dans leur article 26 que le marché de la ville aura lieu le samedi : *Item mercat sera fait en la dicha vila cascuna semana en dia de dissabte.* Elles règlent aussi les moindres détails de la tenue du marché : le droit de place pour le bétail, pour la cire, pour l'huile, le droit de stationnement pour les marchands étrangers qui achètent du blé, du vin, la police et la répression des coups et blessures reçus dans ce marché, etc.

Aujourd'hui les marchés constituent le principal revenu de nos villes. Ils sont la plus exacte expression de la prospérité de notre agriculture. Les affaires et les transactions qui s'y traitent ont acquis une importance hors de toute comparaison avec le passé. Les réformes et les améliorations qu'un progrès certain nous annonce, faciliteront encore nos exportations et feront de nos débouchés le plus sûr et le plus puissant agent de notre production agricole. Les marchés de Castelsarrasin sont fréquentés particulièrement par les bouchers et par de nombreux acheteurs accourus de loin pour s'approvisionner en viande. Ceux de Lavit donnent lieu à un commerce d'animaux, d'élève et de croît, très-renommé. Ceux de Beaumont sont l'objet de transactions très-nombreuses de toute sorte, notamment pour les céréales, les froments, les avoines, l'ail. Il est pris note dans tous ces marchés des prix moyens des denrées, et c'est ce qui établit les mercuriales utiles pour la statistique, et, dans divers cas prévus par nos lois, spécialement lorsqu'il s'agit d'apprécier la valeur d'un bail dont le prix consiste en denrées (loi du 27 mai 1838 sur les justices de

défendu de s'asseoir. C'est d'un friand d'Athènes que nous tenons cet aphorisme des gourmets modernes : que la viande la plus délicate est celle qui est le moins viande, et le poisson le plus exquis est celui qui est le moins poisson. »

paix, article 3) (1). Un arrêté municipal règle ordinairement, comme dans le moyen âge, l'heure à laquelle les marchands et revendeurs peuvent s'approvisionner.

Le son de la cloche ou la vue d'un drapeau indiquent cette heure.

Indépendamment de ces marchés périodiques, il existe dans l'arrondissement, dans les localités importantes, des foires attirant un grand nombre d'étrangers.

Voici l'état de ces foires pour le département.

Arrondissement de Montauban.

Bruniquel : 14 février, 2e mercredi d'avril, mai, 25 juin, 11 août, 11 novembre, lendemain de Noël.

Caussade : 1er lundi de chaque mois.

Caylus : 25 janvier, février, mars, avril, 17 mai, 4 juin, 22 juillet, 17 août, 22 septembre, 17 octobre, 11 novembre, 17 décembre.

Cazals : 12 avril, mai, juin, 18 novembre.

Lacapelle-Livron : 3 février, 5 mai, 13 août, 3 décembre.

Lafrançaise : 3e mercredi de janvier, avril, juin, novembre.

Laguépie : Le 14 de chaque mois.

Mirabel . 22 février, 1er mardi après Pâques, 11 juin, 26 août, 29 octobre.

Molières : 1er vendredi de janvier, février, mars, avril, mai, 1er juin, 1er vendredi de juillet, août, septembre, 6 octobre, 1er vendredi de novembre, décembre.

Monclar : 20 janvier, jeudi après Pâques, 16 juin, 16 août, 2 novembre.

---

(1) Le Code de procédure impose aussi certaines formalités qui doivent être accomplies dans les marchés (articles 617, 633, 699).

Montauban : 19 mars, 20 mai, 26 juillet, 13 octobre, 20 novembre.

Montpezat : 3e jeudi de chaque mois.

Montricoux : 15 janvier, 3 février, 21 mars, 30 avril, 25 mai, 19 juin, 22 juillet, 20 août, 10 septembre, 14 octobre, 22 novembre, 22 décembre.

Nègrepelisse : 2e mardi de janvier, mars, avril, mai, juin, juillet, août, septembre, octobre, décembre.

Parisot : 9 janvier, février, mars, avril, 2 mai, 6 juin, 9 juillet, 11 août, 9 septembre, octobre, 25 novembre, 9 décembre.

Puylagarde : Mi-Carême, 8 juin, 1er septembre, 25 novembre.

Puylaroque : 2e mercredi de chaque mois.

Réalville : dernier jeudi de janvier, juin, septembre, octobre, novembre.

Reyniès : 20 mars, 2 juin, 10 décembre.

Saint-Antonin : 20 janvier, février, mars, avril, mai, 10 et 30 juin, 29 juillet, août, septembre, 5 et 29 novembre, 20 décembre.

Saint-Projet : 5 février, 18 avril, 14 juin, 7 août, 14 novembre.

Sepfonds : 1er mercredi de février, mars, mai, juin, septembre, 2e mercredi de novembre, décembre.

Varen : 17 janvier, 12 mars, mercredi après Pâques, 24 mai, 4 octobre, 1er décembre.

Vazerac : 1er mardi de janvier, mai, lundi qui suit la Saint-Augustin.

Verfeil : 7 janvier, 12 février, la veille des Rameaux, 4 mai, 20 juin, juillet, août, septembre, 18 octobre, 7 décembre.

Villebrumier : 20 avril, août, novembre.

Arrondissement de Moissac.

Auvillar : Le 1er mercredi de chaque mois.

Bourg-de-Visa : 2 janvier, février, 20 mars, la veille de *Quasi-*

modo, 15 mai, 23 juin, 18 juillet, 6 août, 8 septembre, 17 octobre, 18 novembre, 10 décembre.

Brassac : 24 février, mai, 22 août, 24 novembre.

Castelsagrat : 18 janvier, 6 février, 10 mars; la veille du dimanche des Rameaux, la veille de la Pentecôte, 20 juin, 4 août, 15 septembre, 15 octobre, 5 et 22 novembre, 9 décembre.

Cazes-Mondenard : 28 janvier, 1er juin, 27 août, 21 octobre.

Donzac : 1er janvier, 5 mars, 24 août, 5 novembre.

Dunes : 1er et 3e jeudi de janvier, 3e jeudi de février, 1er et 3e jeudi de mars, avril, mai, juin, juillet, 3e jeudi d'août, 1er et 3e jeudi de septembre, octobre, novembre, décembre.

Lacour : 13 janvier, 6 février, 7 mai, 17 juin, 8 août, 1er septembre, 15 décembre.

Lamagistère : 1er avril, lundi qui suit le 24 juin, 10 septembre, le lundi qui suit le 8 décembre.

Lauzerte : 1er lundi de janvier, février, mai, juin, juillet, septembre, octobre, décembre.

Malause : 24 mars, 29 mai, dernier lundi de juillet, 10 octobre.

Miramont : 22 janvier, février, 5 mars, 27 avril, 18 mai, 15 juin, 20 juillet, 11 août, 12 septembre, 9 octobre, novembre, 26 décembre.

Moissac : 2e samedi de janvier, mars, lundi après les Rameaux, 1er samedi de mai, 25 juin, 1er septembre, 1er samedi d'octobre, 12 novembre, 1er samedi de décembre.

Monjoi : 3 février, 25 avril, 11 juin, 26 août, 4 octobre, 28 décembre.

Montaigu : 5 et 24 janvier, 1er jeudi du Carême, lundi de la Semaine-Sainte, 9 mai, 20 juin, 24 juillet, 18 août, 29 septembre, 25 octobre, 16 novembre, 1er décembre.

Montesquieu : Le 1er mercredi de chaque mois.

Roquecor : 29 janvier, 25 février, 8 mars, le mercredi de Pâques, le mercredi de Pentecôte, 3 juin, 1er juillet, 2 et 28 août, 22 septembre, 16 octobre, 12 novembre, 29 décembre.

Saint-Amans : 9 janvier. la veille du mardi-gras, 12 avril, 6 novembre.

Saint-Beauzel : 14 janvier. 2 mai. 11 août. 21 novembre.

Saint-Michel : 31 mars, 27 septembre.

Saint-Nazaire : 1er mars, juin. 28 août. 1er décembre.

Saint-Paul-d'Espis : 26 janvier. 25 mars, 2e lundi de mai, 9 septembre.

Sauveterre : 9 mai, 1er décembre.

Sistels : 10 août.

Valence : 22 février. 6 mai. 16 août, 29 octobre.

Arrondissement de Castelsarrasin.

Aucamville : 5 janvier, 5 février, 12 mai, 6 septembre, 1er décembre.

Beaumont : 1er samedi de chaque mois.

Bouillac : 12 février, 20 mai. 15 août. 11 novembre.

Bourret : 25 avril, 10 août. 19 novembre.

Campsas : 4 février, 1er lundi de septembre.

CASTELSARRASIN : 28 avril, 29 août, 4 novembre.

Caumont : 7 janvier. 25 avril. 24 août.

Dieupentale : 12 février. 12 septembre.

Escatalens : le lundi de la semaine avant le mardi-gras, 19 octobre, 26 décembre.

Finhan : 25 janvier, lundi de Pàques, 12 septembre.

Garganvillar : 1er mercredi de mars. 2e mercredi de septembre.

Grisolles : 1er mercredi de janvier, 22 février, 1er mercredi de mars, avril, mai. 1er juin. 1er mercredi de juillet. d'août, 22 septembre, 1er mercredi d'octobre. 11 novembre, 1er mercredi de décembre.

Labastide-Saint-Pierre : Mercredi-Saint, 1er lundi d'août, 15 novembre.

Larrazet : 4 janvier, 26 février, 4 avril, 29 juin, 8 septembre, 15 novembre.

Lavilledieu : 7 mai, 1er lundi après le 15 août, 11 novembre.

Lavit : 1er vendredi de chaque mois.

Le Mas-Grenier : 17 janvier, 3 mai, 23 juin, 20 août, 29 octobre.

Mansonville : 7 janvier, 29 avril, 19 août, 21 octobre.

Montech : 2e mardi de février, mars, 2 mai, 1er août, 14 octobre, 2e mardi de novembre, 21 décembre.

Saint-Aignan : 20 mars, 24 novembre.

Saint-Nicolas : 1er lundi de janvier, le lundi-gras, 1er lundi de mai, 1er lundi de juillet, 1er lundi d'octobre, 1er lundi de novembre.

Saint-Porquier : 7 janvier, 25 mai, 9 septembre.

Saint-Sardos : lundi-gras, 28 avril, 2 novembre.

Sérignac : 25 janvier, 2e lundi de la Pentecôte, 4 octobre.

Verdun : 1er mars, 2e vendredi d'avril, 14 juin, 28 août, 1er vendredi d'octobre, 25 novembre.

POIDS ET MESURES.

L'Assemblée constituante décréta, le 8 mai 1790, l'emploi d'une même mesure dans tout le royaume, en prenant pour type le mètre, c'est-à-dire la dix-millionième partie de l'arc du méridien compris entre le pôle et l'équateur, ou du quart de la circonférence de la terre. C'est donc la France qui a eu l'honneur d'inaugurer le système métrique ou les nouvelles mesures, dont il y a six sortes :

Le mètre (mesure linéaire);
L'are, carré de 10 mètres (mesure agraire):
Le litre, décimètre cube (mesure des liquides);
Le stère, mètre cube (mesure pour les bois);
Le gramme, poids d'un centimètre cube d'eau distillée
    (mesure de pesanteur) :
Le franc, poids de 5 grammes (monnaie).

En comparant les anciennes mesures de l'arrondissement avec celles qui les remplacent, on comprendra les nombreux inconvénients qui résultaient de la diversité de ces usages pour le commerce et pour l'agriculture (1).

(1) Toutes les mesures qui vont être données sont converties d'après les tables publiées par les départements de la Haute-Garonne et du Gers, par ordre des préfets. — Toulouse, an x, Veuve Douladoure. — Auch, an x, F. Labat.

Mesure linéaire.

La toise était connue et usitée généralement dans toute la France. Elle se composait de 6 pieds, le pied contenait 12 pouces, le pouce 12 lignes et la ligne 12 points.

La ligne faisait............ 2 millim. 2558.
Le pouce................... 2 centim. 7070.
Le pied.................... 3 décim. 2484.
La toise.................. 1 mètre 9490.

On se servait de la toise principalement pour le calcul des distances que l'on comptait par lieues. Il y avait la lieue de 3,000 toises (5,847 mètres) usitée dans les provinces de Guienne et de Languedoc ; la petite lieue de 2,000 toises (3,898 mètres) ; la lieue commune de 25 au degré (4,444 mètres), et la lieue marine équivalant à 5,556 mètres.

L'aune de Paris servait aussi communément ; elle valait 3 pieds 7 pouces 10 lignes 5/6 de ligne, ou 1 mètre 1884.

Mais la mesure locale, généralement employée comme mesure des marchandises, était la canne.

La canne de Castelsarrasin était la plus grande de la région. Elle se divisait en 8 empans, l'empan en 8 pouces, le pouce en 8 lignes, la ligne en 8 points ; son empan avait 8 pouces et 7 lignes de toise.

1 ligne faisait........... 3 millim. 6305.
1 pouce................... 2 centim. 9044.
1 empan................... 2 décim. 3235.
1 canne................... 1 mètre 8588.

Mesure de superficie.

Cette mesure était la canne carrée. La canne carrée de Castelsarrasin faisait.................... 3 mètres 4544.
le mètre carré........................ 0 canne 2895.

Mesure de solidité.

La canne cube de Castelsarrasin était de 6 mètres 4223.
1 mètre cube valait................. 0 canne 1557.

Mesure agraire.

Nulle part la diversité n'était plus grande pour cette mesure que dans ce canton. On comptait généralement par sétérées, pugnérées et boisseaux ou coups : mais chaque commune avait sa mesure distincte.

La sétérée du chef-lieu avait 768 perches ou lattes carrées : la perche linéaire était de 15 empans, mesure de la canne du même lieu, l'empan de 8 pouces et 7 lignes de pied.

La sétérée était divisée en 8 pugnérées, et la pugnérée en 8 boisseaux, contenant chacun 12 perches ou lattes carrées.

1 perche ou latte faisait ainsi   0 ares 1214.
1 boisseau.................   1 — 4576.
1 pugnérée................ 11 — 6611.
1 sétérée................. 93 — 2890.

La sétérée de Labastide-du-Temple contenait 800 lattes de 16 empans, mesure de Castelsarrasin : le boisseau avait 12 lattes et demie.

1 latte faisait............   0 ares 1382.
1 boisseau...............   1 — 7275.
1 pugnérée............... 13 — 8206.
1 sétérée................ 110 — 5647.

La sétérée des Barthes contenait 768 lattes ou perches carrées de 16 empans de Castelsarrasin. Son boisseau avait 12 lattes.

$$
\begin{array}{lll}
\text{1 latte faisait} \dots & 0 \text{ ares} & 1382. \\
\text{1 boisseau} \dots & 1 — & 6584. \\
\text{1 pugnérée} \dots & 13 — & 2677. \\
\text{1 sétérée} \dots & 106 — & 1421.
\end{array}
$$

La sétérée de Meauzac contenait 800 lattes de 16 empans de Montauban, c'est-à-dire de 8 pouces 6 lignes de pied. Le boisseau avait 12 lattes et demie.

$$
\begin{array}{lll}
\text{1 latte faisait} \dots & 0 \text{ ares} & 1355. \\
\text{1 boisseau} \dots & 1 — & 6941. \\
\text{1 pugnérée} \dots & 13 — & 5535. \\
\text{1 sétérée} \dots & 108 — & 4283.
\end{array}
$$

La sétérée de Ventillac et du Barry contenait 640 lattes de 16 empans de Montauban ; 10 lattes faisaient le boisseau.

$$
\begin{array}{lll}
\text{1 latte faisait} \dots & 0 \text{ ares} & 1355. \\
\text{1 boisseau} \dots & 1 — & 3553. \\
\text{1 pugnérée} \dots & 10 — & 8428. \\
\text{1 sétérée} \dots & 86 — & 7426.
\end{array}
$$

La sétérée de Lagarde et d'Albefeuille contenait 653 lattes de 16 empans de Montauban ; le boisseau avait 10 lattes et un cinquième.

$$
\begin{array}{lll}
\text{1 latte faisait} \dots & 0 \text{ ares} & 1355. \\
\text{1 boisseau} \dots & 1 — & 3828. \\
\text{1 pugnérée} \dots & 11 — & 0630. \\
\text{1 sétérée} \dots & 88 — & 5046.
\end{array}
$$

Mesure de capacité.

Grains (1)

Le canton de Castelsarrasin se servait de la pugnère dont les quatre font le sac ; la pugnère avait 8 coups.

1 pugnère faisait....... 2 décalitres 7148.
1 sac............... 1 hectolitre 0859.

Liquides.

La velte servait pour la vente des liquides en gros : le vin, l'eau-de-vie ; elle tenait en général 7 litres 60 centilitres. Les ventes au détail se faisaient au quart, au picher et au pouchou. Le quart contenait 2 pichers, le picher 2 pouchous.

1 pouchou fait.............. 0 litre 6311.
1 quart................. 2 — 5247.

12 pouchous faisaient exactement la velte de 7 litres 57 centilitres. La barrique, qui était de 24 veltes, équivalait à 1 hectolitre 817 millièmes.

L'huile avait une mesure particulière qui était la livre. La livre d'huile de Castelsarrasin équivalait à 0 litre 7409.

Mesure pour les bois.

Castelsarrasin vendait au bûcher ou canne de 8 empans de longueur sur 8 empans de hauteur ; la bûche était de 4 empans et demi pour le bois dur, et de cinq empans pour le bois blanc. Le premier bûcher faisait 3 stères 6126, le second 4 stères 0138.

(1) L'avoine avait quelquefois sa mesure particulière.

Poids.

Le poids usité était ce qu'on appelait le poids de table de Languedoc, différant du poids de marc ; celui-ci était plus fort presque d'un cinquième.

Poids de marc.		Poids de Languedoc.	
1 grain...	0 décigr. 5311.	1 grain...	0 décigr. 4426.
1 gros....	0 décagr. 3824.	1 gros....	0 décagr. 3186.
1 once....	0 hectogr. 3059.	1 once....	0 hectogr. 2549.
1 livre...	0 kilogr. 4895.	1 livre....	0 kilogr. 4079.
1 quintal..	0 q¹ m. 4895.	1 quintal..	0 q¹ m. 4079.

Monnaies.

1 denier faisait...........	00 c. 41.
1 sou..................	04 c. 94.
1 livre................	0 fr. 9877.
81 livres...............	80 francs.

Le pays n'avait plus ses monnaies anciennes particulières à la province. On comptait, comme ailleurs, par livres tournois.

CANTON DE BEAUMONT.

Mesure linéaire.

Beaumont se servait de la canne de Toulouse divisée en 8 empans ; l'empan de 8 pouces, le pouce de 8 lignes, la ligne de 8 points.

En voici les éléments :

1 ligne faisait..........	3 millim. 5080.
1 pouce...............	2 centim. 8064.
1 empan..............	2 décim. 2451.
1 canne..............	1 mètre 7961.

La mesure itinéraire était la même que partout ailleurs. La mesure de superficie était la canne carrée de Toulouse faisant 3 mètres carrés 2259. La mesure de solidité était la canne cube de Toulouse cubant 5 mètres 7941.

Mesure agraire.

Beaumont avait l'arpent de Toulouse de 576 perches ; mais cet arpent se divisait en 24 places ou 4 cazaux, chaque cazal contenant 6 places. La place contenait 24 escats dont chacun était égal à une perche carrée. La perche linéaire était de 14 empans. A Toulouse l'arpent se divisait en 4 pugnérées, la pugnérée en 8 boisseaux, le boisseau contenant 18 perches carrées (1).

1 perche carrée ou escat faisait 0 ares 0987.
1 place.................... 2 — 3709.
1 cazal ou mezeillade......... 14 — 2258.
1 arpent.................. 56 — 9033.

Mesure de capacité.

Ce canton avait une mesure particulière pour les grains. Cette mesure était la pugnère dont les 3 faisaient le sac ; elle était divisée en 8 boisseaux, le boisseau avait 2 coupes.

1 pugnère faisait.......... 2 décal. 6370.
1 sac..................... 0 hectol. 7911.

Pour les liquides, Beaumont se servait de la mesure dite du comte Ramond.

1 pega faisait............. 3 litres 7820.
1 uchau.................. 0 — 4727.

(1) Les communes de Sérignac, Larrazet, Belbèze et Vigueron comptaient aussi par pugnérée. La pugnérée faisait 10 ares 66 centiares.

On appelait pinte le demi-pega composé de 2 quarts ou de 4 uchaux. La barrique avait 24 veltes égales à 2 pegas et demi.

L'huile était mesurée à la livre de Toulouse. Une livre égalait 0 litres 4408.

Mesure pour les bois.

Beaumont avait sa canne pour mesurer les bois ; cette canne était de 8 empans de longueur sur 8 empans de hauteur ; la bûche était de 5 empans 1 tiers, faisant 3 stères 8625.

Poids.

(Poids de Toulouse.)

1 grain faisait............... 0 décigramme 4426.
1 gros................. 0 décagramme 3186.
1 once................. 0 hectogramme 2549.
1 livre................. 0 kilogramme 4079.
1 quintal............... 0 quintal métr. 4079.

Monnaies.

(Comme ailleurs.)

CANTON DE GRISOLLES (1).

Mesure linéaire.

Les communes de Grisolles, de Nohic et de Pompignan paraissent s'être servies de la canne de Toulouse ; mais Campsas, Canals, Dieupentale, Fabas, Labastide-Saint-Pierre, Orgueil, Monbéqui et Bessens, usaient de la canne de Montauban dont l'empan était de 8 pouces et 6 lignes de toise.

(1) Lorsque l'administration de la Haute-Garonne publia ses tables de comparaison, les communes de Monbéqui et de Bessens faisaient partie du canton de Montech; Pompignan, de celui de Castelnau.

<pre>
1 ligne faisait............ 3 millim. 5952.
1 pouce.................. 2 centim. 8762.
1 empan................ 2 décim. 3009.
1 canne................. 1 mètre   8407.
</pre>

Les mesures itinéraires étaient celles de la province. Pour mesure de superficie, les communes de Grisolles, Nohic et Pompignan avaient la canne carrée de Toulouse, le reste du canton se servait de la canne carrée de Montauban. Même distinction était faite pour la mesure de solidité, qui était la canne cube dont les trois premières communes avaient pris l'étalon à Toulouse, les autres à Montauban.

Mesure agraire.

La commune de Grisolles avait l'éminée contenant 432 perches carrées, la perche linéaire de 14 empans, chacun de 8 pouces et 4 lignes de pied. L'éminée se divisait en 4 rasées ou pugnérées, et celles-ci en 8 boisseaux contenant chacun 13 perches carrées et demie. Une éminée et un tiers équivalaient à l'arpent de Toulouse de 576 perches carrées.

<pre>
1 perche carrée faisait....... 0 arcs 0997.
1 boisseau................. 1 — 3464.
1 pugnérée ou rasée....... 10 — 7718.
1 éminée................. 43 — 0874.
</pre>

La commune de Pompignan a la même perche linéaire de 14 empans. Son éminée contient aussi 432 perches carrées divisées en 4 pugnérées ; mais cette pugnérée a 6 boisseaux, chacun de 18 perches carrées comme à Toulouse.

<pre>
1 perche carrée faisait..... 0 arc 0987.
1 boisseau............... . 1 — 7782.
</pre>

1 pugnérée.............. 10 ares 6693.
1 éminée............... 42 — 6775.

La sétérée de Campsas était composée de 660 perches carrées, la perche linéaire de 18 empans mesure de Montauban. Cette sétérée se divise en 8 rasées ou pugnérées, la rasée en 8 boisseaux et le boisseau contient 10 perches carrées 5/16.

1 perche carrée faisait....   0 ares 1715.
1 boissseau............   1 — 7689.
1 pugnérée............   14 — 1517.
1 sétérée.............. 113 — 2138.

L'éminée d'Orgueil est de 417 perches carrées 5/8, la perche linéaire de 16 empans mesure de Montauban. L'éminée a 4 rasées et la rasée 8 boisseaux de 13 perches carrées 13/256.

1 perche carrée faisait......   0 ares 1355.
1 boisseau...............   1 — 7688.
1 pugnérée.............   14 — 1505.
1 éminée...............   56 — 6022.

L'éminée de Fabas a 480 perches carrées, la perche linéaire de 14 empans mesure de Montauban. L'éminée contient 4 rasées et la rasée 8 boisseaux de 15 perches carrées.

1 perche carrée faisait......   0 ares 1037.
1 boisseau...............   1 — 5565.
1 rasée................   12 — 4523.
1 éminée...............   49 — 8092.

La sétérée de Nohic contient 804 perches carrées, la perche linéaire de 16 empans, l'empan de 8 pouces 4 lignes de pied. Cette sétérée contient 2 éminées, l'éminée 4 rasées ou pugnérées, et la rasée 8 boisseaux de 12 perches carrées 9/16.

1 perche carrée faisait..... 0 ares 1302.
1 boisseau............... 1 — 6365.
1 rasée................ 13 — 0923.
1 éminée.............. 52 — 3694.
1 sétérée............. 104 — 7388.

L'arpent de Canals, Dieupentale, Labastide-Saint-Pierre, Bessens et Monbéqui contenait 660 perches carrées, la perche linéaire de 16 empans mesure de Montauban. Cet arpent se divise en 2 éminées, l'éminée en 4 rasées ou pugnérées et la rasée en 8 boisseaux de 10 perches carrées 5/16.

1 perche carrée faisait...... 0 ares 1355.
1 boisseau.............. 1 — 3976.
1 rasée................ 11 — 1815.
1 éminée.............. 44 — 7260.
1 arpent............... 89 — 4521.

Mesure de capacité.

Grains.

Les communes de Grisolles et de Pompignan avaient la mesure de Grenade, dont les 4 pugnères faisaient le setier.

1 pugnère faisait.......... 2 décal. 5442.
1 setier................ 1 hectol. 0177.

Dans les communes de Campsas, Canals, Dieupentale, Bessens, Monbéqui, Fabas, Labastide, Nohic et Orgueil on comptait par sac. Le sac faisait un demi-setier : il contenait 4 rasées et la rasée 8 boisseaux.

1 rasée faisait........... 2 décal. 6303.
1 sac.................. 1 hectol. 0521.

Liquides.

La commune de Grisolles a pour mesure des liquides la verge ou velte contenant 384 pouces cubes ; la velte se divise en 5 justes, la juste en 4 uchaux et l'uchau en 2 demi-uchaux.

1 juste faisait............... 1 litre 5234.
1 uchau................... 0 — 3808.

Les communes de Campsas, Canals, Dieupentale, Fabas, Labastide et Orgueil divisent la verge ou velte de 384 pouces cubes en 4 quarts. Le quart contient 2 demi-quarts, le demi-quart 2 pouchous et le pouchou deux demi-pouchous.

1 quart faisait............... 1 litre 9042.
1 pouchou................. 0 — 4760.

Nohic compte ainsi jusqu'au quart, et puis vend au détail de la mesure comte Ramond. (Voir le canton de Beaumont.)

Poids.

A l'exception des communes de Grisolles et de Pompignan, qui avaient le poids de Toulouse, toutes les communes de ce canton se servaient des poids de Montauban, dont voici les éléments :

1 grain faisait........... 0 décigr. 4618.
1 gros................. 0 décagr. 3325.
1 once................ 0 hectogr. 2660.
1 livre................ 0 kilogr. 4256.
1 quintal.............. 0 q' m. 4256.

Les monnaies n'avaient rien de particulier, et pour la mesure des bois on usait de la mesure des cantons voisins.

CANTON DE LAVIT (1).

Mesure linéraire.

Cette mesure avait pour éléments, dans le Gers, le pan linéaire qui était, suivant les localités, de 100, 102 ou 103 lignes. Le canton de Lavit avait le pan linéaire de 102 lignes. Sa canne avait 8 pans.

1 pan faisait............. 2 décim. 301.
1 canne................. 1 mètre 841.

Parties du pan.

1/4 faisait............... 5 centim. 8.
1/2..................... 11 — 5.
3/4..................... 17 — 3.

Pour mesure de distance, on se servait de la toise de la province. La canne ou la toise carrée étaient employées pour mesure de surface, et pour mesure de solidité on avait la canne ou toise cube.

Mesure agraire.

Lavit, Balignac, Lachapelle, Poupas, Puygaillard, Maumusson, Saint-Jean-du-Bouzet, Montgaillard, Marsac, Gramont, ont l'escat de 18 pans de côté : la place est de 24 escats et la concade de 30 places, comme l'arpent.

1 escat faisait............. 0 ares 1715.
1 place.................. 4 — 117.
1 arpent................. 1 hect. 2351.

(1) Ce que nous allons dire des anciennes mesures de ce canton est extrait de l'instruction abrégée publiée pour le département du Gers par ordre du Préfet.—Auch, an x, Labat, imp.— Lavit dépendait alors de ce département.

Mansonville, Bardigues, le Castera-Bouzet ont l'escat de 18 pans de coté, le coup de 9 escats, le livrelat de 8 coups, la concade de 8 livrelats.

1 escat faisait.............. 0 ares 1715.

1 picotin ou coup.......... 1 — 543.

1 quarton ou livrelat....... 0 hect. 1235.

1 concade................ 0 — 9881.

Asques-le-Doazac avait ces dernières mesures, sauf que l'on disait pugnérée au lieu de livrelat.

Mesure de capacité.

Grains.

Lavit (le canton) avait la sac divisé en 6 quartons, le quarton en 4 boisseaux.

1 boisseau faisait........ 4 litres 0791.

1 quarton.............. 16 — 3163.

1 sac................. 0 hectol. 9790.

Liquides.

Le canton se servait de la mesure appelée le pot.

1 pot faisait............. 1 litre 882.

1 barrique.............. 1 hectol. 976.

Le département du Gers vendait le bois de chauffage à la canne, au bûcher ou à la pagelle. Nous n'avons pu retrouver la mesure adoptée par Lavit. Nous croyons que c'était la canne de 8 pans de longueur sur 8 pans de hauteur avec bûches de 5 pans un tiers. L'instruction officielle où nous puisons nos renseignements indique que la canne de Fleurance, la plus rapprochée de Lavit dans ces indications, équivalait à 3 stères 894. C'est à peu près la canne de Beaumont, qui faisait 3 stères 862.

Poids.

Lavit, comme le Gers et le reste de la province, se servait de la livre de table de Languedoc, appelée petit poids, que nous avons déjà donnée, et de la livre de marc aussi usitée partout.

Monnaies.

(Comme ailleurs.)

CANTON DE MONTECH.

Ce canton, pour les mesures linéaire, de superficie et de solidité, se servait de la canne de Montauban que nous avons fait connaître en traitant des mesures du canton de Grisolles.

Mesure agraire.

L'ancien canton de Montech, composé des communes de Bessens, Bressols, Finhan, Montbartier, Monbéqui, Montech, Verlhac-Saint-Jean, avait la même mesure agraire que Canals et Dieupentale (canton de Grisolles) : mais les deux éminées faisaient la sétérée de 660 perches carrées.

1 perche. faisait............	0 ares	1355.
1 boisseau...............	1 —	3976.
1 rasée.................	11 —	1815.
1 éminée...............	44 —	7260.
1 arpent ou sétérée........	89 —	4521.

Les communes d'Escatalens, Lacourt-Saint-Pierre, Monbeton, Saint-Porquier, dépendant de l'ancien canton de Saint-Porquier, se servaient de la mesure agraire de Castelsarrasin, à en croire les tableaux de comparaison par nous consultés ; mais un constant usage et des renseignements précis attribuent à ces localités les mesures ci-après :

Escatalens.

1 boisseau faisait............	1 ares 19.
1 pugnérée................	9 — 58.

Lacourt-Saint-Pierre.

1 boisseau................	1 — 39.
1 pugnérée...	11 — 18.

Monbeton.

1 boisseau................	1 — 53.
1 pugnérée................	12 — 23.

Saint-Porquier.

1 boisseau................	1 — 34.
1 pugnérée................	10 — 67.

La commune de Lavilledieu avait la même mesure que Ventillac.

1 boisseau................	1 — 35.
1 pugnérée................	10 — 84.

Mesure de capacité.

Grains.

Le canton de Montech ancien se servait de la mesure de Montauban, dont 100 setiers faisaient 120 de Toulouse.

1 pugnère faisait........	2 décal. 7978.
1 setier..............	1 hectol. 1191.

Les communes de l'ancien canton de Saint-Porquier avaient adopté la mesure de Castelsarrasin pour les grains.

Liquides.

L'ancien canton de Montech avait la mesure du comte Ramond, mais on appelait picher un demi-pega. Le picher contenait 2 pouchons. L'ancien canton de Saint-Porquier se servait de la mesure de Castelsarrasin.

Pour l'huile il y avait la même distinction à faire. L'ancien Montech se servait pour mesurer de la livre de Toulouse, et les autres communes de celle de Castelsarrasin.

On vendait à l'œil le bois ou bien on se servait, soit des mesures de Montauban, soit de celles de Castelsarrasin, suivant la distinction déjà faite dans la situation des communes. Il en était de même pour les poids. La monnaie était celle d'ailleurs.

CANTON DE SAINT-NICOLAS.

Ce canton se servait de la canne de Montauban pour la mesure linéaire, la mesure de superficie et la mesure de solidité.

Mesure agraire.

La mesure des terres, dans la commune de Saint-Nicolas, était la dinérade, qui contient 3 livrelats : le livrelat fait 8 coups ou boisseaux chacun de 9 perches carrées ou escats. La perche linéaire est de 18 empans un tiers, l'empan de 8 pouces 6 lignes de pied, le même que celui de Montauban.

<pre>
1 perche carrée faisait......   0 ares 1779.
1 boisseau ou coup........   1 —   6015.
1 livrelat................   12 — 8122.
1 dinérade............ .   38 — 4368.
</pre>

Le Moutet, section de la commune de Saint-Nicolas, les communes de Caumont, de Gayssanes, de Saint-Arroumex, de Gensac, de Coutures, avaient la concade divisée en 8 livrelats, le livrelat eu 8 coups, le coup en 9 escats ou perches carrées; la perche linéaire de 18 empans et l'empan de 8 pouces 6 lignes de pied, le même que celui de Montauban.

    1 escat ou perche carrée faisait   0 ares 1715.
    1 coup.............. ... 1 — 5438.
    1 livrelat................ 12 — 3505.
    1 concade.............. 98 — 8044.

Dans les communes de Fajolles, Angeville, Garganvillar, Labourgade, Laffitte, la sétérée avait 8 pugnérées, la pugnérée 8 coups, le coup 13 perches carrées et demie, la perche linéaire de 14 empans, l'empan de 8 pouces 4 lignes et demie.

    1 perche carrée faisait..... 0 ares 1007.
    1 coup.................. 1 — 3599.
    1 pugnérée.............. 10 — 8797.
    1 sétérée................ 87 — 0381.

Dans la commune de Castelmayran, la sétérée avait 8 pugnérées, la pugnérée 8 coups, le coup 9 escats ou perches carrées 3/16, la perche linéaire de 16 empans, l'empan de 8 pouces 4 lignes 1/5.

    1 perche carrée ou escat faisait   0 ares 1306.
    1 coup. .... 1 — 2000.
    1 pugnérée............. 9 — 6000.
    1 sétérée............... 76 — 8000.

Dans les communes de Saint-Aignan, Castelferrus et Cordes, la sétérée contenait 864 lattes de 14 empans, mesure de Tou-

louse, l'empan de 8 pouces 4 lignes : la pugnérée est le huitième de la sétérée et le boisseau le huitième de la pugnérée.

    1 latte faisait............. 0 ares 0997.
    1 boisseau ou coup........ 1 — 3464.
    1 pugnérée............. 10 — 7719.
    1 sétérée............... 86 — 1751.

Mesure de capacité.

Grains.

Il y a trois mesures différentes dans ce canton. Celle de la
commune de Saint-Nicolas est la mesure de Castelsarrasin
diminuée d'un trente-deuxième. Le setier a 4 pugnères, la
pugnère a 8 boisseaux.

    1 boisseau faisait......... 3 litres 2875.
    1 pugnère............... 2 décal. 6300.
    1 setier... .... 1 hectol. 0520.

Les communes de Caumont, Gayssanes, Gensac, le Moutet,
section de Saint-Nicolas, et Saint-Arroumex se servent de la
mesure d'Auvillar, qu'on dit être égale à celle de Saint-Nicolas augmentée d'un quarante-huitième.

    1 boisseau faisait......... 3 litres 3559.
    1 pugnère............... 2 décal. 6848.
    1 setier............... 1 hectol. 0739.

Les communes d'Angeville, Castelmayran, Coutures, Fajolles, Garganvillar, Labourgade, Laffite, Cordes, se servent de
la mesure de Castelsarrasin que nous avons déjà fait connaître.

Liquides.

Dans la commune de Saint-Nicolas, la mesure du vin au détail est le péga contenant 8 uchaux ; l'uchau est la moitié du pouchou, et 2 pouchous font le picher qui est égal au demi-péga.

1 uchau faisait............ 0 litres 3960.
1 péga.................. 3 — 1683.

Les communes du canton autres que le chef-lieu avaient la même mesure que Castelsarrasin, c'est-à-dire le quart contenant 2 pichers, le picher 2 pouchous La velte était usitée dans les ventes en gros.

Mesure pour les bois.

La canne ou pile a 8 empans de longueur sur 8 empans de hauteur ; la bûche est de 4 empans et demi pour le bois dur et de 5 empans pour le bois blanc : la canne fait 3 stères 5081 dans le premier cas, et 3 stères 8981 dans le dernier.

Ce canton se servait, pour peser, du poids de marc et du poids de Languedoc ou du poids de Montauban présumé. Sa monnaie était celle du royaume.

CANTON DE VERDUN.

Pour les mesures linéaire, de superficie et de solidité, ce canton se servait de la canne de Toulouse.

Mesure agraire.

L'éminée de Verdun, qui était la mesure du canton, contenait 432 perches carrées ; l'éminée se divisait en 4 pugnérées ; la pugnérée en 8 boisseaux de 13 perches carrées et demie.

1 perche faisait........... 0 ares 0987.
1 boisseau.............. 1 — 3336.
1 pugnérée............. 10 — 6693.
1 éminée......... ...... 42 — 6775.

Mesure de capacité.

Grains.

Le setier a 4 pugnères, la pugnère 8 boisseaux.

1 boisseau faisait......... 3 litres   2748.
1 pugnère.............. 2 décal. 6499.
1 setier................ 1 hectol. 0472.

Liquides.

Verdun avait une mesure appelée pinte de 4 uchaux.

1 uchau faisait............ 0 litre 4839.
1 pinte................. 1 — 9356.

L'huile se mesurait à la livre de Toulouse. Les poids pour tout étaient aussi ceux de Toulouse, la monnaie celle de la province, et pour les bois les instructions de l'administration étant muettes, il est à supposer qu'on les vendait ou à l'œil ou d'après la mesure des cantons voisins.

MŒURS ET HABITUDES.

La plupart des constructions rurales de l'arrondissement
sont bâties en brique. Le plus grand nombre ont des murs
de brique crue ou de pisé. Les châteaux, nombreux autrefois,
dominant nos plaines ou couronnant nos coteaux, ont totalement disparu sous le marteau des démolisseurs. Les maisons
nouvelles de maître sont très-rares. Des habitudes regrettables
ont retenu dans nos villes et dans nos bourgs la bourgeoisie,
persistant dans ses allures indolentes et dans ses goûts casa-
niers, malgré l'éveil du progrès et le mouvement qui la presse
de toutes parts.

Avant 1789, plusieurs métairies renfermaient un logement
pour le maître, qui y demeurait au moins pendant la belle saison. Ce logement comprenait le premier étage au-dessus du
rez-de-chaussée occupé par le métayer. L'association plus
intime s'étendait ainsi jusqu'à la cohabitation. Des relations
incessantes, des besoins réciproques entretenaient une harmonie qu'ont remplacée depuis longtemps l'esprit de lutte et l'antagonisme des intérêts. Aujourd'hui il est bien rare que le
propriétaire ait un logement sous le toit de sa ferme. Il y
paraît cependant de temps en temps, une fois par semaine,
une fois par jour dans les moments pressants ; mais sa présence y est indifférente quand elle n'y est pas à charge : elle

n'apporte d'amélioration ni à la culture ni aux rapports personnels entre le propriétaire et son agent.

Quelques hommes sensés et éclairés ont toutefois, sur divers points, donné de bons exemples et protesté contre l'absentéisme aveugle du plus grand nombre. Les cultivateurs, les métayers eux-mêmes ont suivi leur impulsion et, par ces efforts communs, l'aspect de nos campagnes a beaucoup changé. Des constructions nouvelles, presque élégantes, ont remplacé ces vieilles masures en ruine où s'entassaient confusément hommes, bestiaux, mobilier, fourrages, denrées. Les étables se sont agrandies et aérées, les granges et hangars ont pris assez d'espace pour renfermer les fourrages et quelquefois les pailles. Il n'est pas rare de trouver, chez de simples paysans, des fermes qui ont leur bouverie, leur bergerie, leur porcherie bien distinctes et bien disposées, et jusqu'aux boxes de l'éleveur hippique.

Naguère encore tout le monde vivait et s'occupait d'agriculture. L'ouvrier de métier, le tisserand, le maçon, le charpentier possédaient un champ, une vigne qu'ils travaillaient à leurs loisirs. La propriété foncière était l'appât, le stimulant général. Mais ce qui était vrai hier ne l'est plus autant aujourd'hui. Les occupations rurales sont trop souvent abandonnées pour les travaux des villes, et beaucoup de nos riches cultivateurs se transforment en avocats sans causes, en médecins sans clientèle, en négociants ou en industriels le plus souvent malheureux, tandis que nos ouvriers ruraux les plus intelligents et les plus robustes courent après l'appât des forts salaires offerts par les sociétés industrielles et les grandes entreprises de travaux publics.

L'habitant de nos campagnes a perdu le cachet de sa province. Au XVIIIe siècle le laboureur gascon portait la culotte avec longues guêtres montantes, des sandales à l'espagnole pour chaussure (*esparteillos*), la veste longue sur gilet et le large chapeau noir à bords plats sous lequel s'étalaient ses longs cheveux bouclant et retombant sur l'épaule. Sa femme en jupon de grosse laine, rouge ou blanc, en habit de serge ou d'escot, en camisolle de même, en petit fichu, couvrait sa tête d'une petite coiffe de percale (*escouffioun*), et, suivant la saison, d'un mouchoir bleu à fleurs blanches, presque partout le même, roulé en forme de capuce. Dans l'hiver un sarrau pour l'homme, un manteau de serge pour la femme, préservaient du froid et du vent. Aujourd'hui le paysan n'a plus rien de particulier dans son costume. Comme dans le reste de la province, il porte la veste de drap ou de toile, la blouse courte et la casquette. Sa femme gonfle ses jupes, et pour peu qu'elle soit jeune et de son temps, porte de la soie, du mérinos et de la dentelle.

Si le laboureur de l'arrondissement a perdu son cachet caractéristique, il a du moins encore conservé son amour pour son clocher. *Seou d'Aoubila, moun pays abant tout.* Ce refrain du laboureur-soldat d'Auvillar pourrait servir de devise au pays (1). Nulle part l'émigration n'est plus rare, n'est plus combattue par ces liens du sol. A cet égard, le Gascon vaut le Languedocien, et s'ils rivalisent l'un et l'autre dans leur affection pour leur village, l'un et l'autre sont sans rivaux dans leur dévouement à l'étable et à la charrue.

Notre laboureur ne connaît pas de jouissance plus douce que celle de soigner ses bœufs et de les conduire au labour. S'il renonce à un amusement, c'est parce qu'il a à s'occuper de ses bœufs; s'il gronde, s'il a du souci, s'il pleure même, c'est que son bœuf est malade. On l'a dit, et ce n'est pas une calomnie, la perte d'un bœuf est pour le paysan presque aussi

(1) Chanson composée par le général de Bressolles.

sensible que celle d'un membre de la famille. Il regrette les frais de visite du médecin pour lui, pour sa femme même ; mais au premier symptôme de malaise du bœuf, il va chercher le vétérinaire ou l'empirique. « Son bœuf est le vrai camarade, le compagnon de sa solitude. Aux haltes, quand il souffle, on lui parle, on le raisonne ; parfois on le caresse. Il a son nom qui ne change jamais, même alors qu'il serait vendu. — Ces noms sont : *mascaret* (le bariolé), *laouret* (le doré), *maourel* (le noir ou le fauve), *caoubel* (le roux). L'homme et lui sont faits l'un pour l'autre. Ils ont une âme patiente. Le bœuf est le vrai travailleur de la terre. Si le bouvier quitte la ferme, perd ses bœufs, il ne peut y tenir, les embrasse, parfois cache ses larmes (1). »

Le laboureur de l'arrondissement n'admet pas, comme le paysan du Périgord ou de l'Auvergne, que ses bœufs soient salis par le fumier. Il les étrille, les peigne et les lave journellement et, lorsqu'il les mène en foire, il les pare d'une couverture de toile fraîchement lavée, les recouvre, de la tête aux épaules, de peaux de mouton ou de chèvre, et leur attache un collier de même peau, auquel il suspend des clochettes qui annoncent de loin sa joyeuse apparition. Le bouvier gascon prodigue même un peu trop ces exhibitions, et lorsqu'il n'est pas retenu à la ferme par un travail bien impérieux, il est rare qu'il manque les foires et les marchés du chef-lieu de canton et des villes voisines. Le moindre prétexte amène toute la famille dans ces réunions, dont l'intérêt agricole réclamerait la réduction. La ferme est confiée, ce jour-là, à la garde du chien fidèle ou du vieillard infirme, lequel regrette l'heureux temps où il avait de bonnes jambes pour courir les foires aussi.

(1) *Mémoires d'un enfant*, par Mme Michelet, page 271.

19

Ce qui caractérise le paysan de la Garonne, le paysan du Midi, c'est l'excès d'imagination, c'est la mobilité d'esprit, c'est l'invention. Ainsi, quoique aussi laborieux, aussi rude à la besogne que le paysan du Nord, il poursuit moins bien et moins longtemps ce qu'il entreprend. Il aime à changer, à aller d'une chose à l'autre. Il n'a dans ses actes, même les plus importants, ni la constance, ni l'application nécessaires. Pour ceux qui y ont réfléchi ce n'est pas là une des moindres causes de l'infériorité de notre agriculture.

Ainsi, combien d'heures perdues dans les causeries, dans les discussions inutiles, combien en projets et en plans faits, refaits et changés de cent façons? Mais, en revanche, quand il s'est mis au travail, notre laboureur y est pour tout de bon. Si dans les jours d'hiver il emploie quelquefois assez mal son temps, par vieille habitude, de quelle admiration n'est-il pas digne dans les travaux de l'été ! Alors bestiaux et bouviers sont transformés. Les bœufs, bien nourris, sont toujours prêts. Le bouvier, levé à deux heures du matin, distribue le fourrage, reste pour s'assurer que ses bœufs mangent, puis donne à boire et attelle. A quatre heures il est au champ, où il se rend en sifflant ou chantant le refrain que lui a appris son père. Il laboure jusqu'au moment de la plus forte chaleur. A peine a-t-il interrompu son labour pour manger sa soupe qu'on lui apporte le plus souvent au champ. Rentré à la ferme il s'occupe encore de ses bœufs, puis va à d'autres travaux plus pénibles que ceux du matin : c'est le foin à faucher, à faner, à rateler, à charger, à engranger ; c'est la moisson à faire, les moissonneurs à surveiller, la gerbe à rentrer, puis le dépiquage, le fauchage des chaumes, les meules de paille et de chaume à élever, etc. Pas un moment n'est perdu. Amaigri par le travail, bruni par le soleil, le paysan du Midi est alors de bronze et de fer. On le plaindrait autant qu'on l'admire, si sa bonne humeur ne lui était toujours fidèle et si l'avenir ne laissait entrevoir la fin de ces rudes épreuves dans la substitution des machines à la partie la plus pénible des travaux agricoles.

Les baptêmes, les mariages, les funérailles n'ont rien perdu, parmi ces hommes énergiques, de leur ancienne solennité. L'enfant a toujours pour parrain le grand-père, qui ainsi prend communément dans la famille le nom de parrain, partout ici synonyme de grand-père (*payrin*). Les fiançailles sont presque aussi solennelles que les mariages mêmes. L'église domine toujours la mairie, et c'est pour le jour de la célébration religieuse qu'est réservée la grande et joyeuse fête. Le repas des noces est alors une réunion digne des traditions de Gamache. C'est un jour de grand extrà, où les habitudes de sobriété échouent et où nos paysans se croient obligés aux plus naïfs excès : le bouillon apporté aux nouveaux époux; la quenouille gaiement parée de fleurs accompagnant la mariée à son nouveau domicile ; les charivaris aux veufs et aux veuves ; l'ascension forcée des nouveaux mariés sur l'âne étique et traditionnel, sont des usages que notre époque positive commence à repousser et à ne plus comprendre.

Nos paysans ont toujours une préférence bien marquée pour leur fils aîné. En le mariant, c'est à lui que le père cède le plus bel attelage du domaine, les plus beaux bœufs, en se contentant des vaches. C'est l'abdication du gouvernement, c'est l'abandon de la maîtrise. Non-seulement on avantage l'aîné des enfants de toute la quotité disponible d'après la loi, mais on cherche par tous les moyens, même les plus illicites, à grossir sa part préciputaire. L'aîné représente, aux yeux du chef de famille, la maison, la terre, le domaine pour lequel on a tant sué, tant travaillé. Les avantages indirects faits en faveur du fils aîné sont une des principales causes qui entretiennent l'humeur processive attribuée aux Gascons. Il n'est pas rare, d'après cela, de voir le frère aîné riche à côté de ses frères puinés vivant péniblement dans des conditions bien inférieures. On garde ainsi pour son compte des abus contre lesquels on a protesté et combattu. Mais l'abus qui est indestructible, et qui a sa racine dans la nature humaine, ne pourrait-il pas être l'expression d'un besoin des sociétés?

Les femmes sont, de la part de leurs maris, l'objet d'affectueuses attentions. Elles ont la plus grande part dans la direction des détails du ménage et sont toujours consultées dans les affaires plus importantes qui ne sont pas de leur compétence spéciale. Elles sont mises au courant de tous les projets et lorsque le paysan conclut, hors de sa maison, un marché, il réserve presque toujours l'approbation de sa femme. Au fond il n'y a le plus souvent dans cette réserve qu'un moyen de rompre le marché, mais cet usage, admis et bien ancien sans doute, n'en consacre pas moins les égards que nous signalons et dont, du reste, sont bien dignes celles à qui ils s'adressent.

Les funérailles se font scrupuleusement avec tout le cérémonial en usage depuis des siècles. Le respect pour la mémoire des parents est le devoir le plus sacré pour tous nos paysans. Dans ces occasions les convenances sont par eux observées avec une rigidité qui rappellerait l'étiquette la plus aristocratique, si elle n'attestait mieux encore leur piété. Après l'enterrement tous les invités se retirent dans la maison mortuaire, où l'on prie en commun pour le défunt avant et après le repas. Ce repas, qui est sans doute une tradition du paganisme, ne se compose que de légumes, de fromage, auxquels s'ajoute quelquefois la morue, jamais la viande ; il y a cependant assez de comfort pour que l'éloge du défunt

puisse décemment s'y prononcer, et l'on se ferait un reproche d'avoir rien épargné dans cette occasion de ce qui pourrait honorer, s'il vivait, celui que l'on regrette.

Chaque village a sa fête patronale. Les populations de nos
campagnes ont conservé toute leur croyance. Catholiques et
protestants sont dominés, dans tous leurs actes, par les grandes vérités du christianisme. Rien, aucun sophisme, aucune
séduction, n'ont pu encore entamer ces citadelles vivantes de
la foi dont le bon sens naturel garde les approches. Les libres-
penseurs de nos grandes villes souriraient cependant d'un
profond dédain devant les superstitions naïves dont ces populations ne sont pas partout exemptes. Plus d'un paysan croit
encore que si son bœuf est malade, un voisin jaloux a
regardé sa bête d'un mauvais œil. La plupart n'ont presque
pas confiance dans les lumières du médecin et du vétérinaire
gradués dans nos universités, tandis qu'ils croiront entièrement à tout ce que leur promettront l'empirique, le bohémien,
le sorcier ou le devin. Il existe dans tous nos villages des
guérisseurs de profession. Celui-ci guérit les fièvres, celui-là
a la spécialité des rhumatismes, cet autre radoube les mem-
bres. Puis il y a encore le guérisseur des brûlures, celui des
douleurs de tète, celui des maux de d'estomac, etc.

L'adoubayre de la Capero.

Le Menico de la Gariero.

Et la Broco de Faoudoas !

Cresi d'aouje proubat à qui sio rasounable
Que souegna campagnards es caoucon d'hayssable
Que Brocos, charlatans. adoubayres e tout.
Randon le medecin qu'a le cerbet tout rout (1).

_____

(1) *Mas fantesios. Tribulatious d'un médecin de campagno*, page 47, par
B. Cassaigneau, du Causé, un bon médecin et un charmant poète.

Il y a, pour les diverses opérations agricoles, des jours particulièrement recherchés. On sème les pois le jour de telle fête, les haricots le jour de tel saint, et si la semence naît mal, si la récolte ne prospère pas, c'est qu'on aura enfreint le dicton ou l'usage (1).

Les phases de la lune sont aussi rigoureusement observées. L'opinion des paysans sur les jours bons et mauvais et sur l'influence de la lune dans les travaux et opérations agricoles, n'est pas restreinte à l'arrondissement, elle s'étend beaucoup plus loin et remonte peut-être aux premiers temps de l'agriculture. Hésiode, Virgile, Columelle, Pline, se plaisent à rappeler les superstitions de leur époque. Olivier de Serres n'a pas dédaigné de consacrer tout un chapitre de son beau *Traité sur l'agriculture* à discourir complaisamment sur les superstitions locales et sur les termes de la lune pour les affaires du *mesnage* des champs. « C'était, dit-il, un malheur de rencontrer une belette traversant un chemin, et une pie vous tournant le dos en sautillant ; de se trouver assis à table au nombre de treize ; de répandre du sel à table ; de prendre, par mégarde, ses habits à la renverse le matin en sortant du lit ; de chausser la jambe gauche la première et les souliers d'un pied en autre. Cette dernière superstition, ajoute de Serres, est directement de la forge de l'empereur Auguste, lequel, selon Pline, a laissé par écrit que le jour qu'il fut presque opprimé par sédition de ses soldats on lui avait chaussé au matin le soulier gauche au lieu du droit. » Olivier de Serres ne condamne pas entièrement les croyances aux effets de la lune, mais il dit :

(1) Comme témoignage de la pensée pieuse de nos paysans, il reste encore leur salut invariable : *Adichas et la coumpagno* ! Quoique seul, on reçoit toujours ce salut, parce que le paysan n'oublie point le compagnon invisible, l'ange gardien, ombre inséparable du chrétien, toujours protégé et jamais solitaire.

> Que l'homme étant par trop lusnier
> De fruits ne remplit son panier.

Voici les trois points exceptés par lui dans l'abus de ces croyances : 1° « La coupe des bois pour bastiment est ordonnée en décours de lune pour éviter vermolissures : 2° de la farine et du pain doivent être faites les provisions en décours plutôt qu'en croissant : 3° les vignes languissantes sont secourues par la taille de la nouvelle lune. »

Il y a au fond de quelques-unes de ces opinions plus d'exagération peut-être que de superstition, et ramenant beaucoup de ces croyances à leur source, c'est-à-dire aux observations pratiques qui les ont engendrées, on s'étonnerait de les retrouver, sinon entièrement conformes à la vérité, du moins étayées par quelques phénomènes et quelques données scientifiques. Ainsi nous trouvons aujourd'hui défendue presque au nom de la science la vertu de la baguette divinatoire si généralement admise par nos cultivateurs. Et qui cependant n'a ri et ne rit encore en pensant à ces chercheurs de sources, à ces Rabdomantes connus des peuples les plus anciens et si répandus encore de nos jours, qui, armés d'une branche fourchue de coudrier, découvrent la source la plus voisine et déterminent sa profondeur par les mouvements que fait entre leurs mains cette baguette : qui n'a entendu parler de l'abbé Paramèle, dont les succès ne peuvent être contestés, mais dont le secret est encore inconnu ? Dans tous nos cantons il y a des indicateurs de sources au moyen de la branche de coudrier ; ce sont des paysans, mais ce ne sont ni des fous, ni des imbéciles, ni des. fripons (1).

(1) Quoiqu'il nous ait été donné de voir opérer ces chercheurs de sources, nous avouons que nous n'avions cru à leur talent qu'avec une méfiance très-grande et des doutes plus grands encore sur la vertu de la baguette divinatoire. Aussi, profond a été notre étonnement lorsque nous avons lu dans l'ex-

Le langage de nos paysans est encore cet idiôme méridional:
la langue d'oc qui a eu son temps d'honneur et qui n'est plus
qu'une modification de la langue romane parlée dans les cours
du moyen age et chantée aux XIIe et XIIIe siècles par les
troubadours de toute l'Europe. Telle qu'elle est, et malgré sa
corruption évidente, elle a eu de nos jours des chantres illustres qui ont ramené à elle des honneurs tardifs. Jasmin, qui
est presque à nous, s'est couronné avec elle des plus douces
fleurs poétiques. Mais, malgré l'éclat de son passé, la langue
de nos campagnes tombe, comme le roman dont elle vient,
complètement dans le domaine de l'érudit et de l'antiquaire.
Presque tous les enfants de nos fermes fréquentent nos écoles
et parlent la langue française. Il n'y a pas un demi-siècle cependant que la bourgeoisie et la noblesse même de nos petites
villes s'exprimaient en langue vulgaire et n'entendaient guère

cellent traité de l'irrigation par l'ingénieur Pareto (Encyclopédie Roret, *Manuel des irrigations et assainissement des terres*, tome III, page 807) une
savante dissertation faite avec une bonne foi évidente sur les probabilités des
effets de cette baguette. Parmi les auteurs anciens qui ont parlé de la baguette
divinatoire, en ajoutant foi à ses phénomènes, Pareto cite Nehusius, Varron,
Agricola, Cicéron. Parmi les modernes, il indique les pères Schott, Dechalles,
Kircher, l'abbé Valmont, Touvenel et Fortis. Ces deux derniers, dit-il, ont
rendu à la baguette son véritable rôle en ne lui attribuant que des facultés
physiques. Pareto cite ensuite un passage du savant Laplace, extrait de son
Essai sur les probabilités, où il est dit que de tous les instruments que nous
pouvons employer pour connaître les agents imperceptibles de la nature, les
plus susceptibles sont les nerfs..... les phénomènes singuliers qui résultent de
l'extrême sensibilité des nerfs dans quelques individus ont donné naissance à
diverses opinions sur l'existence d'un nouvel agent que l'on nomme magné-
tisme animal..... sur l'influence du soleil et de la lune dans quelques affections nerveuses..... enfin sur les impressions que peut faire éprouver la proximité des métaux ou d'une eau courante.

N'est-ce pas reconnaître la vertu de la baguette? Le comte de Tristan, d'a-
près Pareto, rapporte, dans son ouvrage sur les effluves terrestres, des expériences nombreuses faites pour expliquer, d'une manière scientifique, les phénomènes de la baguette.

Nous engageons ceux de nos lecteurs qui voudraient en apprendre plus au
long sur cette question, à lire le passage de Pareto par nous indiqué, et dont
nous venons d'extraire les éléments de notre note.

mieux le français que le grec. La langue romane avait plusieurs dialectes. L'arrondissement de Castelsarrasin offre l'exemple de deux bien tranchés. Celui de la rive droite de la Garonne est plus doux, mais a moins conservé de son caractère primitif. Celui de la rive gauche, quoique plus rude, a plus de vivacité; il remplace, dans la plupart des mots où elle se trouve, la lettre *F* par la lettre *H* aspirée : *la henno* pour *la fenno* (femme), *le hoc* ou *lou houec* pour *le foc* (le feu), *he* pour *far* (faire), etc. (1).

Parmi les poètes de l'arrondissement qui, suivant les traces de Virgile, ont raconté les douceurs de notre vie rurale, nous devons réclamer contre un injuste oubli en faveur de d'Astros de Saint-Clair, poète du XVIIe siècle, qui chanta les charmants pâturages de La Rats baignant la partie occidentale du canton de Lavit; Loume qui, né à Beaumont, obtenait, vers la même époque, pour ses vers patois, les couronnes de l'Académie des Jeux-Floraux, et Bernard de Saint-Salvi, poète satirique de la fin du XVIIIe siècle, dont les vers ne furent pas imprimés, mais se gravèrent dans la mémoire des contemporains, et dont la popularité vit encore. Le dialogue attribué à Bernard de Saint-Salvy, entre Pasquin et Marforio, est d'une actualité qui ferait excuser les licences du satirique. Pasquin dit à Marforio (2) :

> Un paysantas dans soun argaou ,
> Sas esparteillos e sa biasso .
> Soun parla magnac e bestiasso ,
> Bous a l'ayre d'un franc nigaou :

(1) Il est remarquable que l'espagnol a remplacé aussi dans beaucoup de mots le *F* par le *H*, ce qui indiquerait que le *F* était l'élément primitif dérivé directement du latin · *Hacer*, de *facere* ; *hijo*, de *filius*; *herir*, de *ferire*.

(2) Pasquin, statue de marbre, placée à Rome, à laquelle des plaisants venaient attacher de nuit des billets satiriques appelés pasquinades. Pasquin adressait ses saillies à Marforio, autre·statue, qui mettait dans ses réponses la même malignité. — *Dictionn. histor.* Amsterdam , 1771.

Mais a soun ayre es pla fat qui se hiso :
Se despulhas aquet gusas ,
Pousigu nou troubarets pas
Qu'un couquin debat la camiso.....

Un bourdile quand bend un braou
La mitad de l'argent gardo per soun houstaou ,
    Apey s'en beng un jour de hesto
En taou mestre parti l'aouto mitad que resto..... (1).

(1) Nous retrouvons la même pensée, exprimée avec une finesse et une humour toutes gasconnes, dans un conte publié par M. Bladé, un érudit, dans son charmant *Recueil de contes et proverbes d'Armagnac*. Paris 1867, Franck, libr.

La leçoun dou Jouanet.

Y aoueouo un cop au Genebra (nom de métairie) un bourdile fort simple, que s'aperaouo Jouanet. Aquet bourdile aoueouo benut un pareil de boueous à la heïro de Flourenço e anaouo parti enta partatja l'argent damb soun mestre un dimeche apres la messo de parouesso. Mes la mouille dou Jouanet qu'ero ouo henno abisado lou hascouc la leçoun de la manièro que bats bese.

Te presenteras hounestoment à l'houstaou dou mestre, te tiraras lou capet et saludaras dinquo en terro.

    Adichas, Moussu, ça diras-tu.
    Adiou, Jouanet, ça dira et.
    Ets benan, Moussu, ça diras-tu.
    Rede Jouanet, ça dira et.
Ey benut lous boueous, Moussu, ça diras-tu.
    Fort bien, Jouanet, ça dira et.
    Per quant, Jouanet? ça dira et.
    Cent escuts, Moussu, ça diras-tu.
A qui ne cinquanto, Moussu, ça diras-tu.
Es moun counte, Jouanet, ça dira et.
Caou beoue un cop, Jouanet, ça dira et.
    Mersio, Moussu, ça diras-tu.
    Que si, Jouanet, ça dira et.
A bosto santad, Moussu, ça diras-tu,

Quand bous ba querre dins l'estiou
Per bengue parti la soulado ,
A deja tirat d'ou pouchiou
Cinq ou sies sacs de la leouado :
Aprep s'aoue minjat toutis bostes agnets ,
S'en beng dambe sa mino sotto
Bous dise : « Moussu, que boulets !
« Soun toutis morts de la picoto. »
Quand le gus s'a tchappat et pijous, et pourets,
Aou pijoune bous dits qu'intron les astourets,
Et que tout l'aoujan l'on li pano ,
Ou le renard que l'ac escáno ;
S'aouets fruto dins boste ben
Jamay n'oun besets pas arren :
Toutjour caouco rasoun bous porto :
« Le fret qu'ac ha tout dégruyat ,
« La brumo qu'ac a tout tuyat ,
« Ou le diable que s'ac emporto. »

. . . .

Les bourgeois de l'époque ne sont pas mieux traités par le
satirique. Pasquin dit à Marforio (il s'agit ici de la ville de
Beaumont) :

De qui bos-tu parla ? Des messieus de Loumagno.
Aco soun de riches seignous,
Et lour charmant pays sero pas ta f.......
Sire le pays de Coucagno.

. . . .

. . . .

Aci bourgeses et noublesso,
Per engrecha damo Paresso ,
La maytinado nou hen re ,
E se repaouson tout le se.

An ets aparteng pas de legi ni d'escrioue,
          Acos boun per qui n'as pas sen,
Mais ets qu'ignoron pas scienço, ni sabe bioue,
          N'an pas besoun d'aprengue ren.
          Coumo se creson gens habiles,
N'an pas jamay legit, mêmo dins l'alphabet;
          Les libres les soun inutiles,
E per se he frisa les dounon aou Caoubet. (1)
Tabe sur ets per ren nou caou pas qu'on se founde,
L'ignourenço les teng, la rasoun à l'estac,
E de sabe ta paouc an dins lour sac
Que d'un ardit saouren pas he le counde.
          S'on les demando oun es Bouillac,
Ignourens en tout pun, nou saouren pas respounde,
          E creson que le houn d'ou mounde
          Es a Saint-Jouan de Traouco-Sac. (2)

Le feu poétique continue de brûler ici de lui-même et
sans autre aliment que l'inspiration naturelle. Dans nos plus
modestes hameaux s'évertuent des rimeurs féconds et inépuisables que l'on rencontre dans toutes les solennités publiques ou
de famille. L'épithalame le jour des noces, le conte du chas-
seur à la veillée, l'épigramme et la satire en toute occasion,
sont les thèmes ordinaires de ces compositions populaires.
C'est ainsi le plus souvent un modeste ouvrier, un simple laboureur illettré qui se transforme en barde villageois ou plutôt
en interprète du gai-savoir. Jasmin devint hors ligne un de ces
poètes. Mais même en présence de cette grande renommée
voisine, l'arrondissement aime à rappeler le souvenir de ses
réputations locales. Nous pourrions citer un grand nombre de
ces rimeurs contemporains ; mais leur modestie protesterait

(1) Caubet, coiffeur à Beaumont en 1775.
(2) Saint-Jean, à 3 kilomètres de Beaumont.

contre une publicité qu'ils n'ont jamais recherchée. Exceptons Guillaume Prunet, mort il y a une dizaine d'années. Prunet, né à Bourret, canton de Verdun, fut un simple batelier-pêcheur, qui passa sa vie sur la Garonne, exhalant ses inspirations au milieu des verts îlots et promenant d'une rive à l'autre, au bruit des ondulations du fleuve, ses fraîches rimes et ses gaies chansons. Un jour Prunet fit violence à ses habitudes et compromit sa modestie devant la plus brilante société du chef-lieu. En plein théâtre. sur des planches publiques, il récita ses compositions les plus populaires. Il fut applaudi, il fut enivré. Il remercia ses auditeurs par un impromptu conservé dans la mémoire de la plupart de ceux qui l'écoutaient :

> Saloun brillen que m'as flattat
> Quand e bist toute ta clartat !
> Tu que ses de foc et de braso,
> De toun grand flambeou que luzis.
> Per anima touto ma phraso ,
> Uno boulugo me suffis.

. . . .

. . . .

. . . .

Pour terminer notre aperçu sur les mœurs du pays, nous allons transcrire quelques proverbes agricoles. C'est avec raison que la plupart des économistes ruraux ont attaché de l'importance à ces vieilles maximes, qui ne sont pas oubliées dans la *Statistique générale agricole de la France*. Tel proverbe en deux mots a souvent plus de valeur pratique qu'un long discours. *Sæpe lingua popularis est doctrina salutaris* (1):

(1) Saint Augustin.

Notre agriculture ayant été confiée à des paysans qui n'ont connu jusqu'à nos jours que la langue vulgaire du pays, c'est en cet idiome que sont écrits tous nos proverbes. Nous tenons à leur conserver ce caractère local et imagé.

PROVERBES (1).

Jamaï la recolto fa pas plase dus cops.

Qui a terro a guerro.

Qui sameno de fabos sans fens
Coumunoment perd soun tens.

La terro del balat
Empleno lou sac.

La poou gardo la vigno.

Se de toun debitou bos abe dines.
Laïsses pas ennegri sous pailles.

Qui a le bestial dins sa maïsou,
Fa le traval dins la sasou.

Rouno quatre, bramo naou
Coumo la henno de l'oustaou.

La stero se ressentis d'ou hus.

Le jour de Sen-Barnabé
Le soulcl al cu del pitché.

(1) Ces proverbes sont nés de l'expérience et du temps et sont du domaine de tous ; mais nous manquerions au plus simple devoir de la confraternité . si nous n'indiquions la source où nous les avons puisés. La collection du docteur Ticier, de Puyssegur, canton de Cadours (Haute-Garonne), inédite, est celle qui nous a fourni le plus grand nombre de ces intéressants proverbes. En remerciant cet estimable collaborateur de sa bienveillante communication, nous faisons des vœux pour qu'il livre à l'impression le reste de son précieux et, croyons-nous, unique *Recueil de proverbes gascons*.

Quand las croux hen aou cluquet (Vendredi-Saint)
Es rare que hasco pas fret.

En agoust
Higos et moust.

Sen Luc
Bouto l'aouco au pesug.

Le poulit bestial aïmo pas la plumo.

Luno de tchoc,
Plejo al galop.

Cabeil trop dret n'a pas que balojo.

Be de campano
Nou flouris ni nou grano.

Houeït jours de pleja et aoutan de mol
Fa beni lou mestre fol.

Puleou amourié
Qu'amellié.

Qui prumier pago, darnié focho.

Fa mal jutgea meso noubelo.

Quand la guino ment
Tout s'en sent (1).

Qui fa un bosc de soun plantié
De sa tino fa un jouquié (2).

(1) Point de pêches, point de raisins. — Gab. Meunier.
(2) Olivier de Serres a laissé celui-ci :

> Qui fuoï buoï,
> Qui bine vine,
> Qui terce verse.

Quand tout es partit,
Tout es petit.

Bigno pouda te boli,
Foucha se podi,
Et bendemia pel segur.

Cado fagot trobo sa lio.

Qui bol bendre soun bi nou le desquirdo pas.

Baou pla paou l'anglado
Se aou mes de may es pas cabeillado.

Loungos coubertos, courtos segos.

Qui prumié daillo, un pas ne gagno.

Tant l'aïmi en terro coumo en prat.

Peïro mudado met pas mousso.

Bal maï leba de pesouls,
Que de fenouils (1).

La countournièro
Empleno la quartièro.

Serio pla courto l'herbo se nou y payssios.

Faouto de desquo on bendemio dambe le païrol.

Fa pas bou este besi : ni del seignou,
Ni del ritou, ni del riou, ni del cami.

____

(1)   Il vaut mieux nourrir des poux que des fenouils (plante
                 des cimetières).
   Mieux vaut goujat debout qu'empereur enterré!

Courtos batesous
Et loungos curbisous.

Aoueï aoutan,
La plejo douman.

Quand carman se cargo le capel
De houeït jours nou fa bel (1).

Mountagno claro, Bourdeou escur,
La plejo pel segur.

Quand las Pasquos soun marcescos,
Toumbos frescos.

Quand l'albo es roujo,
Aben bent ou ploujo (2).

Quand le coucut arribo tout nud,
Forço garbo, paou de frud.
Quand le coucut arribo habillat,
Paou de garbo, forço blat.

Pel temps del coucut,
Taleou bagnat, taleou echut.

Quand la perengo passara, (3)
Pren la poudo bay pouda.
Quand la perengo s'en ba,
Pren le sac bay samena.

(1) D'autres disent :

Quand lou soureil se couchara et la cofo pourtara,
Pleoura la neyt ou le lendouma.

(2)   Quand rouge est la matinée,
Vent ou pluie dans la soirée.   (*Prov. Français.*)

(3) La *perengo* est le pigeon biset des Pyrénées.

Al temps del coucut,
La counouillo put.

Annado de fe,
Annado de re.

Des poulets de janbié
Cado plumo bal un dinié.

Las poulos de janbié
Poundoun sul garbié.

Quand las nouses soun de tres en tres,
Gardon le blad d'ou bourges.

En fébrié
Journal entié.

Le mes de fébrié
Daïsso le balat rasié.

Le mes de fébrié
Es boun fabié.

Al mes de fébrié
La neou teng coumo l'aygo dins un panié.

En despieït de fébrié
Flouris l'amellié.

Quand la granouillo canto en fébrié
Cal pas de barro per battre le nouguié.

Febrie et mars poussierous,
Et abriou ploubious (1),
Rendon le paysan glourious.

(1)   Mars aride,
         Avril humide.

Hurouso la trouno
Quand mars la souno (1).

Le mes de mars seco milhou dans sas bentous,
Que le mes d'agoust dans sas calous.

A la candeliero
Sor las aoueillos de la ribiero;
En mars
Sor los de toutos parts.

Le mountagnol se ten pas hibernat,
Que la luno de mars n'aje trelussat.

Bayssado d'abriel, crescudo de may.

En abriou
Nou quittes fiou;
En may
Quitto ço que te play.

La meso de may
Empleno le chay.

Al mes de setembre
Que l'estable te debrembe.

Quand le dimentche plaou abant la messo,
Touto la semano s'en penso.

Qui a Nadal s'assoureillo,
A Pascos brulo la leigno. (2)

(1) Quand en mars beaucoup il tonne,
   Apprête cercles et tonne. *Prov. Français.*

(2) Carnaval au soleil,
   Pâques au coin du feu. *Prov. Français.*

L'aouratge de la Trinitat
S'emporto la mitat del blat.

Quand plaou le dimentche des Rams,
On pot fa mil dins toutis les camps.

A Sen-Bincens
S'abaysson les torts, se leuoun les bens.

Quand plaou sul la candelo,
Plaou sul la gabelo.

Per Sent-Alby
Cado agasso bastis soun ni.

Per Sen-Gregori
Pouda boli.

Cal pas ana bese la linado
Que Nostro-Damo de mars sio passado.

Quand per Nostro-Damo le coucut es pas bengut,
Cal que sio mort ou perdut.

Per Sen-Sist
Rasin bist.

Qui ba à Sen-Stropi et y jay,
Tourno en may.

Le prumié de jun,
La faoux al pun (1).

Per Sen-Barnabé
La cigalo es sur pé (2).

(1)   Au plus tard en juillet
       La faucille au poignet.

(2)   A la Saint-Barnabé
       La faux au pré.

A la Mataleno
La nouse es pleino,
Et la neyt ba en peno (1).

Per Sen-Laourens
Pren la pero dambe las dents.

Per Sen-Bourthoumiou,
La clouquo al niou.

Per Sen-Mathiou,
Sameno tu, sameno you.

Per Sen-Martrou
Cedo-me un cantou.

Per Sen-Marty
Sourtis-me d'acy.

Per Sen-Marty
La bieillo tasto soun bi (2).

Per Sento-Catharino
Les jours creisson del pas d'uno galino.

A la Sent-Andriou
Tas belos filhos te meni you,
S'adits l'hiber aci soun you ,
Que las te mouquare you.

(1)   A la Madeleine
La noix est pleine,
Le raisin formé,
Le blé renfermé.

(2)   A la fête de Saint-Martin
Tout le moût est au bon vin.

Gab. Meunier. — Prov. Français.

Per Nostro-Damo des abents
Plejos et bents.

Per Sento-Luço
Les jours creïsson d'un saout de puço.

Per Sen-Thoumas
S'as un porc douno l'y sul nas.
Que nou n'a n'angue pana
Sen Thoumas le perdounara.

La crumado del se
N'es pas re;
La de la maytinado
Tiro le biou de la laourado.

Le tems crum
S'en ba en fum.

L'arquet de la maytinado
Tiro le boue de la laourado (1).

Le ben d'aouta sur la tourrado
Fa trembla la courado.

Cado goutto del cel trobo sa plaço.

Ni del ben d'aouta un boun abric,
Ni d'un sarjan un boun amic.

En fiero, ni en mercat,
Mustres pas ta paouretat.

Quand lou mestre es tambourinayre,
Le baylet qu'es dansadou.

(1)   Si l'arc-en-ciel paraît la matinée,
Du laboureur il finit la journée.

Qui a boun besi,
A boun mati.

Qui diou
N'a res de siou.

Bal maï dise arry que pourta le faïx.

Qui se logo sous plases bend,
Qui se marido les rebend.

Nou souhaites la mort de toun seignou
Per n'abe un millou.

Croumpo car,
Que croumparas clar.

Quand la feilho del figué fa pé d'aouco,
Cal droumi uno paouco.

Ni trop de bignos, ni trop de filhos,
Ni trop d'houstals en paouros bilos.

Qui prumie es al mouli, engrano.

Cal mole del ben que tiro.

Uno mudado
Bal uno maïssanto annado.

A cado pic soun asclo.

L'houstal pla balejat
Fa ana la fenno le bentre curat.

Cal pas tampa l'estable quand le roussi es deforo.

En grano nobo, noubel baylet,
Le mestre es pla serbit et l'houstal net.

Farino fresco en pa caout
Fa l'oustal ribaout.

Le croumpa enseigno le bendre.

Se cal pas trufa del gous que l'on ne siosque lein de la bordo.

La fedo miejero le loup la mangec.

Les bious se prengon per las cornos
Et les hommes per las paraoulos.

Quand la bourdiero ben del riou
Se manjario soun homme tout biou.
Quand l'homme ben de la laourado
Manjario l'agulhado.

Aneyt Sen-Joan,
Pagats-nous, mestres, nous en ban (1).

Planta amouriés.

Bin escampat baou pas aygo.

Quand lou broc blanc broto
Lou can hol que troto.

De bin et de hen
Qui mes n'a, mes ne despen.

S'aouets argent coumptant
Nou croumpets terro en penjant,
Et boutets pas bostre argent
Ni à l'aygo ni aou bent.

(1) Ces proverbes et les suivants, jusqu'à la page 313 inclusivement, sont extraits des *Contes et proverbes* recueillis par M. Bladé. Paris, Franck, 1867.

Abriou caneriou.

En heoure
Trabaillo laure.

Aneyt heòure,
Douman candele,
Sen-Blasi aou d'arre.

Quand la gruo ba cap sus,
Tout l'hiouer qu'aouen dessus;
Quand la gruo ba cap bat,
Tout l'hiouer aouen passat.

Jun,
La daillo aou pun;
Juillet,
·La haoux aou pugnct.

Baou mes he d'ou hol
Que laoura en temps mol (1).

Quand la luo pen
.La terro que hen.

Quand la luo es de panchoc,
.Que pouyran he chic choc.

Bourrou de mars
Pleo lous quarts,
Bourrou d'abriou
Lou barriou,
Bourrou de may
Lou chay.

May cabellay.

(1)   Il vaudrait mieux être fou,
       Que de labourer en temps mou.

A Nadaou
Tripos grassos à l'houstaou.

Quand Nadaou es un dimentche,
De hiou et de candelo n'ou t'estenche.
Quand Nadaou es un dilus,
Touto bielho he maou mus (la grimace).
Quand Nadaou es un dimars,
Pan e bin de toutos parts.
Quand Nadaou es un dichaous,
Boue ben tous bious et tous braous,
Et bouto te lous en blad
Que gagnaras per mitad.

Oun es le poul las poulos dibon pas canta.

Quand plaou aban la messo,
Touto la semano nou cesso.

Rouge lou se, blanc lou maytin,
Gardo-te praoube pelerin.

Sen-Bourthoumiou
Pago qui diou.

A Sento-Fe
Pren la mesplo quand la be.

A Sen-Frances
Saumo pages.

A Sen-Laourens
Sort de dedens.

A Sen-Loup
Jitto lou lin pou souc.

Des qu'en a Sen-Martin
Tout bieil que beou soun bin.
D'aqui en la,
En beou qui n'a.

A Sen-Miqueou
Jitto le blad aou ceou.

Mes en sept ses
Qu'en sept mes.

Margot l'agasso
Quand plaou que casso.
Quand he bet temps
Se curo las dents.

Hasets lou ben à l'ase qué bous pago de p..

Quand la cigale canto
Caou bene lou bin de planto.

Lous renards et las haginos
S'enban he lou maou louen.

Bal millou estre sot qu'oupiniastre.

Qui minjo rede et c... hort
N'aouge poou de la mort.

Naz court feniant,
Peou rouge machant.

Ouo neourisso et un lebre
Que tengon tout lou lare.

Ben d'ilot
Atrapo qui pot.

Hillo que landro,
Taoulo que branlo,
Et henno que parlo latin,
Toutos haran ouo tristo fin.

James beouso sans counseil
Ni dissabte sans soureil.

L'amour et la goutto
Nou sab oun se bouto.

Mounto piaou à la mountado
Debaro piaou à la debarado,
Et bejes minja la cibado,
Ataou aras bouno journado.

Qui pago lou prume
Es serbit lou darre.

Plago d'haounou que dol,
Plago d'argent que nou nots.

Qui tout s'ac bouto en un toupin.
Tout s'ac minjo en un maytin.

Qui castagnos bouto aou houec sans counta ,
Mes ne cerco que nou ya.

Se bos amics encuero,
Gardo te de necero.

Baou cent escuts d'estre mestre (1).

(1)   Tout rit où l'on a de l'empire,
       Tout est charmant où l'on est roi. — Panard.
       Il n'y a pas de petit chez soi.

Est aliquid quocumque loco, quocumque recessu unius dominum sese fecisse lacertæ. — Juvenal.

Entre Dunos et Donzac,
Caudocostos et Layrac,
Sempessero, Sento-Mero,
Sent-Avit et Lacapero,
Fious, Plious, Miradoux,
Tournocoupos et Mauroux
Soun bilottos ou bilatjous,
D'al oun y a pas que p.... et layrous.

Quand l'hiroundo s'en ba,
Pren l'araïre bay laoura.
Quand lou gorb s'en ba,
Pren la saoucleto bay saoucla.
Quand la cigalo cantara,
Pren tas cambos bay sega.

Janbié ou febrié
Remplisson ou bioudon lou granié.

Terro pla cultibado,
Recolto presque arribado.

Sirment court, loungo bendemio.

Grand moussu, ribieros et grands camis,
Soun toutjours maïssans besis.

Jamay tous bious nou prestaras
Et cado jour laouraras.

Se talpo besio,
Se loup sentio,
Jamay re nou se salbario.

Saouto grapaou
Aouren d'aygo.

Jamay Diou n'a dounat à naïsse,
Que nou doune à païsse.

Paouros gens se de soucis n'abes pas,
Jamay bous tiras d'embarras.

Cal pas age toutjour la cousiniero a l'el,
Cal prene la biasso et lou mantel.

Attendez pas al lendouma
S'abes de fe à dintra.
Quand lou fe ses bougnat
Bal pas lou pastenc del prat.

En maï trabaillarets,
En maï bous réjouirets.

He Pascos abant les Rams.

Tira sang d'un casse.

Coumo un grapaou plumo.

Baou mes faure que faurilloun.

Las paraoulos soun pas que femelos.

Fenno barbudo,
Luno mercrudo,
Dins cent ans gna trop d'uno.

Al pays de Labillodiou
Qui res y porto, mal y biou.

Terro de Labit
Pla de peno et paou de proufit.

A Castelsarrasi
Bet coumençoment et paouro fi (1).

S'a un Gascou me fisi
Perdut me besi.

(1) Les 81 communes de l'arrondissement ont chacune un proverbe assez mal sonnant pour les habitants. Nous nous contenterons de publier ceux qui précèdent, confiant dans le bon esprit des populations auxquelles ils s'adressent.

Dans le Gers on dit :

> Puycasquier,
> Petito bilo, grand clouquié !
> Lou clouquié es plein de paillo
> Et la bilo de canaillo!

On dit encore :

> Sempessero,
> Machantos gens et bouno terro.

Ce sont les communes voisines qui répètent et probablement qui ont inventé ces mauvaises plaisanteries.

RÉSUMÉ.

Lorsqu'on a parcouru dans ses détails le champ varié de
notre agriculture, et qu'un coup d'œil rétrospectif a permis
d'envisager l'ensemble de ses ressources en même temps que
ses résultats, nous l'avons déjà dit, on a lieu de s'étonner.
Mais le patriotisme s'attriste, et, plus exigeant, se demande
comment il serait possible d'élever notre production agricole
à un niveau digne d'un pays si admirablement doué par la
nature, et quelles sont d'abord les causes qui ont, pendant
si longtemps, paralysé de si merveilleuses dispositions.

Dans l'énoncé succinct des épreuves qu'a douloureusement
subies notre Midi depuis dix-huit siècles, on a pu voir quelle
avait été la part de l'arrondissement de Castelsarrasin. Celtes
ou Ibères, ses premiers habitants avaient longtemps vécu de
la pêche, de la chasse, du gland de leurs chênes peut-être.
Puis était venue la culture pastorale, précédant immédiatement la culture grossière de quelques plantes alimentaires
peu exigeantes. Les expéditions aventureuses des peuples de
la Gaule, en tête desquels marchèrent si souvent nos
Tectosages, et le contact d'une civilisation plus avancée, leur
révélèrent les premières notions de l'art agricole. Lors de la
conquête romaine, César atteste que l'agriculture des Gaulois
était prospère et que déjà même l'amour du luxe et la mol-
lesse avaient pénétré dans leurs villes. Les Romains les invi-
tèrent bientôt à un nouveau progrès, et nous avons appris

21

par Pline le haut degré de civilisation qu'atteignit alors notre province, en tout comparable à l'Italie.

Mais après l'ère romaine, cinq siècles d'affreux bouleversements, d'invasions successives et de tyrannies barbares, couvrirent notre malheureux pays de ruines et de ténèbres.

La domination sage et relativement douce des comtes de Toulouse succéda assez heureusement à l'anarchie féodale. L'influence des croisades et les efforts de nos établissements monastiques relevèrent, non-seulement notre agriculture, mais encore portèrent nos provinces à un degré d'influence et de prospérité alors, hélas ! trop envié. Dans le XIIe siècle, le Midi fut incontestablement supérieur au Nord en bien-être matériel, ainsi qu'en avantages intellectuels et moraux.

Les guerres nationales et les troubles religieux qui, dans les siècles suivants, agitèrent si profondément nos populations, décimées d'ailleurs par d'incessantes maladies contagieuses, amenèrent nos villes et nos campagnes au comble des misères dont la société puisse être affligée. C'est sur le Midi principalement que s'appesantirent ces grandes catastrophes et ces cruels fléaux.

L'agriculture était à son dernier degré d'épuisement, lorsque Henri IV et Sully essayèrent de lui donner une nouvelle impulsion. Ils y parvinrent par leurs sages règlements. Quelques encouragements, quelques exemples, quelques jours de paix, suffirent pour rendre prospère cette mère nourricière, que la Providence a douée d'un principe de vie et de fécondité inépuisables.

Mais la politique humanitaire de Henri IV fut répudiée par ses successeurs. Abusant des premiers éléments d'une centralisation despotique et excessive, le pouvoir central absorba tout en lui. Les libertés municipales furent foulées aux pieds, et les campagnes, abandonnées par ceux qui auraient pu les protéger, s'épuisèrent au profit d'un gouvernement impopulaire, dont les dernières folies conduisirent enfin à sa perte une monarchie croulante de vétusté.

Les Etats et le parlement de Languedoc avaient, en divers temps, protesté vainement contre les abus particuliers dont la province avait eu à souffrir. Nous fûmes, malgré tout, longtemps encore traités en pays conquis. Avant 1789, nous avions seulement l'honneur d'être Français, et nous ne retirions pas plus d'avantages de notre annexion à la France qu'au temps des Mérovingiens. Nous ne parlions pas la langue de nos gouvernants, nous n'avions ni leur législation, ni leurs mœurs, ni leurs habitudes.

Il résulte de cette longue succession d'évènements qui a constitué notre existence et que nous n'avons pu qu'indiquer, l'explication, mais non l'excuse, des abus d'un pouvoir hostile, nous combattant à main armée, lorsqu'il ne nous écrasait pas de ses lois exceptionnelles et de sa dure fiscalité.

Notre situation politique a donc été, dans le passé, un des principaux obstacles au développement de notre agriculture.

Cependant lorsque Louis XVI, par les conseils de Turgot, donna un si puissant essor aux intérêts agricoles, nos campagnes éprouvèrent un bien-être inespéré et, reconnaissantes, elles auraient patiemment attendu les réformes successives infailliblement assurées à l'opinion publique qui les réclamait. L'histoire, en effet, atteste que le programme apporté par Turgot au conseil de Louis XVI, en 1774, renfermait la plupart des améliorations sociales que nous ont values quarante années de déchirements, et quelques-unes même que nous attendons encore (1). Dans le préambule de ses fameux édits, le grand économiste avait proclamé que : « le débit

______

(1) Henri Martin. — *Histoire de France*, tome XV, p. 186.

avantageux des denrées, le marché, est le seul encouragement de la culture, le seul gage de l'abondance. »

Ainsi étaient reconnues et solennellement affirmées les conditions de l'industrie agricole moderne.

Le gouvernement de Louis XVI ne s'est pas contenté de proclamer les plus sages principes. Toutes nos grandes voies de communication datent de ce règne. La généralité d'Auch avait, en 1787, 52 routes à l'entretien, exécutées pour les deux tiers et offrant déjà un développement de 994,257 toises ou 497 lieues. Mais la plupart de ces routes venaient d'être créées. Celle de Toulouse à Bordeaux par Grisolles et Castelsarrasin, celle de Montauban à Auch par Montech et Beaumont, sont l'œuvre des intendants d'alors. C'est d'Etigny, intendant à Auch, qui conçut et mit à exécution le réseau dont nous venons de préciser l'étendue et dont l'état actuel de nos routes départementales n'est que le complément.

Auparavant, la Garonne était la seule voie par laquelle on pénétrât dans le pays, et par où on pût en sortir. Partout des fondrières, des cours d'eau sans pont, des boues profondes et stagnantes interdisaient la circulation. Nos denrées n'étaient transportées qu'avec peine, et en été seulement, le plus souvent à dos de mulet de la ferme au marché voisin. Le vin, d'un transport plus difficile encore, lorsque nos producteurs n'avaient pas l'avantage de la navigation, s'enfermait et circulait dans des outres comme en Espagne. Tout, ou presque tout, était forcément consommé sur place.

D'ailleurs les débouchés étaient, sous d'autres rapports, impossibles. L'absence ou la difficulté des voies de communication se compliquait par les barrières légales qui proscrivaient tout commerce : chaque ville, chaque bourg, chaque seigneurie avait ses priviléges, empêchant ou frappant de droits réellement prohibitifs la circulation des denrées et des marchandises, interdisant l'entrée des vins qui ne provenaient pas de son territoire.

Ainsi, avant les réformes de Turgot et les améliorations réalisées par le gouvernement de Louis XVI, l'absence complète des débouchés arrêtait tout essor de notre agriculture.

D'un autre côté, la constitution de la propriété foncière n'était pas un moindre obstacle au développement de la fortune agricole.

Avant 1789, la noblesse et le clergé possédaient dans l'arrondissement un peu moins que le tiers des terres, la bourgeoisie en avait un peu plus que le tiers, les paysans se partageaient le reste.

On sait que les biens nobles étaient libres, c'est-à-dire en dehors de l'impôt : ils formaient la portion possédée par la noblesse et le clergé.

Les maisons nobles étaient en complet désarroi. Si le nombre en avait beaucoup diminué (Lavoisier ne portait qu'à 83,000 le nombre des nobles en France), leur importance territoriale s'était surtout affaiblie. L'intendant de Languedoc, Baville, prétendait qu'il n'y avait pas dans toute sa province 20 familles nobles jouissant de 20,000 fr. de revenu. Depuis longtemps la noblesse d'extraction et d'épée ne vivait plus dans nos campagnes. Elle y avait perdu toute influence. La majeure partie des propriétés allodiales était passée dans les mains d'une bourgeoisie vaniteuse, qui s'en titrait en acquittant le droit de franc-fief. Des fermiers nonchalants représentaient sur les lieux la plupart de nos gentilshommes absents, indifférents et obérés.

La fortune territoriale du clergé avait encore plus diminué. La plupart de nos curés étaient à la portion congrue. Nos abbayes, autrefois opulentes, avaient presque entièrement perdu leurs biens-fonds. Au XVIe siècle, des ventes de biens monastiques avaient eu lieu en vertu d'ordonnances royales ; mais antérieurement, non-seulement les aliénations volontaires, mais surtout la violence des partis, avaient beaucoup amoindri l'importance de ces possessions. Les neuf dixièmes de la fortune du clergé ne consistaient plus, au moment de la Révolution, que dans les dîmes représentant les frais assez modérés du culte.

Dans le revenu attribué à l'évêché de Montauban, d'après la déclaration de l'évêque, porté à 71,081 fr., à part la dîme prélevée sur dix-huit ou vingt paroisses, on ne voit figurer en revenus fonciers qu'un droit sur bois de chauffage, dans les forêts de Montech et de Saint-Porquier, plus le palais épiscopal avec quelques arpents de jardin, de prés et de vignes attenant ou à proximité. La partie du revenu en biens-fonds représentait à peine 3 ou 4,000 livres.

L'abbaye de Belleperche avait affermé tous ses biens au taux annuel de 34,744 francs. Sur cette somme, la dîme entrait au moins pour les trois quarts.

L'abbaye du Mas, sur un revenu déclaré de 36,568 francs, ne possédait en biens-fonds que deux métairies et quelques îlots sur la Garonne.

Le commandeur de Lavilledieu, qui jouissait d'un revenu de 34,600 francs, n'avait en biens-fonds qu'une métairie dans Saint-Jean de Castelsarrasin, et une autre métairie à la Bastide-du-Temple.

L'abbaye de Grandselve seule était demeurée riche ; on sait l'emploi généreux qu'elle faisait de ses revenus, et nos populations rurales conservent encore la tradition des bienfaits de ce grand établissement.

Quelques curés jouissaient de petits domaines affectés à leur cure à titre d'obit. Ils étaient assez ordinairement de bons agriculteurs. Néanmoins les biens d'église étaient alors en général fort négligés, ainsi que l'atteste un de nos proverbes bien connu. (1)

En somme, noblesse et clergé n'exerçaient plus qu'une médiocre influence sur l'agriculture.

La bourgeoisie seule aurait pu alors prendre l'initiative du progrès agricole. Elle possédait près de la moitié des terres et avait sur les cultivateurs toute l'autorité morale nécessaire. Dans les rangs de cette bourgeoisie se recrutaient le parlement, les cours spéciales, les offices si nombreux de justice, finances, intendance, les judicatures royales et seigneuriales, le barreau, la médecine et toutes les professions dites libérales, l'enseignement, le clergé, etc., etc. C'est cette bourgeoisie qui fournit bientôt à la France la plupart de ses grands généraux, de ses législateurs, de ses diplomates, de ses penseurs, de ses savants, de ses lettrés. Mais il restait dans nos petites villes assez de rameaux de ce tronc fécond pour développer l'industrie agricole, qui devait sortir des édits de Turgot et du mouvement incessant du progrès (2).

Quant aux paysans, ils étaient à plaindre. Mais ce serait une erreur de croire qu'ils vécussent, du moins dans nos cam-

(1)   Ben de campano
        Nou flouris ni nou grano.
Les cahiers de 1789 appelaient l'attention sur les curés, que l'on proposait un peu plus tard de doter en fonds territoriaux.

(2) Beaucoup s'étonneraient de l'état florissant de la bourgeoisie en 1789 dans nos petites villes. La ville de Beaumont seule comptait alors plus de cent familles appartenant à la plus éclairée et à la plus honorable bourgeoisie. Il résulte d'un état que nous avons sous les yeux, que dans la population de cette ville on comptait alors onze officiers de justice, finance, etc.; vingt-deux avocats, quatre notaires, quatre médecins, six prêtres, vingt gentilshommes ou bourgeois du premier rang vivant noblement.

pagnes, à l'état d'ilotes. Ils possédaient, comme on l'a **vu**, presque un tiers des terres. Leur propriété ne supportait pas plus de charges qu'aujourd'hui. Le métayage s'exerçait dans les mêmes conditions. Si l'habitant des campagnes était plus particulièrement en contact avec les priviléges seigneuriaux, il trouvait aussi une compensation dans le voisinage des grands domaines, soumis à son profit à des servitudes et à des **usa**ges dont la suppression donne encore lieu aux plus vives pro**testations. Enfin, le paysan n'était exclu ni de l'instruction ni des droits du citoyen. Chaque village avait son école, **et les** assemblées municipales où se discutaient tous les intérêts **de la** communauté l'admettaient en tous lieux. A Castelsarrasin, **la** place de quatrième consul était même exclusivement réservée aux laboureurs. Ce qui manquait au paysan était tout ce **qui** manquait à l'agriculture. Le sort de l'un dépendait du **sort** de l'autre. Le paysan devait être libre et indépendant le **jour** où son industrie le serait. C'était par les débouchés, par l'aisance, par le bien-être, qu'il devait réellement s'émanciper.

Malheureusement pour tous, les aspirations générales s'étaient tournées vers des questions purement politiques ou sociales. Dix ans de ruines à l'intérieur, vingt ans de guerre contre l'étranger, nous firent expier nos erreurs et chèrement payer quelques améliorations. Ainsi, tandis que l'avenir s'élaborait au milieu de ces épreuves, nos campagnes attendaient en vain les dédommagements promis ; elles offrirent pendant longtemps encore le spectacle de populations décimées, épuisées par la guerre et victimes de fautes qu'elles n'avaient point commises.

Pour être juste, il faut dire qu'avec les plus louables efforts la société se reconstituait sur les bases qui la soutiennent. Sous le Consulat s'opéra la rédaction de nos codes, législation modèle pour toutes les nations modernes, tandis que l'agriculture, sous l'impulsion des esprits les plus éminents, entrait dans ces conquêtes pacifiques de la science qui devaient un jour la transformer. C'était le temps où le Premier Consul souscrivait à la réimpression du *Théâtre d'agriculture*, d'Olivier de Serres, le temps où les Chaptal, les Huzard, les François de Neufchateau, les Parmentier, les Lasteyrie, les Vilmorin, les Grégoire, etc., luttaient de zèle et d'ardeur pour le triomphe des principes et des droits de l'agriculture : noble mais encore vaine protestation ! Les bouleversements de l'époque ne laissèrent dans nos campagnes dépeuplées qu'une consolation : le prix excessif des denrées agricoles, remède qui ne soulageait les uns qu'au détriment des autres.

Tous les gouvernements qui se sont succédé depuis ces temps d'agitation ont voulu réparer les maux antérieurs. Les inégalités sociales avaient disparu, les institutions admettaient tous les progrès, mais la prospérité agricole dépend beaucoup plus du calme et de la paix, c'est-à-dire de la sûreté des transactions, de la facilité et de la liberté des débouchés, que des programmes, des promesses et des éloges déclamatoires dont on croit devoir nous faire hommage à chaque avènement de règne. Il a fallu près d'un demi-siècle pour pouvoir reprendre l'œuvre interrompue de Turgot, c'est-à-dire l'ouverture de ces puissants débouchés d'où devait sortir l'émancipation de notre agriculture.

Les chemins vicinaux, dus à la loi de 1838, ont été le plus puissant mobile de ces améliorations. Établir ces voies, suivant l'expression d'un ministre de nos jours, c'était, en dotant chaque commune de l'Empire d'un bon réseau vicinal, exciter l'activité et développer la puissance de l'homme dans 37,000 centres de production, de commerce et d'industrie, créer et régulariser ces innombrables affluents qui alimentent et fécondent les grandes voies rapides de circulation (1).

Ces grandes voies rapides nous les avons obtenues et elles resteront comme le plus grand bienfait du gouvernement de Napoléon III. Malheureusement les débouchés, si longtemps espérés, sont paralysés, sinon annulés pour nous, par divers obstacles que suscitent et maintiennent des exploitants avides ou l'égoïsme anti-libéral de nos grandes villes.

Les tarifs des chemins de fer sont trop élevés pour le transport de nos denrées et des matières ou des marchandises indispensables à nos champs. Les douanes, les droits fiscaux et surtout les octrois, équivalent à une véritable prohibition quant à la circulation de quelques-uns de nos produits.

On parle des souffrances de l'agriculture : pourquoi en chercher ailleurs la principale cause ? Oui ! si elle n'est pas dans l'incertitude des institutions, dans les agitations des esprits, dans l'état de guerre réel où vit la société; elle est, nous le répétons, dans l'absence ou la compression des débouchés. Que l'on rende les transports faciles et peu coûteux, que l'on multiplie le marché par la circulation libre de nos produits, soit dans l'Empire, soit à l'étranger, et l'on aura enfin réalisé le programme conçu il y a un siècle par le plus grand de nos économistes, et fait pour l'agriculture tout ce qu'il est humainement possible de faire.

Les priviléges de nos grands centres tiennent, dit-on, à notre amour pour les moyens fiscaux. Le libéralisme moderne n'aurait pas dû maintenir ou faire revivre cet étrange goût. Il semble que l'art ou les moyens de se servir du mot liberté et de percevoir l'impôt se soient seulement perfec-

---

(1) M. De Lavalette, Ministre de l'Intérieur, note remise à Sa Majesté, août 1867. — Il y avait plus de deux siècles qu'Olivier de Serres avait rangé le chemin *mauvais* parmi les plus grands obstacles au développement de l'agriculture.

tionnés. Les tailles, les gabelles, le fouage, les lods, la corvée ne sont plus sans doute que des expressions d'antiquaire. Mais nos campagnes supportent l'impôt foncier, l'impôt mobilier, l'impôt des portes et fenêtres, les prestations en nature, les péages sur nos ponts, les droits d'enregistrement avec décime et demi-décime, les centimes départementaux et communaux, etc., etc. Chacun sait très-bien la part qui lui revient dans l'énorme contribution de nos budgets.

Cet impôt, comment est-il employé? Au profit de qui tourne-t-il? L'agriculture, qui fournit presque toute la recette, ne profite pas d'un 20ᵉ de la dépense. Dans le Tarn-et-Garonne, sur 7,739,000 fr. de contributions (1866), 358,576 fr. seulement sont prélevés par les travaux publics et par l'agriculture. Tous les ans plus de deux millions aboutissent au gouvernement central, sortent du pays pour n'y plus rentrer, sont douloureusement extraits de nos champs sans suffisante compensation. Il ne faut donc pas s'étonner que notre industrie agricole soit sans capital. Ceux qui nous traitent dédaigneusement pour cela devraient plutôt réfléchir sur les excès d'une centralisation oppressive, sur cette distribution léonine qui, chaque jour, enrichit le riche et appauvrit le pauvre (1), sur cette belle vérité : que la France serait trop riche si la répartition des impôts y était faite également (2).

L'allégement des contributions et des charges grévant spécialement nos cultivateurs, voilà le moyen simple et naturel de constituer le crédit agricole, qui ne se fonde pas par des statuts ou des opérations de bourse. Que l'on ménage l'argent de nos campagnes, celui-là sera le plus facile à trouver, à consacrer à la création du capital agricole. Les compagnies

(1) Blanqui.

(2) Forbonnais. — *Recherches sur les finances.* 1758.

financières sont malhabiles pour cela. Il y a longtemps que nous avons pensé que le cultivateur a sa banque dans ses épargnes, dans son travail, dans sa bonne administration, qui créeront peu à peu le capital d'exploitation, comme l'atterrissement insensible crée la riche alluvion. Si donc le crédit agricole est le moyen de procurer à l'agriculture des capitaux à bon marché, il vaut mieux ne pas trop peser sur les ressources qu'elle a, que de lui offrir des opérations hasardeuses, dont le moindre inconvénient serait de troubler ses habitudes d'ordre et qui, en définitive, deviendraient ce que sont devenues les promesses de ces célèbres banques dont le spirituel M. Brame disait, avec raison, qu'elles n'avaient pas prêté un sou à l'agriculture, mais que, pour se consoler, elles avaient prêté aux citadins, aux spéculateurs de terrains, aux bâtisseurs de maisons, à l'Autriche et au Grand Turc (1).

Si donc les institutions politiques, si la constitution de la propriété, si l'absence des débouchés avaient parmi nous immobilisé l'agriculture, le poids de l'impôt et surtout l'injuste répartition des ressources qu'il procure ont également nui à son développement.

La constitution de la culture est, sans doute aussi, une des causes de nos insuccès.

La culture directe a eu le temps d'acquérir son maximum de progrès, et nous croyons plutôt que déjà l'excès du morcellement qui la représente manifeste plus d'un inconvénient.

Le fermage n'a jamais été qu'une pratique exceptionnelle dans nos cantons. Dans l'état de division où se trouve la propriété, il devient de plus en plus impraticable.

A part la culture personnelle, le métayage semble imposé

(1) *Le Crédit foncier et le Crédit agricole. Congrès des délégués des Sociétés savantes.* — 1866, p. 100.

par nos traditions et par notre climat. Ce mode d'exploitation,
autrefois presque général, a cependant beaucoup diminué
d'importance depuis que les conditions de la propriété ont été
si sensiblement modifiées. Le cultivateur travaillant son bien
est du moins ici si près d'atteindre la satisfaction de son
désir, c'est-à-dire la possession de l'entier sol de l'arrondissement, qu'il devient presque secondaire d'examiner l'importance des autres modes d'exploitation. A quoi aboutira ce
morcellement ?

Nous n'avons pas à chercher la solution de cette grave
question, que nous ne pourrions d'ailleurs examiner qu'à un
point de vue purement agricole. Mais personne ne connaît le
secret de l'avenir. Qui sait? Les inconvénients de la petite
culture amèneront peut-être un jour une transformation dans
la propriété en sens inverse de celle que nous voyons s'opérer. Aussi bien il y a encore dans l'arrondissement beaucoup
de domaines possédés par des propriétaires n'exploitant pas
par eux-mêmes. D'après la statistique officielle, les domaines
à métayer ou à maître-valet s'élèveraient au nombre de 2,243.
Nous croyons ce nombre exagéré : mais quand même on en
rabattrait le tiers, il resterait encore environ 1,500 propriétaires non exploitants, qui, à 20 hectares par domaine,
représenteraient 30,000 hectares, soit le quart de l'étendue
totale de l'arrondissement.

Ces propriétaires, au point de vue de notre agriculture,
méritent bien quelques égards. Malgré toutes nos sympathies
pour les plus humbles de nos agriculteurs, pour ces honorables travailleurs au milieu desquels nous vivons par préférence et par goût, nous défendrons cependant ce rôle du propriétaire non exploitant. On a cru dire un mot profond en
annonçant que désormais la terre appartiendrait à celui qui la
cultive de ses mains, au paysan. Mais serait-ce plus juste, à

part l'avantage agricole, fort contestable, que de livrer toute l'industrie manufacturière à de simples ouvriers, que de réserver exclusivement le commerce à de simples commis. Pourquoi serait-il défendu au cutivateur enrichi de se reposer de sa fatigue matérielle, en dirigeant lui-même le domaine que lui ou son père ont travaillé et dont maintenant l'administration est réservée à son expérience. N'en sera-t-il pas de même pour l'homme modeste ou revenu des grandeurs qui, après une carrière plus ou moins agitée, voudra se reposer ou plutôt se rendre encore utile dans la pratique des soins agricoles. Il ne faut pas retirer notre estime au propriétaire non exploitant, qui aura son rôle éminemment social, qui prendra, comme par le passé, l'initiative du progrès, qui ne sera plus dans notre société démocratique que l'égal du paysan, un paysan lui-même, mais qui devra et pourra être encore le plus habile, le plus dévoué et le plus méritant des agents de l'agriculture.

Quelle que soit donc la réforme inévitable qui va s'opérer dans la propriété foncière, le métayage aura encore pendant longtemps sa raison d'être. Le fermage devenant d'autant plus impossible, que le sol se divisera davantage, après des essais de culture directe et à valet, après la culture à maître-valet, le propriétaire clairvoyant reviendra bientôt au métayage. Ce retour est surtout inévitable pour celui qui, n'ayant ni les loisirs, ni les goûts, ni les forces physiques indispensables pour la culture directe, aura cependant une certaine affection pour l'agriculture, ou simplement le désir de conserver une propriété patrimoniale ou honorablement acquise.

Si l'union du propriétaire et du métayer redevient possible, c'est le goût et la connaissance des choses rurales qui en seront le lien. En aimant les champs on surmonte facilement l'ennui des détails, on résout beaucoup de difficultés, on passe par-dessus beaucoup d'obstacles. Le métayer qui se sent aidé, protégé, s'attache facilement et rend en travail et en considération les attentions et les obligations qu'il a reçues. Avec ce système d'égards réciproques, de nombreux métayers ont déjà porté à un degré de prospérité incontestable les exploitations qui leur étaient confiées.

Mais quel que puisse être le mode d'exploitation suivi, il y aura à tenir compte des conditions locales de notre agriculture.

Les céréales resteront le fondement de cette industrie, parce que les blés sont ici traditionnellement cultivés, et que c'est la culture qui s'accommode le mieux de notre sol et de notre climat. Il faudra cependant reconnaître les exigences des temps, et en envisageant l'avenir des blés, en restreindre probablement l'étendue.

Si l'on restreint un peu les terres emblavées, on pourra multiplier d'autant les fourrages et les récoltes sarclées. Par celles-ci on nettoiera le sol, par les autres on nourrira mieux et on augmentera son bétail. La luzerne qui vient bien dans toutes nos terres est, de toutes nos plantes fourragères, celle qui mérite le plus d'être propagée. Le Midi, du reste, a un plus grand choix de plantes fourragères que le Nord : car le maïs, si précieux pour la saison d'été, n'appartient qu'à notre climat.

Les plantes industrielles pourront aussi se développer ; mais elles exigent de fortes fumures. A côté du lin et du chanvre, cultivés de temps immémorial, le colza, l'ail, le millet à balai, l'osier, réclament depuis longtemps un rang important.

Mais la culture qui semble naturellement dévolue à notre région, est celle des primeurs, des fruits et surtout de la vigne, et c'est l'immense intérêt de cette culture que doivent avoir en vue nos soins directs et nos préoccupations économiques.

Enfin l'élevage, l'engraissement des animaux, les volailles, les œufs, qui donnent déjà à l'arrondissement de si beaux produits, seront de plus en plus l'objet des spéculations de l'agriculteur progressiste.

Ainsi, si notre agriculture a contre elle sont passé, elle n'a aujourd'hui aucune infériorité à redouter. Toutes nos régions, chacune avec ses moyens, avec ses produits spéciaux, tendront désormais à un but commun, c'est-à-dire à la vie à bon marché, au bien-être général. Les conditions seront pour tous égales, les chances seront les mêmes le jour où les charges de l'impôt porteront également sur tous et où les champs prendront part, comme les villes, à la distribution des ressources communes, le jour où le marché sera libre et où les frais de transports, les douanes et les octrois ne seront plus des obstacles au développement de ce que Turgot appelait le seul encouragement à la culture, le seul gage de l'abondance. Alors justice sera faite, les abus et les priviléges seront réellement abolis, les capitaux reflueront vers nos champs aimés de tous et chaque jour entourés d'une affection plus vive, la main-d'œuvre pourra être mieux rémunérée, la dépopulation ne sera plus à craindre. Alors il sera permis aux amis de notre agriculture d'atteindre, sous une ère de paix et de liberté, ces résultats matériels sollicités par les aspirations positives de notre époque, c'est-à-dire de bons et de nombreux produits, en même temps que ces satisfactions morales et religieuses, dont la vie rurale a le privilége et qui n'ont, même après les plus cruelles épreuves, jamais manqué au bonheur de nos campagnes.

FIN.

TABLE.

Statistique générale.

Documents divers.